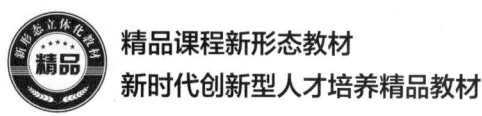

精品课程新形态教材
新时代创新型人才培养精品教材

UG三维造型设计

主编 陈 华 罗 林 易 建

UG SANWEI
ZAOXING
SHEJI

北京航空航天大学出版社
BEIHANG UNIVERSITY PRESS

内 容 简 介

本书以 UG NX 12.0 软件为基础,详细介绍零件设计方面的内容,共有 5 个教学项目。项目一介绍 NX 软件的操作界面、文件管理基本操作、操作环境的参数预设置等,使读者对 NX 软件有一定的了解;项目二介绍草图工具、草图的创建与管理、草图的约束方法和操作等内容,并通过两个草图综合实例详细介绍绘制草图的具体操作;项目三介绍 NX 建模功能,包括各种基本特征、体素特征、扫描特征和细节特征等基础建模操作;项目四介绍基本曲面的创建方法,如一般曲面的构建、网格曲面、扫掠曲面等;项目五介绍工程图的参数和预设置、图纸的操作和关联、视图操作及尺寸标注与注释。

本书可作为机械制造与自动化、模具设计与制造、数控技术、机电一体化技术及相近专业的教学用书,也可供航天航空、汽车制造、通用机械、玩具、模具加工等行业领域的相关技术人员参考。

图书在版编目(CIP)数据

UG 三维造型设计 / 陈华,罗林,易建主编. -- 北京:北京航空航天大学出版社,2022.1(2025.2 重印)

ISBN 978-7-5124-3708-1

Ⅰ.①U… Ⅱ.①陈… ②罗… ③易… Ⅲ.①工业产品-产品设计-计算机辅助设计-应用软件②UG NX Ⅳ.①TB472-39

中国版本图书馆 CIP 数据核字(2022)第 007722 号

版权所有,侵权必究。

UG 三维造型设计

主编　陈　华　罗　林　易　建
策划编辑　刘　伟　　责任编辑　董立娟

*

北京航空航天大学出版社出版发行

北京市海淀区学院路 37 号(邮编 100191)　http://www.buaapress.com.cn
发行部电话:(010)82317024　传真:(010)82328026
读者信箱:goodtextbook@126.com　邮购电话:(010)82316936
涿州汇美亿浓印刷有限公司印装　各地书店经销

*

开本:787×1 092　1/16　印张:13.5　字数:295 千字
2022 年 7 月第 1 版　2025 年 2 月第 2 次印刷　印数:6 000 册
ISBN 978-7-5124-3708-1　定价:49.00 元

若本书有倒页、脱页、缺页等印装质量问题,请与本社发行部联系调换。联系电话:(010)82317024

《UG 三维造型设计》编委会

主 编：陈 华 罗 林 易 建
副主编：罗道坚 陈万平 邹韶明

前　言

NX 是 Siemens PLM Software 公司推出的一个集成化的 CAD/CAM/CAE 系统软件。它为工程设计人员提供了非常丰富、强大的应用工具，使用这些工具可以进行产品设计（包括零件设计和装配设计）、工程分析（有限元分析和运动机构分析）、绘制工程图、编制数控加工程序等，被广泛应用于航天航空、汽车制造、通用机械、玩具、模具加工等行业领域。党的二十大报告中提出："教育、科技、人才是全面建设社会主义现代化国家的基础性、战略性支撑。"

本书以 UG NX 12.0 软件为基础，详细介绍零件设计方面的内容，共有 5 个教学项目。项目一介绍 NX 软件的操作界面、文件管理基本操作、操作环境的参数预设置等，使读者对 NX 软件有一定的了解；项目二介绍草图工具、草图的创建与管理、草图的约束方法和操作等内容，并通过两个草图综合实例详细介绍绘制草图的具体操作；项目三介绍 NX 建模功能，包括各种基本特征、体素特征、扫描特征和细节特征等基础建模操作；项目四介绍基本曲面的创建方法，如一般曲面的构建、网格曲面、扫掠曲面等；项目五介绍工程图的参数和预设置、图纸的操作和关联、视图操作及尺寸标注与注释。

本书采用项目化的教学方法，结构清晰、由浅入深，从结构上主要分为两大类：基础部分和案例部分。基础部分对一些基本绘图命令和编辑命令进行了详细介绍，然后结合案例任务进行操作演示。理论与实践相结合，充分体现"学中做、做中学"的思想，加深读者对 UG 功能的理解。

由于编者的经验和水平有限，书中难免存在不足和疏漏之处，恳请广大读者批评指正。

此外，编者还为广大一线教师提供了服务于本教材的教学资源库，有需要者可致电 13810923652 或发邮件至 1173355836@qq.com 获取。

编　者

目 录 CONTENTS

项目一　UG NX 12.0软件入门 ·· 1
　　任务一　UG NX 12.0基本概念和环境界面 ································ 1
　　任务二　UG NX 12.0基本操作 ··· 7
　　任务三　系统参数设置 ·· 24

项目二　绘制草图 ·· 32
　　任务一　草图基本概念及命令学习 ·· 32
　　任务二　连接支架草图绘制 ·· 51
　　任务三　肋板草图绘制 ·· 60

项目三　UG实体操作与编辑 ··· 67
　　任务一　NX实体建模系统基本概念及命令学习 ······················· 67
　　任务二　支撑连接板建模 ··· 94
　　任务三　壳体零件建模 ·· 104

项目四　曲面建模 ·· 112
　　任务一　曲面建模基本概念及命令学习 ································ 112
　　任务二　灯罩曲面建模 ·· 129
　　任务三　咖啡壶曲面建模 ··· 137

— 1 —

项目五　工程图绘制 ……………………………………………………………… 150
任务一　工程图基本概念及命令学习 …………………………………………… 150
任务二　滑动轴承装配工程图 …………………………………………………… 182
任务三　支架零件工程图 ………………………………………………………… 196

参考文献 …………………………………………………………………………… 210

项目一

UG NX 12.0 软件入门

学习目标

① 熟悉 UG 启动方式及其工作环境；
② 熟练掌握文件管理基本操作；
③ 熟悉鼠标及键盘的使用方法；
④ 熟悉工作图层的设置方法；
⑤ 熟练掌握视图的操作及视图布局的设置；
⑥ 熟悉系统界面相关设置，会对系统基本参数进行个性化定制。

任务一　UG NX 12.0 基本概念和环境界面

1.1.1　UG NX 12.0 基本概念

UG NX 12.0 软件是美国 EDS 公司（现已经被西门子公司收购）开发的一套集 CAD/CAM/CAE/PDM/PLM 于一体的软件集成系统。CAD 功能可使工程设计及制图更加智能和自动化。CAM 功能可为现代机床提供 NC 编程，用来提高零部件加工的效率及安全性。CAE 功能具有产品、装配和部件性能模拟能力，借助计算机分析计算，确保产品设计的合理性，减少设计成本。PDM 可帮助工程师和其他人员管理产品数据及产品研发过程，确保跟踪设计、制造所需的大量数据和信息，并由此支持和维护产品。PLM 可对产品的整个生命周期进行管理，通过培育期研发成本最小化、成长期至结束期的企业利润最大化实现降低成本和增加利润。

UG 软件在航空航天、汽车、通用机械、工业设备、医疗器械以及其他高科技应用领域的机械设计和模具加工自动化的市场上得到了广泛的应用。例如，基于 UG 产品诞生的 UGS 是全球 PLM 领域软件与服务的市场领导者，并一直在支持美国通用汽车公司实施全球最大的虚拟产品开发项目。同时，UG 也是日本著名汽车零部件制造商 DENSO 公司的设计标准,并在全球汽车行业得到了广泛的应用,如 Navistar、底特律柴油机厂、Winnebago 和 Robert Bosch AG 等。

UG 从问世至今已经历了几十年时间,在这期间发生了翻天覆地的变化,主要历程如下:

➢ 1960 年,McDonnell Douglas Automation 公司成立。
➢ 1976 年,McDonnell Douglas Automation 收购 United Computer 公司后诞生了 UG 的雏形。
➢ 1986 年,UG 吸取了业界领先的实体建模核心——Parasolid 的部分功能。
➢ 1991 年,UG 开始了从 CAD/CAE/CAM 大型机版本向工作站版本转移。
➢ 1996 年,UG 增加了高级装配功能模块、先进的 CAM 模块以及具有 A 类曲线造型能力的工业造型模块。
➢ 2000 年,UG 发布了新版本的 UG 17。
➢ 2001 年,UG 发布了新版本 UG 18,新版本对旧版本的对话框进行了调整,使得在最少的对话框中能完成更多的工作,从而简化了设计。
➢ 2002 年,UG 发布了新版本 UG NX 1.0,其继承了 UG 18 的优点,改进和增加了许多功能,使该软件功能更强大,更完美。
➢ 2003 年,UG 发布了 UG NX 2.0。新版本以最新的行业标准为依据,构建了一个全新并支持 PLM 的体系结构。
➢ 2004 年,UG 发布了 UG NX 3.0,它为用户的产品设计与加工过程提供了数字化造型和验证手段。
➢ 2005 年,UG 发布了 UG NX 4.0,它是崭新的 NX 体系结构,使得开发与应用更加简单和快捷。
➢ 2007 年,UGS 公司发布了新版本 UG NX 5.0,它可帮助用户以更快的速度开发产品,实现更高的效益。
➢ 2008 年,SIEMENS 公司发布了 UG NX 6.0,因其建立在新的同步建模技术基础之上,一经发布就在市场上产生了重大影响。
➢ 2009 年,SIEMENS 公司旗下机构 Siemens PLM Software 推出了 UG NX 7.0。
➢ 2011 年,Siemens PLM Software 发布了 UG NX 8.0。
➢ 2012 年,Siemens PLM Software 发布了 UG NX 8.5。
➢ 2013 年,Siemens PLM Software 发布了 UG NX 9.0。
➢ 2014 年,Siemens PLM Software 发布了 UG NX 10.0。
➢ 2016 年,Siemens PLM Software 发布了 UG NX 11.0。
➢ 2017 年,Siemens PLM Software 发布了 UG NX 12.0。

UG NX 12.0 在产品设计开发和商业价值实现方面有着如下显著的优势:

①可靠且强大的解决问题能力：通过全面的 CAD、CAM、CAE 和 PDM 等功能，UG 能够处理极为复杂的产品设计开发问题，可提高设计过程中各环节的一次成功率，降低产品总体开发成本，保证产品质量，缩短产品进入市场的周期。

②灵活性：基于 NX 12.0 的灵活设计能力，用户可以在建模过程中同时使用约束驱动建模技术与直接建模技术，并能使用 NX 12.0 的同步建模工具实现对其他（非 NX）CAD 系统或建模技术创建的几何模型的快速修改。

③统一协调：NX 12.0 提供了统一的产品开发环境和流程，可以缩短产品的开发周期。在从概念设计到制造的整个开发生命周期中，可以借助 NX 12.0 应用程序的完美集成来快速传播信息和变更流程，可以高效率地协调跨部门团队，实现流程标准化和加快决策速度等。

④高效率：NX 12.0 为多种数据重用措施提供方便，从而提高了从概念设计、建模、仿真到制造的总团队生产效率。团队可以在其设计、分析和制造流程中使用多种 CAD 数据，不但将需要重新输入数据的可能性降到了最低限度，而且缩短了分析和加工的周期时间。

⑤开放的环境：基于 NX 12.0 的开放式体系架构，可以保护自己现有的 IT 投资，并通过这个统一的平台，随时将其他供应商的解决方案引入数字化产品开发流程中。

1.1.2　UG NX 12.0 的启动

双击桌面上的"UG NX 12.0"的快捷方式图标，即可启动 UG NX 12.0 中文版。或者单击桌面左下角的"开始"按钮，在弹出的级联菜单中选择"所有程序"→"Siemens NX 12.0"→"NX 12.0"菜单项，即可启动 UG NX 12.0 中文版。

启动过程中系统会弹出如图 1-1 所示的 UG NX 12.0 启动界面。

图 1-1　UG NX 12.0 的启动界面

UG NX 12.0 启动界面显示片刻后就会消失，然后系统弹出如图 1-2 所示的 UG NX 12.0 初始操作界面（也称初始运行界面）。在初始操作界面中可以先查看软件提供的一些有关 NX 的基本概念，这对初学者是很有帮助的。方法是在初始操作界面中，单击左边要查看的选项，则在右边会显示所选选项的介绍信息。

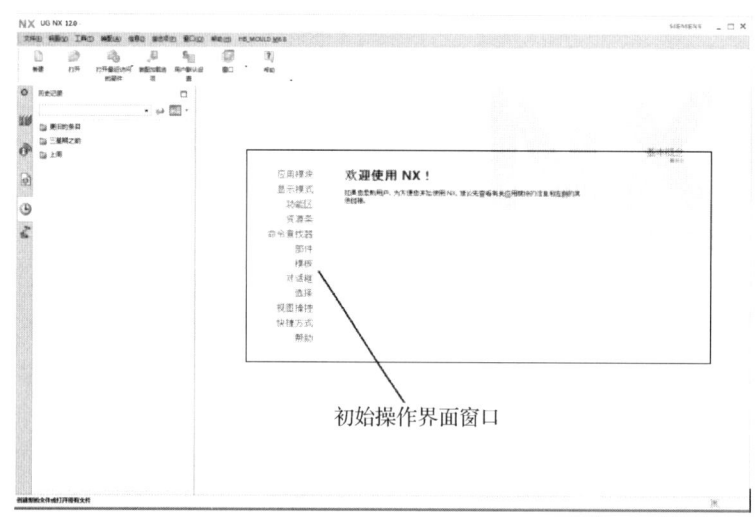

图1-2　UG NX 12.0的初始操作界面

新建或打开一个文件后，将进入UG NX 12.0的主操作界面，如图1-3所示，主要包括标题栏、菜单栏、功能区、坐标系、部件导航器、资源条、状态栏和全屏按钮等。

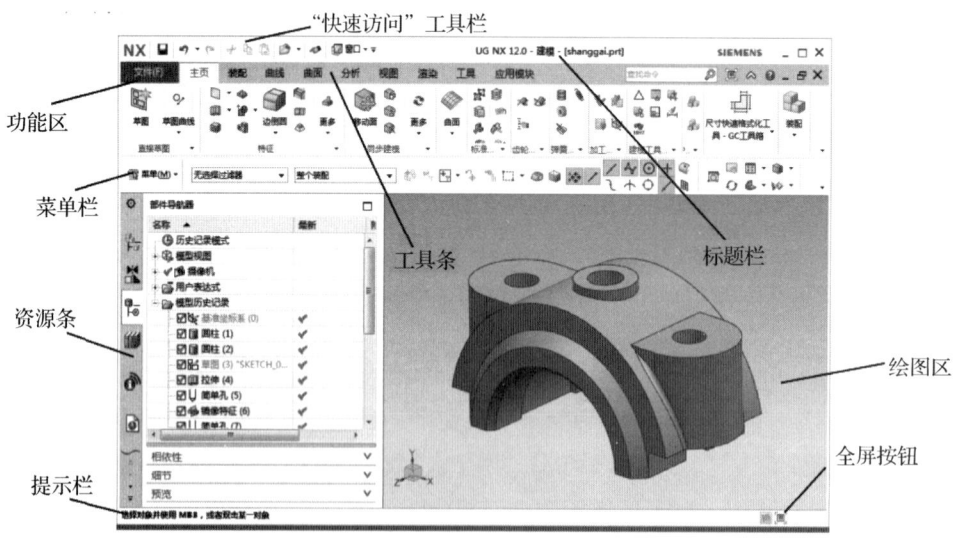

图1-3　UG NX 12.0的主操作界面

1.1.3　环境界面

限于篇限，本节仅介绍操作界面中主要的几项。

1. 标题栏

标题栏位于NX操作界面的最上方，用于显示软件版本以及当前的模块、文件名等信息。如图1-4所示，标题栏中显示的NX版本为UG NX 12.0，当前的功能模块为"建模",当前的文件名为 shanggai.prt。

如果想进入其他功能模块,则可以选择"文件"→"所有应用模块"菜单项,即可进入相应模块。

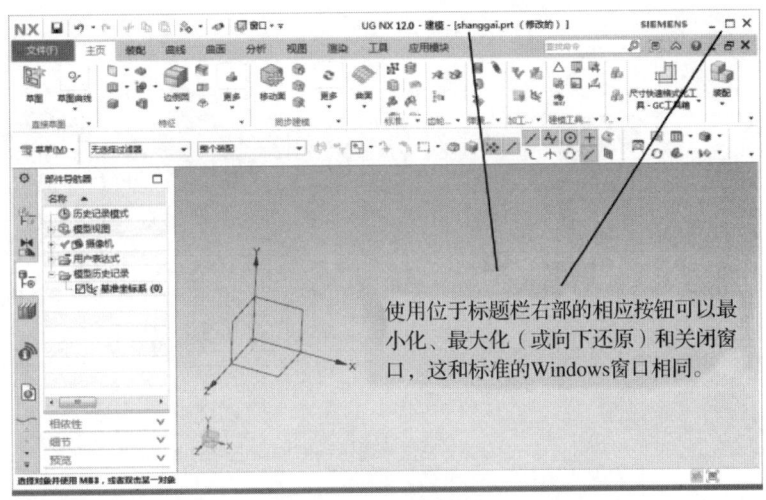

图 1-4 标题栏

2. "快速访问"工具栏

如图 1-5 所示,该工具栏显示和收集了一些常用工具以便用户快速访问。用户可以根据实际需要为"快速访问"工具栏添加或移除相关的工具按钮,其方法是在该工具栏右端单击"工具条"选项按钮 ,接着从打开的工具条选项列表中单击相应的工具名称即可添加或移除;名称前带有 ✔ 符号的工具表示其已经添加到"快速访问"工具栏。

3. 工具条

工具条中的按钮是各种常用操作的快捷方式,只要在工具条中单击相应的按钮即可方便地进行相应的操作。

4. 提示栏

当选择某一命令进行操作时,在指示栏中会出现相应的提示内容帮助用户完成当前操作,初学者可以多留意此部分的提示内容。

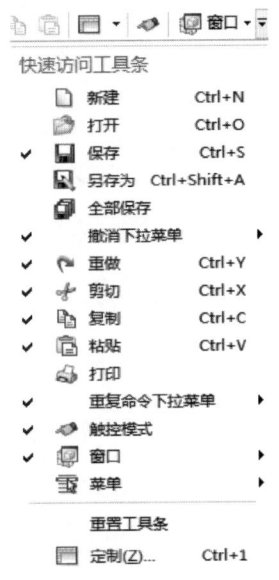

图 1-5 "快速访问"工具栏

5. 绘图区

绘图区以图形的形式显示模型的相关信息,是建模、编辑、装配、分析和渲染等操作的区域。绘图区不仅显示模型的形状,还显示模型的位置。工具条、提示栏和绘图区如图

1-6 所示。

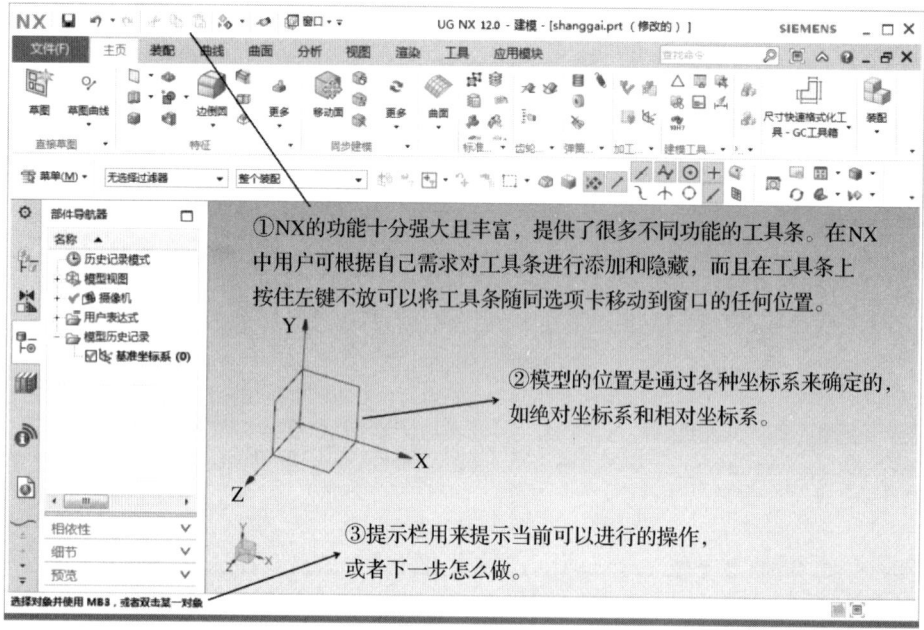

图 1-6　工具条、提示栏和绘图区

6. 菜单栏

如图 1-7 所示，菜单栏中包含了 NX 软件的主要功能，集中了系统的所有命令或者设置选项。每个主菜单选项都包括有下拉菜单，而下拉菜单中的命令选项有可能还包含更深层次级的下拉菜单，通过选择这些菜单命令来实现 NX 的一些基本操作。

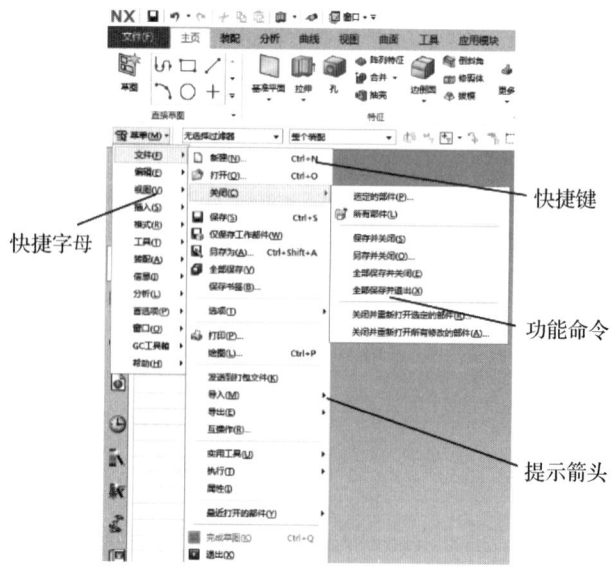

图 1-7　菜单栏

①快捷字母：例如，"文件"命令后的 F 是系统默认的快捷字母命令键，按下键盘上的 Alt+F 快捷键即可调用该命令。如要调用"文件"命令下的"新建"子命令，则须按 Alt+F 快捷键后再按 N 键即可。

②快捷键：命令后方的按键组合即为该命令的快捷键，使用快捷键可快速调出相应命令。

③功能命令：是实现软件中各项操作所要用到的命令，单击后即可调出相应命令窗口。

④提示箭头：即菜单命令后方的三角箭头，移动鼠标放上去即可弹出该命令的子菜单。

7. 资源条

如图 1-8 所示，通过资源条可以很方便地获取相关信息。如想查看自己在创建过程模型中产生的步骤、部件隐藏显示状态、历史操作模型等信息，都可以在资源条中查看。

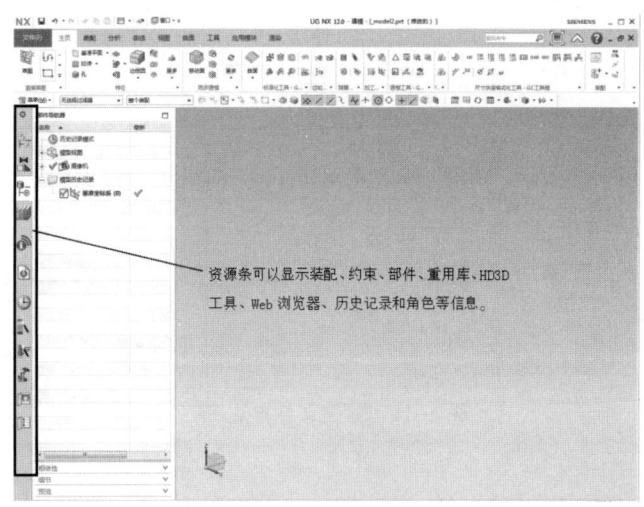

图 1-8 资源条

任务二　UG NX 12.0 基本操作

1.2.1　文件管理基本操作

在 NX 12.0 中，常用的文件管理基本操作包括新建文件、打开文件、保存文件、另存文件、关闭文件、文件导入与导出、退出 NX 等。

1. 新建文件

执行新建文件命令的方法主要有以下 5 种。

①初始操作界面：在初始操作界面中单击"主页"选项卡中的"新建"按钮▢，如图1-9所示。

图1-9　新建文件方法一

②菜单栏：选择"菜单"→"文件"→"新建"菜单项，如图1-10所示。

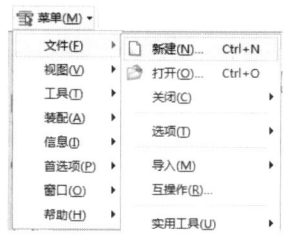

图1-10　新建文件方法二

③工具栏：单击"快速访问"工具栏中的"新建"按钮▢，如图1-11所示。

图1-11　新建文件方法三

④工具条：单击工具条内"文件"选项卡中的"新建"按钮▢，如图1-12所示。

图1-12　新建文件方法四

⑤快捷键：Ctrl+N。

任选上述一种方法操作后，启动如图 1-13 所示的"新建"对话框。

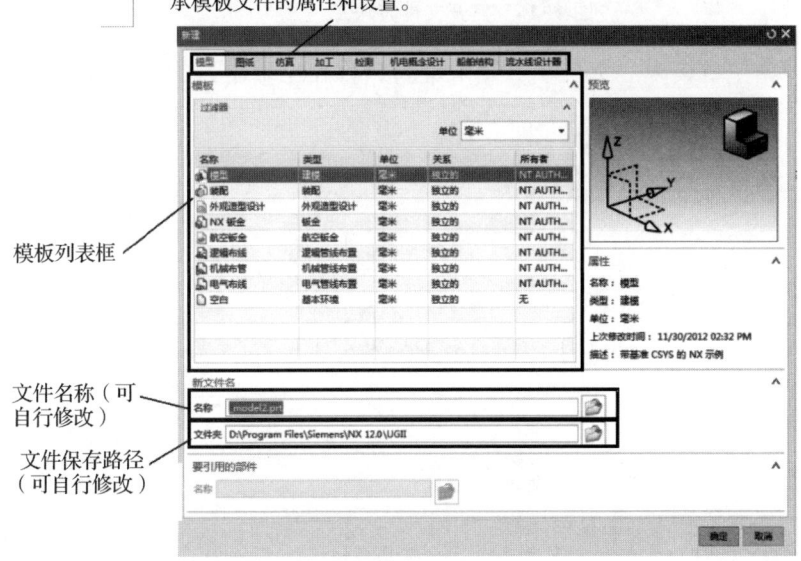

图 1-13　"新建"对话框

2. 打开文件

执行打开文件命令的方法主要有以下 5 种。

①初始操作界面：在初始操作界面中单击"主页"选项卡中的"打开"按钮，如图 1-14 所示。

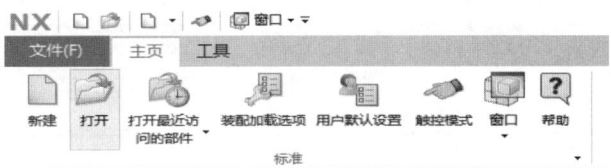

图 1-14　打开文件方法一

②菜单栏：选择"菜单"→"文件"→"打开"菜单项，如图 1-15 所示。

图 1-15　打开文件方法二

③工具栏：单击"快速访问"工具栏中的"打开"按钮 ，如图1-16所示。

图1-16　打开文件方法三

④工具条：单击工具条内"文件"选项卡中的"打开"按钮 ，如图1-17所示。

图1-17　打开文件方法四

⑤快捷键：Ctrl+O。

任选上述一种方法操作后，启动如图1-18所示的"打开"对话框，在对话框中会列出当前目录下的所有有效文件。在文件类型中可选择相应的文件格式来对有效文件进行筛选。

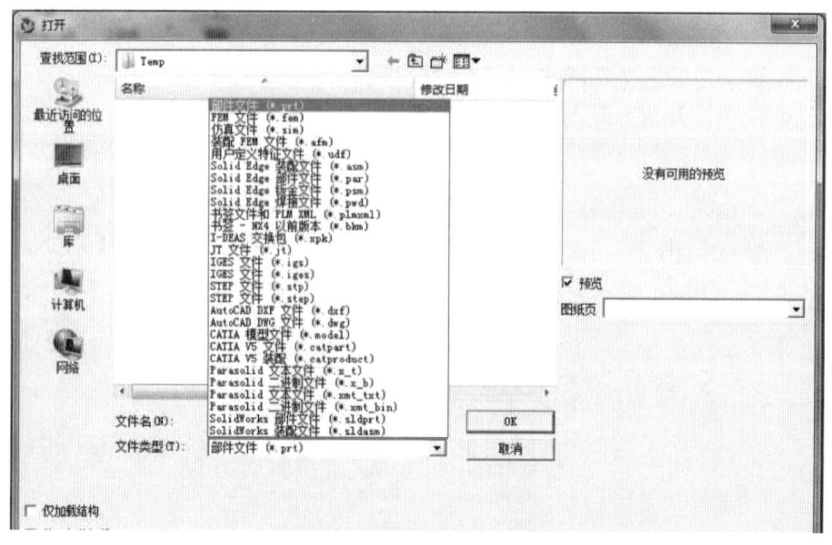

图1-18　"打开"对话框

3. 保存文件

执行保存文件命令的方法主要有以下 3 种。

①菜单栏：选择"菜单"→"文件"→"保存"菜单项，如图 1-19 所示。

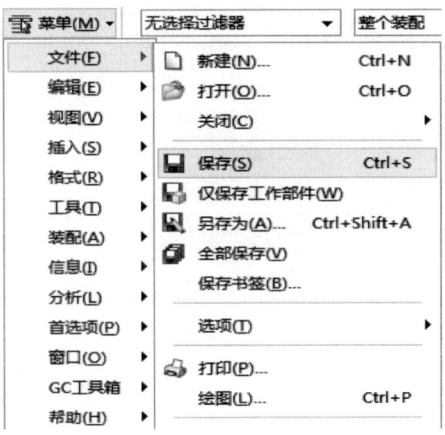

图 1-19　保存文件方法一

②工具栏：单击"快速访问"工具栏中的"保存"按钮 , 如图 1-20 所示。

图 1-20　保存文件方法二

③快捷键：Ctrl+S。

任选上述一种方法操作后，启动如图 1-21 所示的"命名部件"对话框。若在"新建"对话框中修改了文件名称和保存路径，则直接保存文件，不弹出"命名部件"对话框。

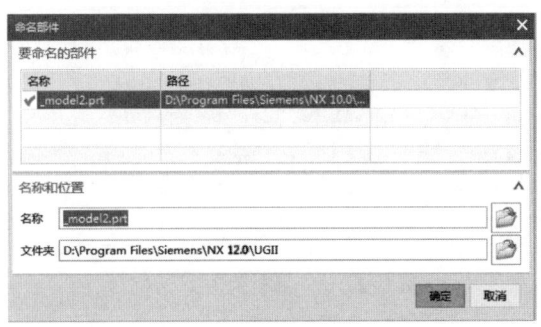

图 1-21　"命名部件"对话框

4. 另存文件

执行另存文件命令的方法主要有以下 3 种。

①菜单栏：依次单击"菜单"→"文件"→"另存为"，如图 1-22 所示。

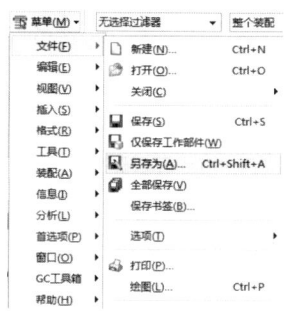

图 1-22　文件另存为方法一

②工具栏：单击"快速访问"工具栏中的"另存为"按钮 , 如图 1-23 所示。

图 1-23　文件另存为方法二

③快捷键：Ctrl+Shift+A。

任选上述一种方法操作后，打开如图 1-24 所示的"另存为"对话框。输入文件名称，选择保存类型和保存位置后，单击"OK"按钮则可另存文件。

图 1-24　"另存为"对话框

除"保存"和"另存为"常用的两种保存操作命令外，NX 还提供了以下几种保存操作命令。

①"仅保存工作部件":仅将工作部件进行保存。
②"全部保存":保存所有已修改的部件和所有的顶层装配部件。
③"保存书签":在书签文件中保存装配关联,包括组件可见性、加载选项和组件组。
④"保存选项":定义保存部件文件时要进行的操作。

5. 关闭文件

执行关闭文件命令的方法主要有以下 2 种。

①工具条:单击工具条内"文件"选项卡中的"关闭"级联菜单,如图 1-25 所示,根据实际情况选用相应的关闭命令。

图 1-25 "文件"选项卡中的"关闭"级联菜单

②菜单栏:选择"菜单"→"文件"→"关闭"菜单项,如图 1-26 所示,根据实际情况选用相应的关闭命令。

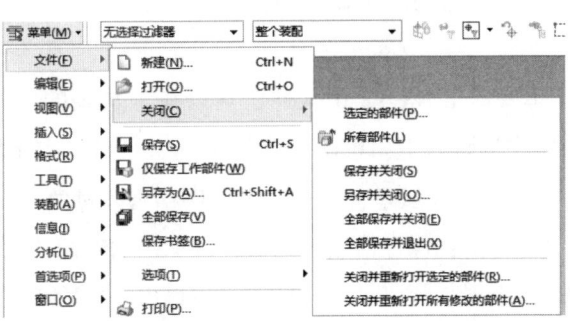

图 1-26 菜单栏选项卡中的"关闭"级联菜单

另外单击当前图形窗口对应的"关闭"按钮 ×，也可关闭当前活动工作部件。

6. 文件导出与导入

为了方便与其他一些设计软件实现数据共享，NX 12.0 提供了强大的数据转换途径，以便在设计过程中根据优势不同选择相应的设计软件。在 NX 12.0 中可以将自身建立的模型导出为多种数据格式文件以便其他设计软件调用，也可以将来自其他设计软件所生成的特定格式的数据文件导入到 NX 12.0 中。这就需要分别用到"导出"和"导入"两项命令。

执行导出（导入）命令的方法主要有以下 2 种，如图 1-27 所示。

①工具条：单击工具条内"文件"选项卡中的"导出（导入）"级联菜单，根据实际情况选用相应的数据类型。

②菜单栏：选择"菜单"→"文件"→"导出（导入）"菜单项，根据实际情况选用相应的数据类型。

（a）可导出的数据类型　　　　　　（b）可导入的数据类型

图 1-27　文件导出与导入的菜单命令

7. 退出 NX 12.0

在完成绘图后，若想要退出 NX 12.0 软件，则以在工具条的"文件"选项卡中选择"退出"命令，或者直接在屏幕右上角单击标题栏中的"关闭"按钮 ×，系统弹出如图 1-28 所示的"退出"对话框，提示是否要在退出前保存修改过的文件。

①单击"是-保存并关闭"：保存修改过的文件并退出 NX 12.0 软件。

②单击"否-关闭"：不保存修改过的文件并直接退出 NX 12.0 软件。

③单击"取消"：取消退出 NX 12.0 软件的命令操作。

图1-28 "退出"对话框

1.2.2 模型显示基本操作

在建模过程中,为了方便对模型进行操作和更好地观察模型的整体显示效果,有时会改变当前模型的渲染样式(显示样式)。打开渲染样式命令的方法主要有以下3种。

①工具条:单击工具条内"视图"选项卡,在下方功能区中找到"样式"面板进行设置。

②上边框条:在上边框条的"视图组"("视图"工具栏)的显示样式下拉列表中进行设置,如图1-29所示。

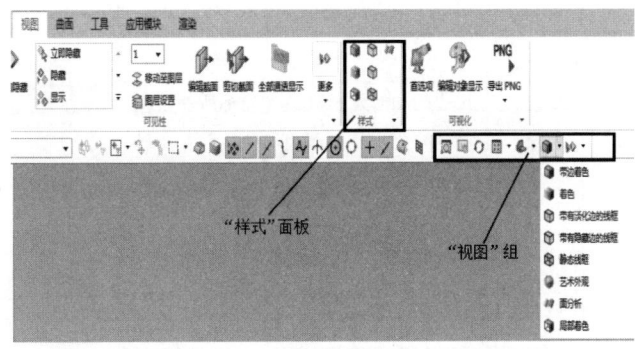

图1-29 在"样式"面板或"视图"组中设置样式

③鼠标右键:在图形窗口的空白处右击鼠标,并从弹出的快捷菜单中打开"渲染样式"级联菜单进行设置,如图1-30所示。

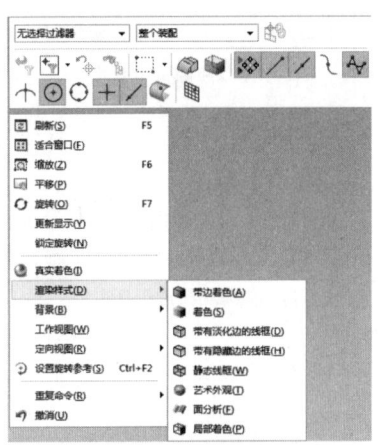

图1-30 快捷菜单中的"渲染样式"级联菜单

可用的模型渲染样式如表1-1所列。

表1-1 模型渲染样式展示表

序号	渲染样式	图标	说　明	图　例
1	带边着色		用光顺着色和打光渲染（光标所在视图中的）面，并显示面的边	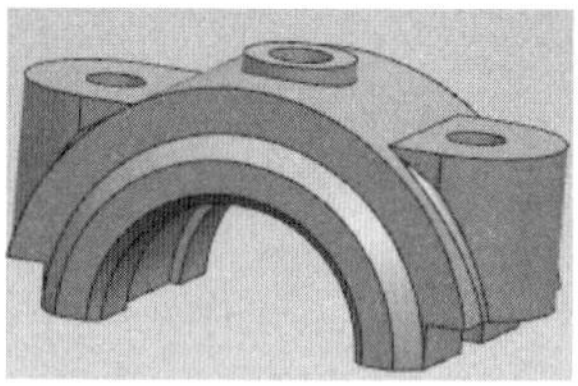
2	着色		用光顺着色和打光渲染（光标所在视图中的）面（不显示面的边）	
3	带有淡化边的线框		按边的几何元素渲染（光标所在视图中的）面，使隐藏边淡化，并在旋转视图时动态更新面	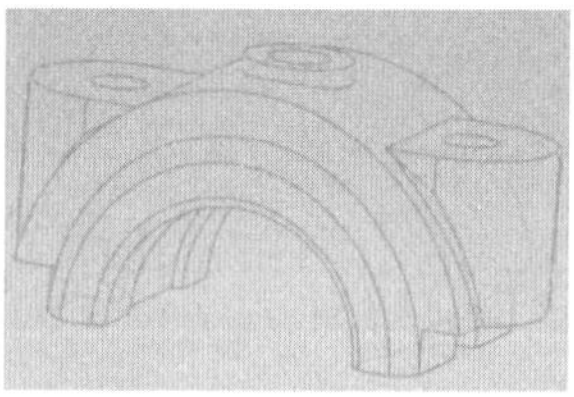
4	带有隐藏边的线框		按边的几何元素、不可见隐藏边渲染（光标所在视图中的）面，并在旋转视图时动态更新面	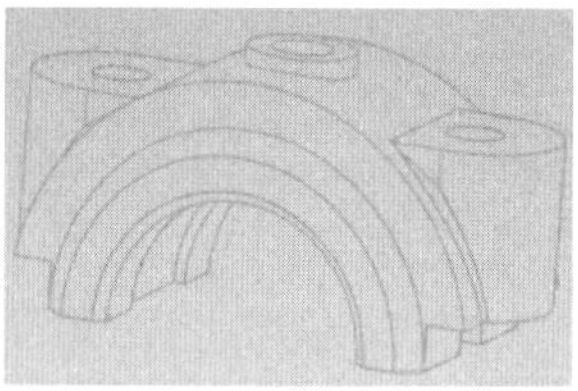
5	静态线框		按边的几何元素渲染（光标所在视图中的）面（旋转视图后，必须用"更新显示"来校正隐藏边和轮廓线）	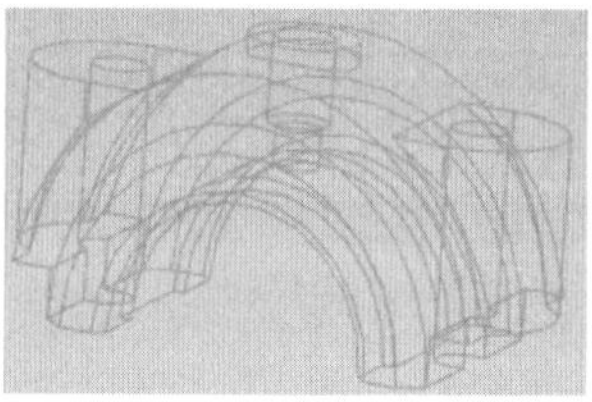
6	艺术外观		根据指定的基本材料、纹理和光源实际渲染（光标所在视图中的）面，使模型显示效果更接近于真实	

续表1-1

序号	渲染样式	图标	说明	图例
7	面分析		用曲面分析数据渲染（光标所在视图中的）分析曲面，即用不同的颜色、线条、图案等方式显示指定表面上各处的变形、曲率半径等情况	
8	局部着色		用光顺着色和打光渲染（光标所在视图中的）局部着色面，用边几何元素渲染剩余的面	

1.2.3 鼠标基本操作

UG NX 12.0软件系统在操作中充分发挥鼠标的功能应用，结合软件功能和快捷方式可提高建模和设计效率。掌握鼠标的灵活应用，是UG NX 12.0学习中十分重要的部分。

①鼠标左键：可以在菜单或对话框中选择命令和选项，也可以在图形窗口中通过单击来选择对象。

②Shift+鼠标左键：在列表框中选择连续的多项。

③Ctrl+鼠标左键：选择或取消选择列表中的多个非连续项。

④双击鼠标左键：对某个对象启动默认操作。

⑤鼠标中键：在对话框中单击中键能起到确定的功能。滚动鼠标中键滚轮可以缩放模型，向前模型缩小，向后模型变大。按住鼠标中键并拖动鼠标可旋转模型。

⑥Alt+鼠标中键：关闭当前打开的对话框。

⑦鼠标右键：显示上下文菜单。

⑧Ctrl+鼠标右键：单击图形窗口中的任何位置可弹出视图菜单。

1.2.4 视图布局基本操作

在建模过程中为了多角度观察一个对象，需要同时用到该对象的多个视图。UG NX 12.0提供了视图布局功能，最多可同时展现对象的9个视图，这些视图的集合就叫作视图布局。创建所需的视图布局后，可以保存视图布局，而且可在需要时再次打开保存的视图布局进行修改和删除等操作。

如图1-31所示，在菜单栏选择"菜单"→"视图"→"布局"菜单项，则可以看到视图布局的相关命令，这些视图布局按钮命令的功能说明如表1-2所列。

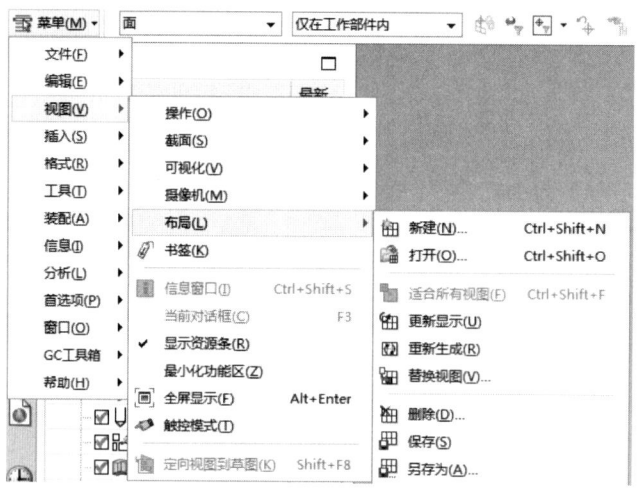

图 1-31　菜单中的"布局"级联菜单

表 1-2　视图布局设置的相关按钮命令

序　号	图　标	对应的菜单命令	功能简要说明
1		新建	以 6 种布局模式之一创建包含至多 9 个视图的布局
2		打开	调用 5 个默认布局中的任何一个或任何先前创建的布局
3		适合所有视图	调整所有视图的中心和比例,以在每个视图的边界之内显示所有对象
4		更新显示	更新显示以反映旋转或比例修改
5		重新生成	重新生成布局中的每个视图,移除临时显示的对象并更新已修改的几何体的显示
6		替换视图	替换布局中的视图
7		删除	删除用户定义的任何不活动的布局
8		保存	保存当前布局设置
9		另存为	用其他名称保存当前布局

下面介绍视图布局的一些设置方法。

1. 新建视图布局

在菜单栏选择"菜单"→"视图"→"布局"→"新建"菜单项,如图 1-32 所示,打开"新建布局"对话框,选择新布局中的视图。

项目一 UG NX 12.0 软件入门

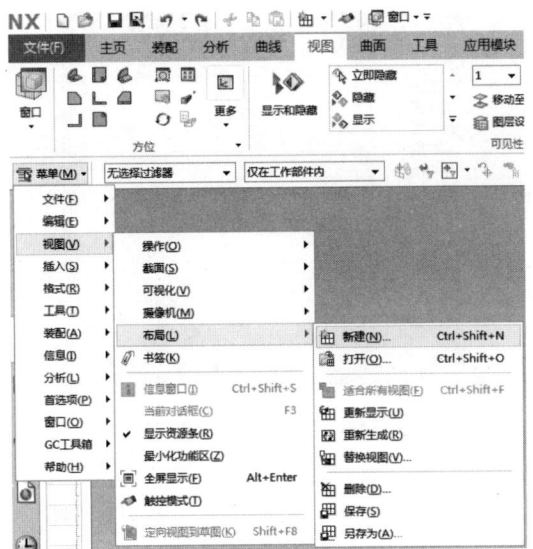

图 1-32 新建视图布局菜单命令

"名称"文本框用来输入新建视图布局的名称。每个视图布局都必须命名。如果不自行输入新建视图布局的名称，系统将使用默认名称 LAY1、LAY2…，基本视图有俯视图、仰视图、前视图、右视图、左视图、正三轴侧图和正等侧图，这些基本视图组合后生成的视图布置如图 1-33 所示。

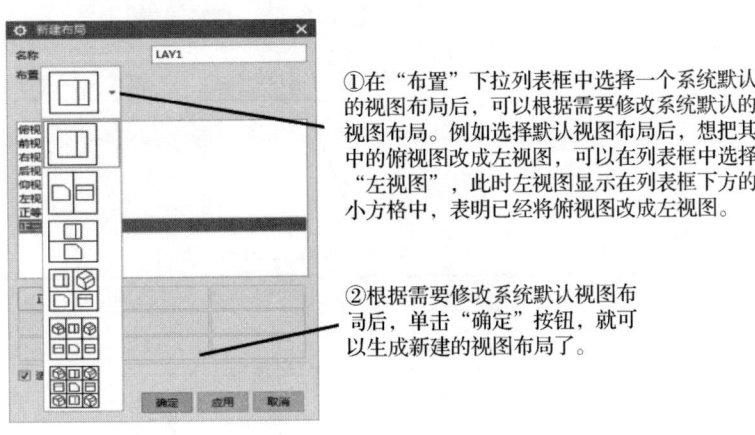

①在"布置"下拉列表框中选择一个系统默认的视图布局后，可以根据需要修改系统默认的视图布局。例如选择默认视图布局后，想把其中的俯视图改成左视图，可以在列表框中选择"左视图"，此时左视图显示在列表框下方的小方格中，表明已经将俯视图改成左视图。

②根据需要修改系统默认视图布局后，单击"确定"按钮，就可以生成新建的视图布局了。

图 1-33 "新建布局"对话框

2. 替换视图布局

在菜单栏依次选择"菜单"→"视图"→"布局"→"替换视图"菜单项，如图 1-34 所示，打开"视图替换为"对话框，系统提示用户选择放在布局中的视图。在视图列表框中选择需要的视图，然后单击"确定"即可替换视图布局。

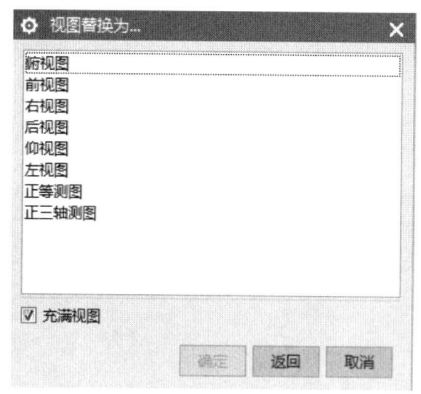

图 1-34 "视图替换为"对话框

3. 删除视图布局

视图布局建立后，如果不再需要使用它，那么可以删除该视图布局。在菜单栏选择"菜单"→"视图"→"布局"→"删除"菜单项，如图 1-35 所示，打开"删除布局"对话框。

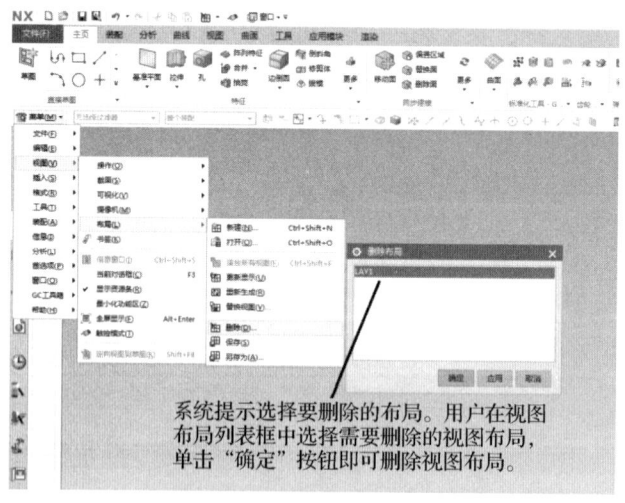

图 1-35 "删除布局"对话框

4. 定向视图

在设计三维实体模型的过程中，为了能够方便地在计算机屏幕上以各种视角来观察实体模型，NX 提供多种控制观察方式以及三维视角的功能，包括定向视图、视图操作、渲染样式、背景和布局等。

"视图"选项卡中的定向视图按钮位于"方位"工具条中，如图 1-36 所示。利用"方位"工具条上的按钮，可以设置零件的前视、上视、右视等常用视角，并通过保存视图来保存这些视角。视角的设置方法就是在零件上依序指定"两个互相垂直的面"作为第一参考面和第二参考面，而参考面的方位包括"正三轴侧图""俯视图""正等测图""左视图""右视图""后视图""前视图"和"仰视图"8种。

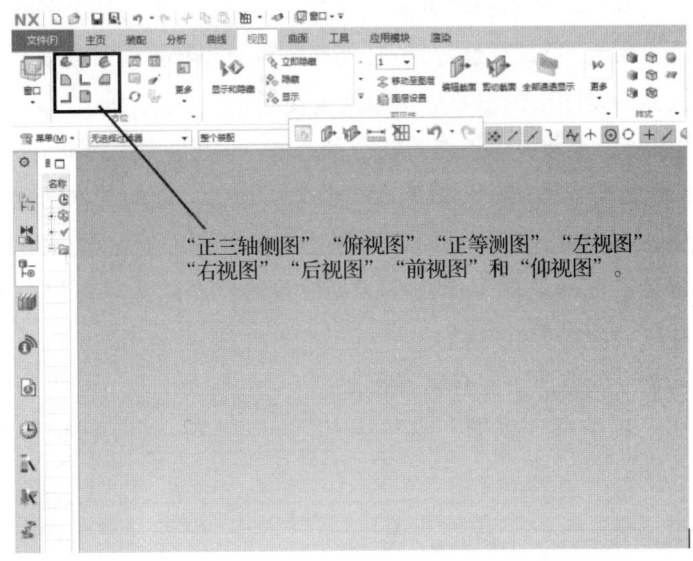

图1-36 "方位"工具条

5. 视图操作

零件或装配件可利用"方位"工具条上的按钮进行模型视图的操作，如图1-37所示。

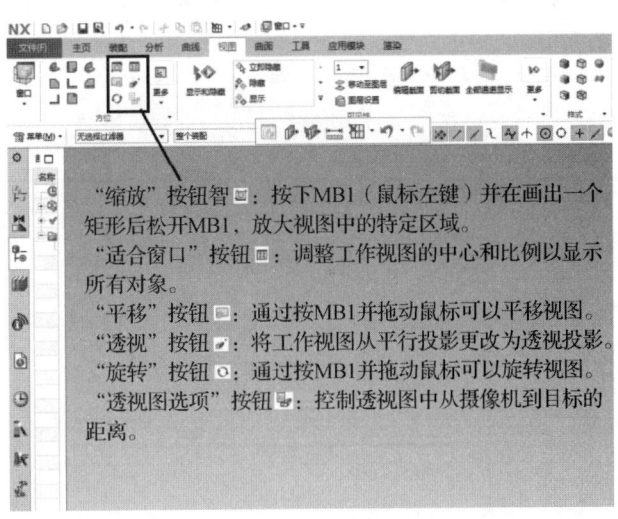

图1-37 "方位"工具条上的模型视图按钮

1.2.5 图层设置基本操作

同其他主流设计软件一样，NX 中也有图层的概念。图层（简称为"层"）实际上是为了方便对模型的管理而设置的一种对象分类方法，用户可以为每个图层设置不同的属性（包括可见性、工作图层、可选择性等）。任何对象都可以根据设计需要放在任何一个图层中，但一定需要注意的是图层的主要应用原则是便于管理模型对象。

NX 的图层状态分为 4 种，即工作图层、可选层、仅可见层和不可见层。

在一个 NX 部件的所有图层中，只能有一个图层作为当前的工作图层。工作图层是对象创建在其中的层，总是可选与可见的。当创建一个新部件时，默认的工作图层是层 1，但用户可以根据设计情况来改变工作图层，并设置哪些图层为可见层。当改变工作图层时，之前的工作图层自动成为可选层。

打开图层设置命令的方法主要有以下 3 种：

①工具条：在工具条内"视图"选项卡的"可见性"面板中单击"图层设置"按钮 。

图 1-38 打开图层设置方法一

②菜单栏：选择"菜单"→"格式"→"图层设置"菜单项。

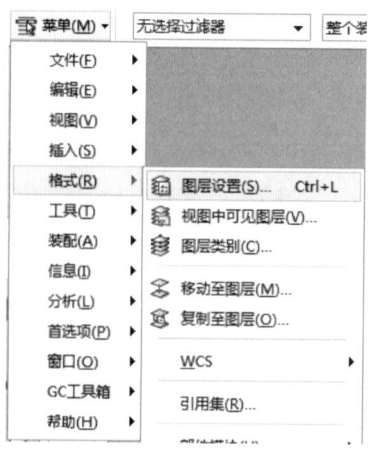

图 1-39 打开图层设置方法二

③快捷键：Ctrl+L。

任选上述一种方法操作后，启动如图1-40所示的"图层设置"对话框，通过该对话框可以查找来自对象的图层，设置工作图层、可见和不可见图层，并可以定义图层中的类别名称等。"图层设置"对话框中各主要选项的含义及设置方法如下：

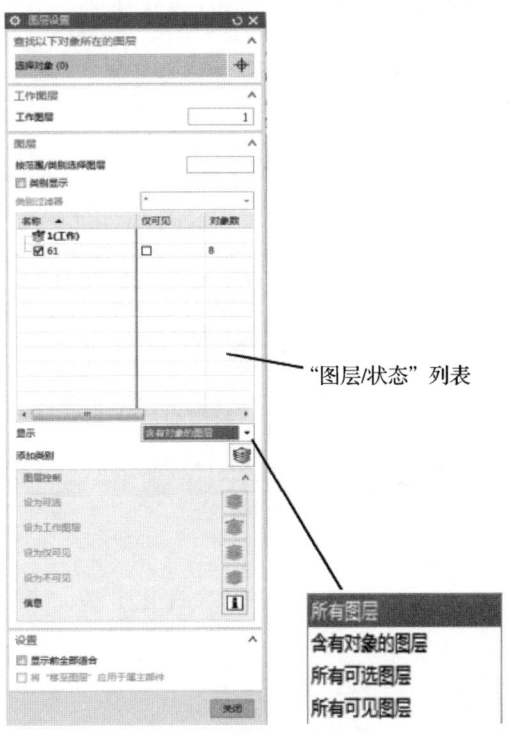

图1-40　"图层设置"对话框

①"工作图层"文本框：在"工作图层"选项组的"工作图层"文本框中可输入需要设置为工作图层的层号。在文本框中输入所需的工作图层的层号后，系统会自动将该图层设置为当前的工作图层。

②"按范围/类别选择图层"文本框：该文本框主要用来输入范围或图层种类的名称，以便进行图层筛选操作。当输入种类的名称并按Enter键后，系统会自动将所有属于该种类的图层选中，并自动改变其状态。

③"类别过滤器"下拉列表框：当选中"类别显示"复选框时，"类别过滤器"下拉列表框才会显示可用。"类别过滤器"下拉列表框中默认的"﹡"符号表示接受所有的图层类别，而位于"类别过滤器"下拉列表框下方的"图层/状态"列表框用于显示设定类别下的图层名称及其相关属性描述（如可见性、对象数等）。

④"显示"下拉列表框：用于进一步控制"图层/状态"列表框中设定类别的图层的显示范围，可供选择的选项有"所有图层""含有对象的图层""所有可选图层"和"所

有可见图层"。

⑤ "图层控制"选项组：在"图层/状态"列表框中选择一个图层后，可在该选项组中单击相应按钮来将所选图层设置为可选的、工作图层、仅可见的或不可见的。

另外，在"菜单"→"格式"菜单中还提供了如表1-3所列的图层编辑命令，在功能区"视图"选项卡的"可见性"面板也可以找到对应按钮。

表1-3 图层设置的相关按钮命令

序 号	图 标	对应的菜单命令	功能的简要说明
1		"视图中可见图层"	设置视图中的可见和不可见图层
2		"图层类别"	创建命令的图层组
3		"移动至图层"	将对象从一个图层移动到另一个图层
4		"复制至图层"	将对象从一个图层复制到另一个图层

任务三　系统参数设置

在 NX 12.0 中用户可以对系统基本参数进行个性化定制，使绘图环境更适合自己和所在设计团队的操作习惯。

1.3.1　首选项设置

使用"菜单"→"首选项"级联菜单中的相关命令（也可以在"文件"工具条选项卡的"首选项"组中选择相应的命令）可以修改系统默认的一些基本参数设置，如新对象参数、用户界面参数、资源板首选项、对象选择行为、图形窗口可视化特性、部件颜色特性、图形窗口背景特性、可视化性能参数等。下面介绍一部分改变系统参数首选项设置的方法，其他的系统参数首选项设置方法与此相似。

1. 设置新对象的首选项

要设置新对象的首选项，如图层、颜色和线型等，可以在模型模式中选择"菜单"→"首选项"→"对象"命令，弹出"对象首选项"对话框，此对话框具有3个选项卡，如图1-41所示。其中，使用"常规"选项卡可以设置工作图层、对象类型、对象颜色、线型和线宽，可以设置是否对实体和片体进行局部着色、面分析，还可以更改对象的特定透明度参数。在"分析"选项卡中则可以设置曲面连续性显示参数、截面分析显示参数、曲线分析显示参数、曲面相交显示参数、偏差度量显示参数和高亮线显示参数等。在"线宽"选项卡中则可以对对象原有线宽进行转换。

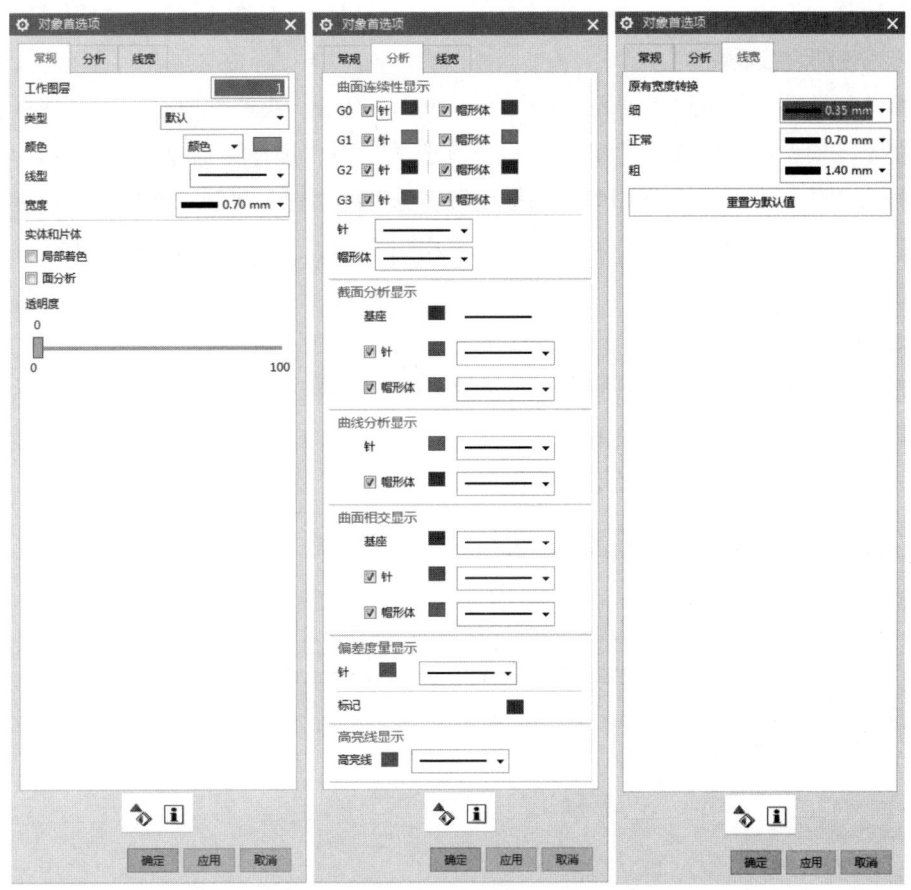

图 1-41 "对象首选项"对话框

2. 设置用户界面首选项

设置用户界面首选项是指设置用户界面和操作记录录制行为,并加载用户工具。

选择"菜单"→"首选项"→"用户界面"命令,弹出图 1-42 所示的"用户界面首选项"对话框。在该对话框的左窗格中,选择要设置的用户界面类别,包括"布局""主题""资源条""接触""角色""选项"和"工具"等类别,然后在对话框的右边区域中进行相应设置即可。

例如,在"用户界面首选项"对

图 1-42 "用户界面首选项"对话框

话框的左窗格中选择"布局"类别,接着在右边区域可以进行图 1-42 所示的设置。

3. 设置选择首选项

设置选择首选项是指设置对象选择行为,如高亮显示、快速拾取延迟以及选择半径大小。方法是在模型模式中选择"菜单"→"首选项"→"选择"命令,弹出图 1-43 所示的"选择首选项"对话框,利用该对话框设置多选时的鼠标手势和选择规则,设置高亮显示选项,指定是否启动延迟时快速拾取及其延迟时间,设定光标选择半径大小、成链公差和方法选项。

4. 设置背景首选项

设置背景首选项是指设置图形窗口的背景特性,如颜色和渐变效果。设置背景首选项的方法是选择"菜单"→"首选项"→"背景"命令,弹出图 1-44 所示的"编辑背景"对话框,接着在该对话框中进行相关设置。

图 1-43 "选择首选项"对话框

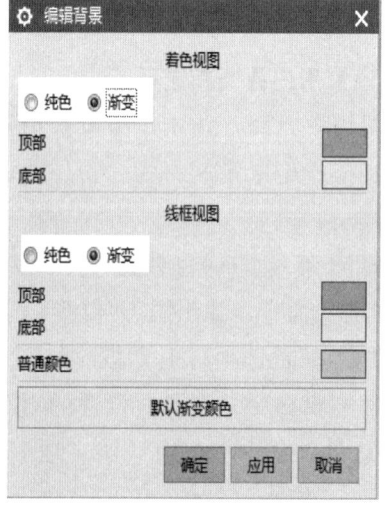

图 1-44 "编辑背景"对话框

5. 设置草图首选项

草图首选项是设置控制草图生成器任务环境的行为和草图对象显示的首选项。可以在模型模式中选择"菜单"→"首选项"→"草图"命令，弹出"草图首选项"对话框。此对话框具有 3 个选项卡，如图 1-45 所示。其中，使用"草图设置"选项卡可以设置尺寸标签、文本高度、约束符号大小、是否创建自动判断约束、连续自动标注尺寸等。在"会话设置"选项卡中可以设置对齐角、是否显示自由度箭头、动态显示草图、显示约束符号、更改视图方向和任务环境等。在"部件设置"选项卡中可以对草图对象原有颜色进行修改。

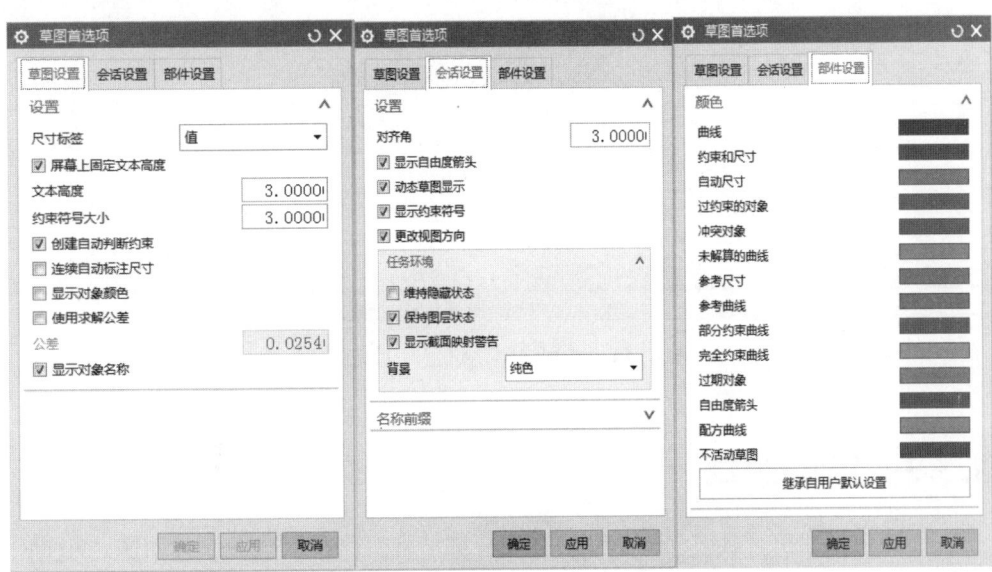

图 1-45 "草图首选项"对话框

1.3.2 用户默认设置

在功能区的"文件"选项卡中选择"实用工具"→"用户默认设置"命令，弹出图 1-46 所示的"用户默认设置"对话框，在此对话框左侧的树形列表中选择要设置的参数类型，则在右侧区域显示相应的设置选项。利用该"用户默认设置"对话框，可以在站点、组和用户级别控制众多命令、对话框的初始设置和参数，包括更改建模基本环境所使用的单位制等。

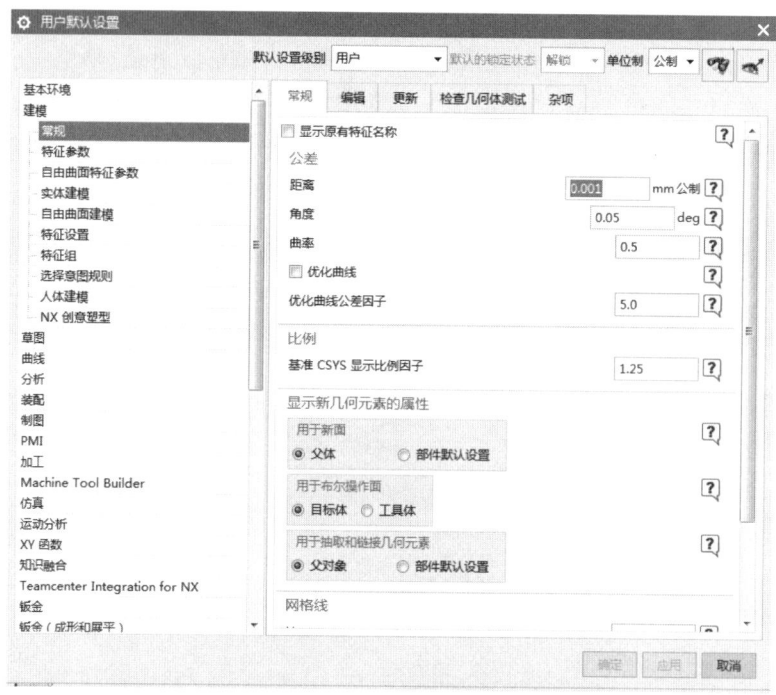

图 1-46 "用户默认设置"对话框

1.3.3 个性化定制

在实际建模工作中，有时候为了使绘图环境更适合自己和所在的设计团队，用户会对工具栏、按钮图标大小等屏幕要素进行个性化定制。

方法是选择"菜单"→"工具"→"定制"命令，也可以在功能区或任意一个工具栏上右击并从弹出的快捷菜单中选择"定制"命令，弹出图 1-47 所示的"定制"对话框，利用该对话框可以定制菜单、功能区和工具栏、图标大小、屏幕提示、提示行和状态行位置、保存和加载角色等。以下对其中几个细节定制部分进行介绍。

1. 将定制工具条添加到功能区

在"定制"对话框的"选项卡/条"选项卡中（见图 1-48），从"选项卡/条"列表框中选中或取消相应功能区选项卡或工具条名称前方的复选框，就可以设置显示或隐藏该选项卡或工具条，即控制指定对象在工作界面上的显示。可以在"选项卡/条"选项卡中单击"新建"按钮来新建自定义的功能区选项卡，并可以通过单击"将定制工具条添加到功能区"按钮来将定制工具条添加到指定功能区。

图 1-47 "定制"对话框图　　　　图 1-48 "选项卡/条"选项卡

2. 定制工具条（或面板）中的按钮和菜单命令

在 NX 12.0 操作环境中，除了显示或隐藏当前模块所需的功能区选项卡、工具条以外，还可以根据个人需要使用"定制"对话框来定制工具条（或面板）中的按钮和菜单中的命令。在"定制"对话框中选择"命令"选项卡（见图 1-47），可以在"类别"列表框中选择一个类别或子类别，则在右侧的"命令"下拉列表框中显示该类别或子类别下的命令，从中选择要定制的命令，然后将它拖放到屏幕中指定工具条的预定位置处释放，即可将该命令添加到指定工具条中。如果要移除工具条中某个按钮命令，那么可以在打开"定制"对话框的情况下，将该按钮命令从工具栏中拖出即可，或者使用鼠标在工具栏中右击该按钮命令并从弹出的快捷菜单中选择"删除"命令。将选定命令添加到指定的菜单中，或者从菜单中移除选定的命令，它们的操作方法也和上述操作方法类似，在此不再赘述。

3. 定制快捷方式

在"定制"对话框中单击"快捷方式"选项卡，如图 1-49 所示，允许在图形窗口或导航器中选择对象以定制其快捷工具条或圆盘工具条等。

4. 定制图标大小和工具提示

在"定制"对话框中切换到"图标/工具提示"选项卡，如图 1-50 所示。接着在"图标大小"选项组中可以对功能区、窄功能区、上/下边框条、左/右边框条、快捷工具条/推断式工具条、菜单、资源条选项卡、对话框的图标大小进行设置，还可以设置是否在库中始终使用大图标。在"工具提示"选项组中可以设置是否在功能区和菜单上显示符号标注工具提示、是否在功能区上显示快捷键、是否在对话框选项上显示图形符号工具提示等。

图1-49 "快捷方式"选项卡

图1-50 "图标/工具提示"选项卡

课后练习

1. 填空题

（1）UG NX 12.0软件是_____公司（现已经被西门子公司收购）开发的一套集_____于一体的软件集成系统。

（2）_____位于NX操作界面的最上方，用于显示软件版本以及当前的模块和文件名等信息。

（3）当用户选择某一命令进行操作时，在_____中会出现相应的提示内容帮助用户完成当前操作。

2. 选择题

（1）哪个工具列出特征列表，而且可以作为显示和编辑特征的捷径？（　　）

　　A. 装配导航器　　　　　　　　　B. 特征列表

　　C. 编辑和检查工具　　　　　　　D. 部件导航器

(2) 使用下列哪个工具可以编辑特征参数，改变参数表达式的数值？（　　）

  A. 特征表格   B. 检查工具

  C. 装配导航器   D. 部件导航器

(3) 在 NX 的用户界面中，哪个区域提示你下一步该做什么？（　　）

  A. Cue Line（提示行）   B. Status Line（状态行）

  C. Part Navigator（部件导航器）   D. Information Window（信息窗口）

3. 上机题

(1) 熟悉操作界面

①启动 UG NX 12.0，进入其工作界面；

②调整工作界面大小；

③打开、移动、关闭工具栏。

(2) 操作文件

①打开一个文件；

②将文件另存；

③设置文件操作参数。

(3) 对象操作

①打开一个文件；

②选择零件，并设置零件颜色以及透明度；

③将不需要的对象进行隐藏。

绘制草图

学习目标
①熟练掌握草图的创建方法;
②熟练掌握各种草图几何元素的创建;
③掌握草图曲线的偏置、镜像和阵列等工具;
④熟练掌握草图的约束方法,包括尺寸约束、几何约束及约束条件的编辑等;
⑤根据实际情况熟练使用最简单的方法创建或编辑草图。

任务一 草图基本概念及命令学习

2.1.1 草图概述

草图(sketch)是UG建模中建立参数化模型的一个重要工具,是与实体模型相关联的二维图形,一般可作为三维实体模型的基础,具有特征操作和可修改性。在应用草图工具时,需要先绘制曲线的轮廓,再添加各种约束来精确定义图形的几何形状和相对位置,就可以完整地表达设计意图。

草图由草图平面、草图坐标系、草图曲线和草图约束等组成。草图平面是指草图曲线所在的平面,如草图坐标系的XY平面即可作为草图平面。草图坐标系由用户建立草图时确定。一个模型中可以包含多个草图,每个草图都有一个名称,系统通过草图名称对草图及其对象进行引用。

使用草图可以实现对曲线的参数化控制,可以很方便地进行模型的修改,草图可以用于以下几个方面:
①需要对图形进行参数化时;
②用草图来建立通过标准成型特征无法实现的形状;
③将草图作为自由形状特征的控制线;

④如果形状可以用拉伸、旋转或沿导引线扫描的方法建立，那么可将草图作为模型的基础特征。

2.1.2　草图首选项

草图首选项中可对草图的基本参数进行设置，其具体打开方法已在项目一中介绍，打开后如图 2-1 所示。"草图首选项"对话框中各选项的含义如下：

图 2-1　"草图首选项"对话框

①尺寸标签：用于设置尺寸的文本内容，包括表达式、名称和值三个选项。

②屏幕上固定文本高度：勾选此复选框，模型中的文本将被固定。

③创建自动判断约束：控制约束的显示。勾选此复选框，草图中自动判断的约束将显现出来。

④连续自动标注尺寸：控制尺寸的显示。勾选此复选框，草图中将连续自动标注尺寸。

⑤捕捉角：该参数用于设置捕捉角度，控制徒手绘制直线时是否自动成为水平或垂直直线。如果所画直线与草图工作平面 XZ 或 YZ 轴的夹角小于等于该参数值，则所画直线会自动成为水平线或垂直线。

⑥显示自由度箭头：控制自由度箭头的显示。勾选此复选框，草图中未约束的自由度将显现出来。

⑦保持图层状态：该复选框用于控制工作层状态。

⑧名称前缀：各种对象的默认前缀名显示在其下相应的文本框中，可以进行修改。

2.1.3 草图环境中的关键术语

下面列出了 UG NX 12.0 软件草图中经常使用的术语。

①对象：二维草图中的任何几何元素（如直线、中心线、圆弧、圆、椭圆、样条曲线、点或坐标系等）；

②尺寸：对象大小或对象之间位置的量度；

③约束：定义对象几何关系或对象间的位置关系；

④参数：草图中的辅助元素；

⑤过约束：当添加两个或多个约束时可能会产生矛盾或多余约束。此时，必须删除一个不需要的约束或尺寸来解决过约束问题。

2.1.4 创建草图

UG NX 12.0 中创建草图的方法分为直接草图和在任务环境中绘制草图两种，如图 2-2 所示。直接草图是在建模环境下调用直接草图工具条命令进行草图，建模命令高亮显示，并且可以直接使用。任务环境中的草图是一个独立的草图环境，要绘制草图，必须先进入草图环境，绘制完后需要再退出草图环境。

两者区别就是 UG 任务环境中的草图比 UG 直接草图多了个进入和退出的步骤，刚开始学习草图的时候，以在任务环境中绘制草图为主，软件用熟了之后，可以在建模环境下直接使用草图。下面以在任务环境中绘制草图来创建草图。

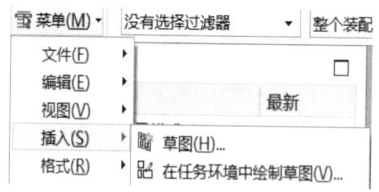

图 2-2 直接草图和在任务环境中绘制草图

在 UG NX 12.0 中创建草图时，需要在菜单栏中选择"插入"→"在任务环境中绘制草图"命令，或者在"特征"工具栏中单击"草图"按钮，即可打开"创建草图"对话框，如图 2-3 所示。"创建草图"对话框主要用于选择或者创建草图平面，默认的草图平面为 XY 平面。也可在平面方法选项中选择创建平面，然后单击平面对话框按钮，将弹出"平面"对话框，可以在"平面"对话框中选择类型来自定义草图平面。

项目二 绘制草图

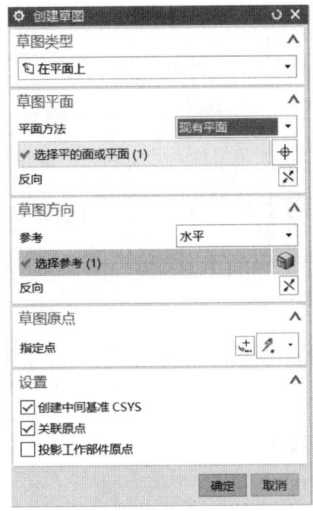

图 2-3 "创建草图"对话框

选择草图平面后,在"创建草图"对话框中单击"确定"按钮,进入草图绘图环境,如图 2-4 所示。

图 2-4 草图绘图环境

进入草图绘图环境后,将弹出"草图"工具栏,如图 2-5 所示。

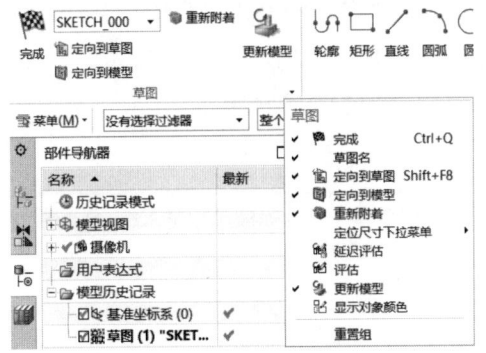

图 2-5 "草图"工具栏

在"草图"工具栏中，可以实现草图的公共属性操作，控制草图模式下的完成草图、重新附着草绘平面以及控制视图的方向等操作。"草图"工具栏中常用按钮介绍如下：

①完成草图：单击按钮，退出草图环境，然后回到三维建模环境中。

②草图名：在完成草图右边的文本框中，显示当前草图的名称，第一次创建的草图名为SKETCH-000，可以单击草图名下拉按钮，选择其他的草图名。

③定向到草图：在完成草图平面创建和修改名称后，单击"定向到草图"按钮，系统自动调整到草图视图方向。

④定向到模型：在完成草图平面创建和修改名称后，单击"定向到模型"按钮，系统会转到模型视图方向。

⑤重新附着：在创建草图对象后，可对草图工作平面进行更改，通过单击"重新附着"按钮来重新设置草图工作平面。

2.1.5 轮廓

利用该功能，可以绘制单一或连续的直线和圆弧。选择"菜单"→"插入"→"曲线"→"轮廓"命令或单击"主页"功能区"曲线"组中的"轮廓"按钮，弹出如图2-6所示的"轮廓"对话框。

①直线：在"轮廓"对话框中单击按钮，在绘图窗口中选择两点，即可绘制直线；

②圆弧：在"轮廓"对话框中单击按钮，在绘图窗口中选择一点，输入半径，然后在绘图窗口中选择另一点，或根据相应约束和扫描角度绘制圆弧；

③坐标模式：在"轮廓"对话框中单击XY按钮，在绘图区中将显示如图2-7所示的XC、YC数值输入框。在其中输入所需数值，确定绘制点；

④参数模式：在"轮廓"对话框中单击按钮，在绘图区中将显示如图2-8所示的"长度""角度"数值输入框。在其中输入所需数值，然后拖动鼠标，在所要放置的位置单击鼠标左键，即可绘制直线或圆弧。该模式与坐标模式的区别是，在数值输入框中输入数值后，坐标模式是确定的，而参数模式是浮动的。

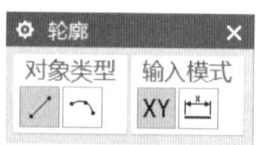 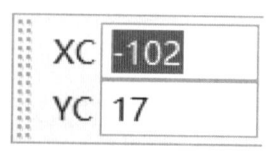 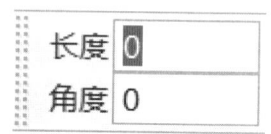

图2-6　"轮廓"对话框　　图2-7　"坐标模式"输入框　　图2-8　"参数模式"输入框

2.1.6 点和直线

要在草图中绘制点，选择"菜单"→"插入"→"基准/点"→"点"命令，或者在"曲线"工具栏中单击"点"按钮╋，将弹出"草图点"对话框，如图 2-9 所示。可以在"草图点"对话框中根据类型来选择绘制点。

要在草图中绘制直线，选择"菜单"→"插入"→"曲线"→"直线"命令，或者在"曲线"工具栏中单击"直线"按钮╱，即可在草图中绘制直线，光标指针下将出现一个文本框，显示为长度的距离和角度的距离，根据直线显示的虚线延长线，还可以绘制水平和竖直直线，如图 2-10 所示。

图 2-9 "草图点"对话框

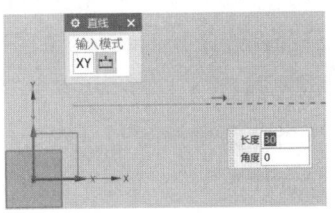

图 2-10 绘制直线

2.1.7 圆或圆弧

在 UG NX 12.0 草图中绘制圆的方法有两种，分别是圆心和直径定圆与三点定圆，输入方法也有两种，一种是坐标模式；另一种是参数模式，也就是输入圆的直径。

要在草图中绘制圆，选择"菜单"→"插入"→"曲线"→"圆"命令，或者在"曲线"工具栏中单击"圆"按钮⊙，将弹出"圆"对话框，此时圆的绘制由中心和直径决定，选择输入模式为参数凸，也可以通过三点定圆，如图 2-11 所示。

和绘制圆的方法相似，绘制圆弧的方法有两种，一种是通过三点的圆弧，一种是中心和端点决定的圆弧，输入模式和圆一样。

选择"菜单"→"插入"→"曲线"→"圆弧"命令，或者在"曲线"工具栏中单击"圆弧"按钮⌒，将弹出"圆弧"对话框，此时圆弧的绘制方法为通过三点决定的圆弧⌒，选择输入模式为参数凸，指定圆弧的起点和终点后，可以输入圆弧的半径来定义圆弧的弧长，如图 2-12 所示。

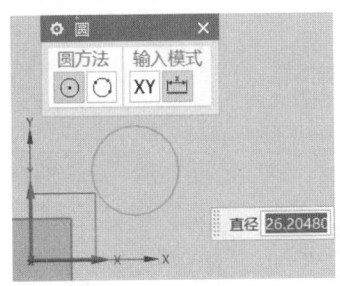

图 2-11 绘制圆

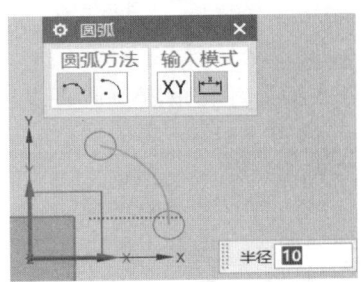

图 2-12 绘制圆弧

2.1.8 圆角

选择"菜单"→"插入"→"曲线"→"圆角"命令，或者在"曲线"工具栏中单击"圆角"按钮⏋，将弹出"圆角"工具栏中，如图 2-13 所示。创建圆角的方法有两种，一种是修剪直线来创建圆角，另一种是不修剪直线创建圆角。在选项中，还可以创建备选圆角。

在"创建圆角"工具栏中单击修剪按钮⏋，然后在草图中选择曲线来创建圆角，如图 2-14 所示。

在"创建圆角"工具栏中单击修剪按钮⏋，在选项组中单击备选圆角按钮，然后在草图中选择曲线来创建圆角，如图 2-15 所示。

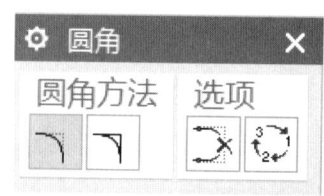

图 2-13 "圆角"工具栏

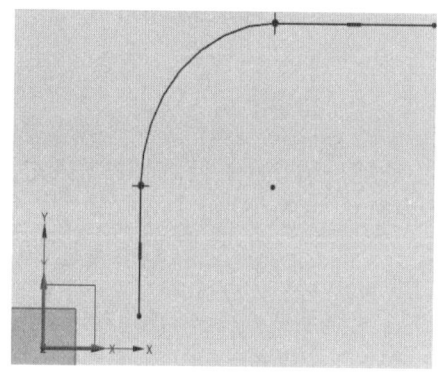

图 2-14 创建圆角

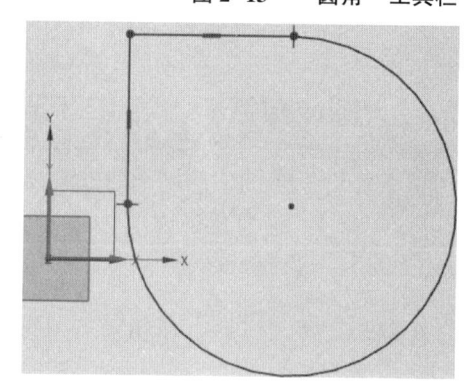

图 2-15 创建备选圆角

2.1.9 快速修剪和延伸

快速修剪用于草图中修剪对象，沿任一方向将曲线修剪至最近的交点或选定的边界，可以修剪一条或多条曲线。在草图曲线工具栏中单击"快速修剪"按钮，将弹出"快速修剪"对话框，如图 2-16 所示。

修剪单个对象：在弹出"快速修剪"对话框中，单击"边界曲线"的"选择曲线"按钮，然后在草图中选择水平直线为边界曲线，然后在"快速修剪"对话框中单击"要修剪的曲线"的"选择曲线"按钮，在草图中选择要修剪的曲线，选择水平直线间的圆弧为修剪对象，如图 2-17 所示。

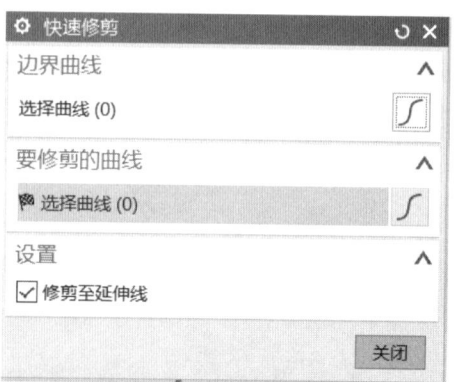

图 2-16 "快速修剪"对话框

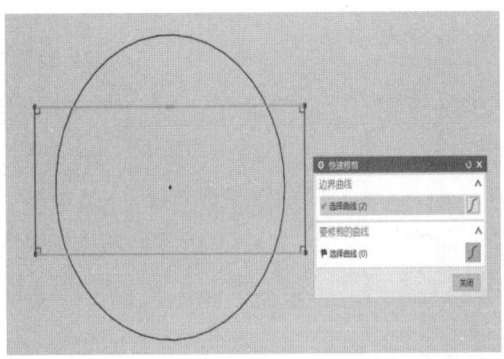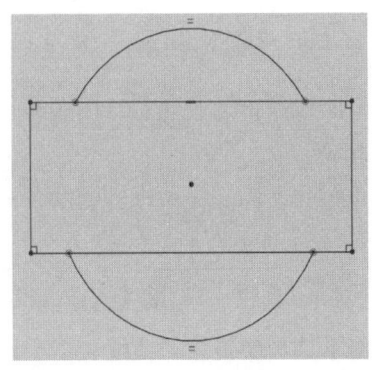

图 2-17 修剪单个对象

修剪多个对象：在"快速修剪"对话框中单击要修剪的曲线按钮，然后按住鼠标左键并拖动，这时光标将变为画笔，与画笔的轨迹相交的曲线都会被修剪掉，如图 2-18 所示。

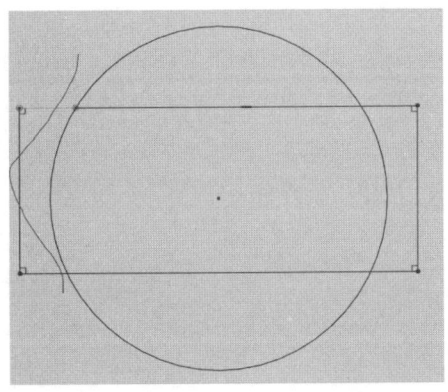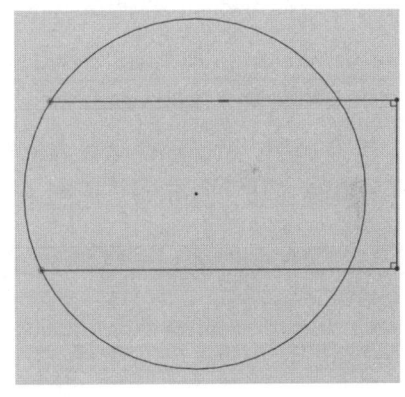

图 2-18 修剪多个对象

快速延伸命令是将曲线延伸至另一邻近曲线或选定的边界。在草图曲线工具栏中单击"快速延伸"按钮 ，弹出"快速延伸"对话框。和快速修剪相似，快速延伸是先选择要边界的曲线，然后选择要延伸的对象，将对象延伸至边界上，如图 2-19 所示。

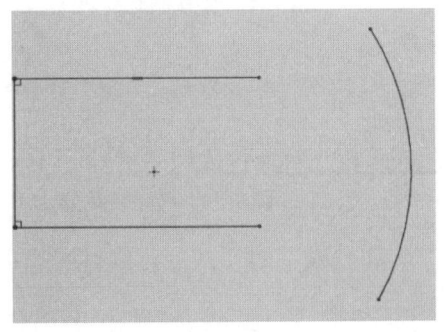

图 2-19 快速延伸命令

2.1.10 镜像曲线

镜像曲线是指通过现有草图曲线创建草图几何图形的镜像副本，并将此镜像曲线转化为参考直线。

创建镜像曲线的操作步骤如下。

(1) 选择"菜单"→"插入"→"来自曲线集的曲线"→"镜像曲线"命令，或者在"曲线"工具栏中单击"镜像曲线"按钮，弹出"镜像曲线"对话框，如图2-20所示，提示选择要镜像的曲线和中心线。

"镜像曲线"对话框中的选项说明如下。

①选择曲线：指定一条或多条要进行镜像的草图曲线；

②选择中心线：选择一条已有直线作为镜像操作的中心线（在镜像操作过程中，该直线将成为参考直线）；

③中心线转换为参考：将活动中心线转换为参考；

④显示终点：显示端点约束以便移除和添加端点。如果移除端点约束，然后编辑原先的曲线，则未约束的镜像曲线将不会更新。

(2) 在草图中，选择选择矩形为镜像曲线，然后直线为中心线，在"镜像曲线"对话框中单击确定按钮，即可将矩形沿中心线镜像，如图2-21所示。

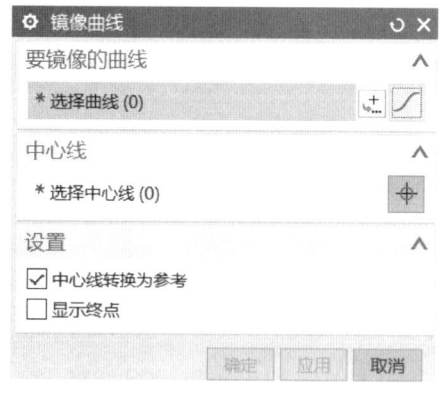
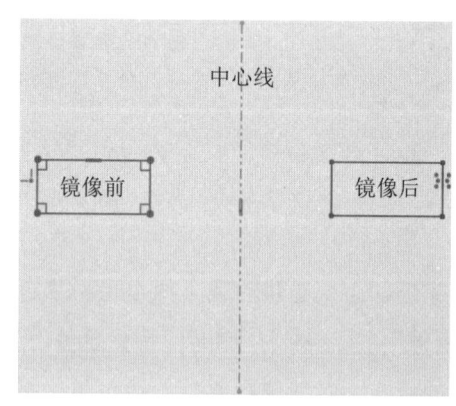

图2-20 "镜像曲线"对话框　　图2-21 镜像曲线

2.1.11 阵列曲线

阵列曲线是指将草图平面上的曲线链以指定距离和方向进行阵列。选择"菜单"→"插入"→"来自曲线集的曲线"→"阵列曲线"命令，或者在"曲线"工具栏中单击"阵列曲线"按钮，将打开如图2-22所示的"阵列曲线"对话框。可以对图形进行线性、圆形和常规阵列，如图2-23所示。

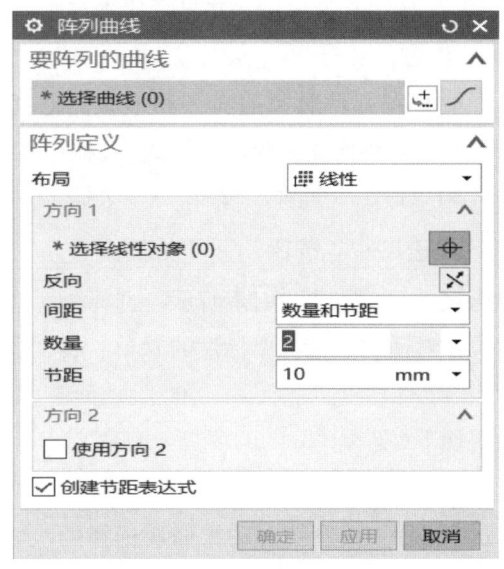

图 2-22 "阵列曲线"对话框

"阵列曲线"对话框中的选项说明如下。

①线性：使用一个或两个方向定义布局；

②圆形：使用旋转点和可选径向间距参数定义布局；

③常规：使用一个或多个目标点或坐标系定义的位置来定义布局。

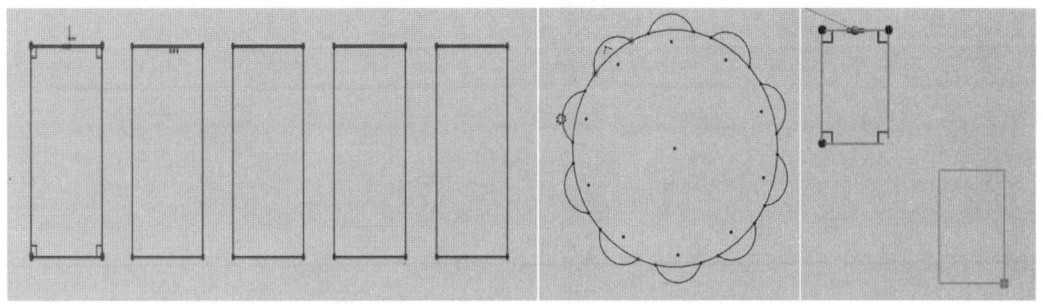

图 2-23 线性、圆形和常规阵列示意图

2.1.12 草图约束

约束能够精确控制草图中的对象。草图约束分为尺寸约束和几何约束两种类型，尺寸约束建立草图对象的大小（如直线的长度、圆弧的半径等）或两个对象之间的关系（如两点之间的距离）。尺寸约束看上去更像是图纸上的尺寸。几何约束建立草图对象的几何特性（如要求某一直线具有固定长度或角度）、两个或更多草图对象的关系类型（如要求两条直线垂直或平行，或是几个圆具有相同的半径）。在图形区无法看到几何约束，但我

们可以使用"显示/删除约束"显示有关信息，并显示代表这些约束的直观标记。

1. 建立尺寸约束

建立草图尺寸约束是限制草图几何对象的大小和形状，也就是在草图上标注草图尺寸，并设置尺寸标注线，与此同时再建立相应的表达式，以便在后续的编辑工作中实现尺寸的参数化驱动。执行尺寸约束命令，选择"菜单"→"插入"→"尺寸"命令，或者在"约束"工具栏中单击"快速尺寸"按钮下拉箭头。

执行上述操作后，弹出尺寸列表如图 2-24 所示。选择一种尺寸命令，打开相应的尺寸对话框。选择要标注的对象，将尺寸放置到适当位置。

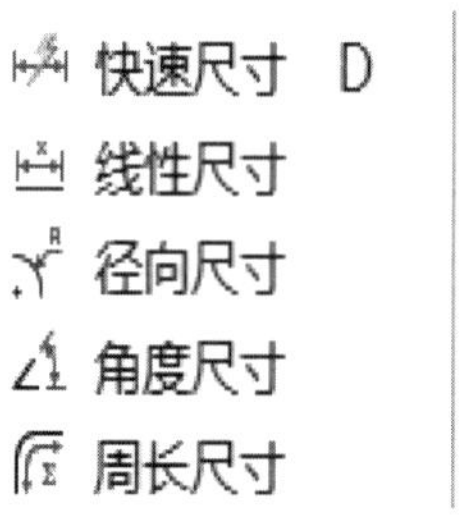

尺寸列表中各按钮说明如下。

① 快速尺寸：单击该按钮，打开"快速尺寸"对话框，如图 2-25 所示，在选择几何体后，由系统自动根据所选择的对象搜寻合适的尺寸类型进行匹配。

图 2-24 尺寸列表

② 线性尺寸：单击该按钮，打开"线性尺寸"对话框，用于指定与约束两对象或两点间距离，示意图如图 2-26 所示。

图 2-25 "快速尺寸"对话框

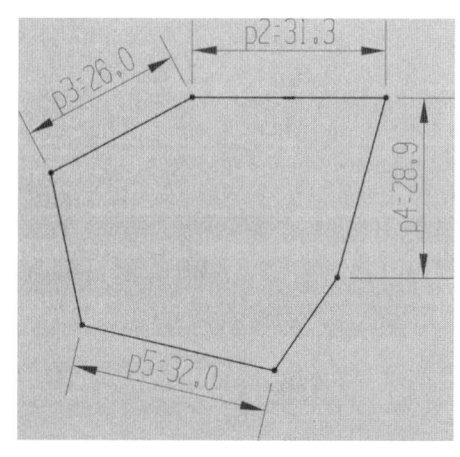

图 2-26 "线性尺寸"标注示意图

③ 径向尺寸：单击该按钮，打开"径向尺寸"对话框，用于为草图的弧或圆指定直径或半径尺寸，示意图如图 2-27 所示。

④ 角度尺寸：单击该按钮，打开"角度尺寸"对话框，可指定两条线之间的角度尺

寸。相对于工作坐标系按照逆时针方向测量角度，角度标注如图2-28所示。

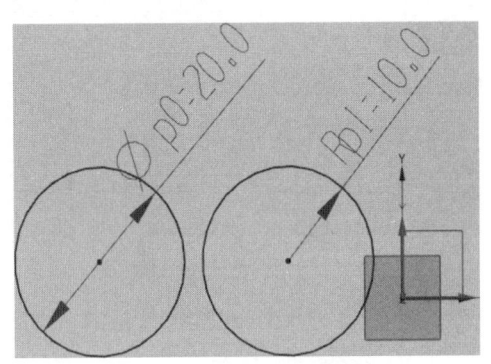

图2-27 "径向尺寸"标注示意图

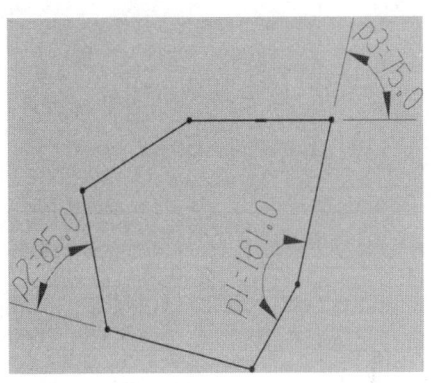

图2-28 "角度尺寸"标注示意图

⑤周长尺寸：用于将所选的草图轮廓曲线的总长度限制为一个需要的值。可以选择周长约束的曲线是直线和弧，单击该按钮后，打开如图2-29所示的"周长尺寸"对话框，选择曲线后，该曲线的尺寸显示在"距离"数值框中。

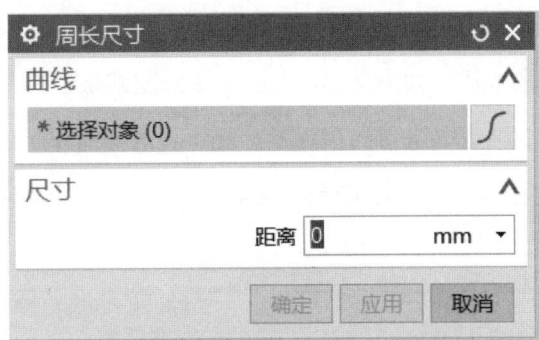

图2-29 "周长尺寸"对话框

2. 建立几何约束

使用几何约束可以指定草图对象必须遵守的条件或草图对象之间必须维持的关系。执行几何约束命令，主要有以下两种方式。

①菜单：选择"菜单"→"插入"→"几何约束"命令。

②功能区：单击"主页"选项卡"约束"组中的"约束"按钮 ⊥。

执行上述操作后，系统会打开如图2-30所示的"几何约束"对话框。用户可以在其上单击图标以确定要添加的约束，依次选择需要添加的几何约束对象。

图 2-30 "几何约束"对话框

UG NX 12.0 中几何约束的添加方式有两种：一种是自动判断约束；另一种是手动添加约束。下面介绍添加约束的两种方法。

①自动判断约束：在 UG NX 12.0 草图绘制过程中，系统会自动捕捉约束意图，提示用户将要自动添加的约束方式，如图 2-31 所示。在系统默认情况下，系统能以水平、竖直、平行、垂直和相切 5 种方式进行约束提示，也可以通过单击"约束"按钮 ，打开"自动判断约束"对话框，如图 2-32 所示，在此对话框中可以设置系统自动提示的约束类型。

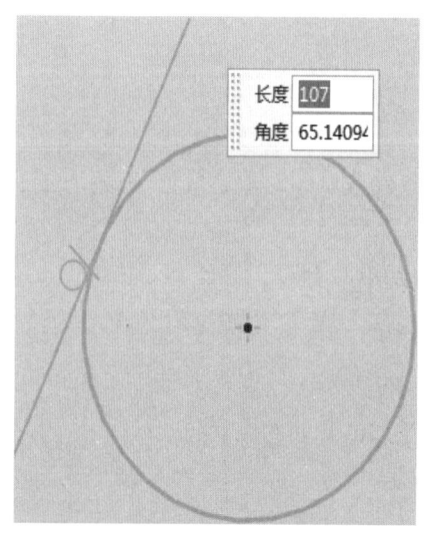

图 2-31 自动相切约束提示

图 2-32 "自动判断约束"对话框

"自动约束"对话框中的选项说明如下。

- 全部设置:选中所有约束类型。
- 全部清除:清除所有约束类型。
- 距离公差:用于控制对象端点的距离必须达到的接近程度才能重合。
- 角度公差:用于控制系统要应用水平、竖直、平行或垂直约束,直线必须达到的接近程度。

②手动添加约束:在当前草图中没有添加约束方式或对自动约束设置不满意时,可以通过手动方式建立所选对象的约束。执行相应操作打开"几何约束"对话框,然后在草图中选择要添加约束的曲线,在"约束"工具栏上单击相应的按钮即可添加约束,如图2-33所示。

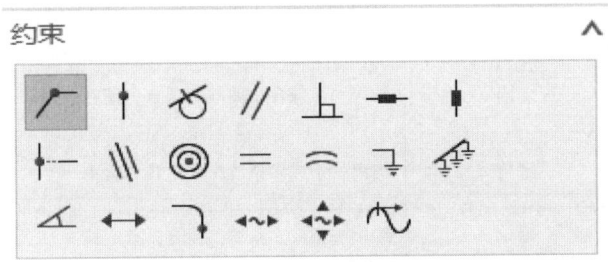

图2-33 "约束"工具栏

表2-1是所列"约束"工具栏上所有的按钮功能说明。

表2-1 "约束"按钮说明

按钮图标	名称	功能或含义
╱	重合	约束两个或多个定点或点,使之重合
╎	点在曲线上	将顶点或点约束到一条曲线上
⌀	相切	约束两条曲线,使之相切
∥	平行	约束两条或多条曲线,使之平行
⊥	垂直	约束两条曲线,使之垂直
━	水平	约束一条或多条线,使之水平放置
╎	竖直	约束一条或多条线,使之竖直放置

续表2-1

按钮图标	名称	功能或含义
	中点	约束顶点或点，使之与某条线的中点对齐
	共线	约束两条或多条曲线，使之共线
	同心	约束两条或多条曲线，使之同心
	等长	约束两条或多条曲线，使之等长
	等半径	约束两个或多个圆弧，使之具有等半径
	固定	约束一个或多个曲线或顶点，使之固定
	完全固定	约束一个或多个曲线和顶点，使之固定
	定角	约束一条或多条线，使之具有定角
	定长	约束一条或多条线，使之具有定长
	点在曲线上	约束一个顶点或点，使之位于（投影的）曲线串上
	非均匀比例	约束一个样条，以沿样条长度按比例缩放定义点
	均匀比例	约束一个样条，以在两个方向上缩放定义点，从而保持样条形状
	曲线的斜率	约束样条在定义点处的相切方向，使之与某条曲线平行

3. 约束的显示和控制功能

在绘制草图后，向对象添加约束时，自动显示出当前对象的约束，也可以在菜单栏中选择"工具"→"约束"→"显示草图约束"菜单命令，或在"草图约束"工具栏中点亮"显示草图约束"按钮 ，来显示所有的约束，如图2-34所示。如果不显示约束，可以在菜单栏中取消选择"工具"→"约束"→"显示草图约束"菜单命令，或在"草图约束"工具栏中取消点亮"显示草图约束"按钮 ，如图2-35所示。

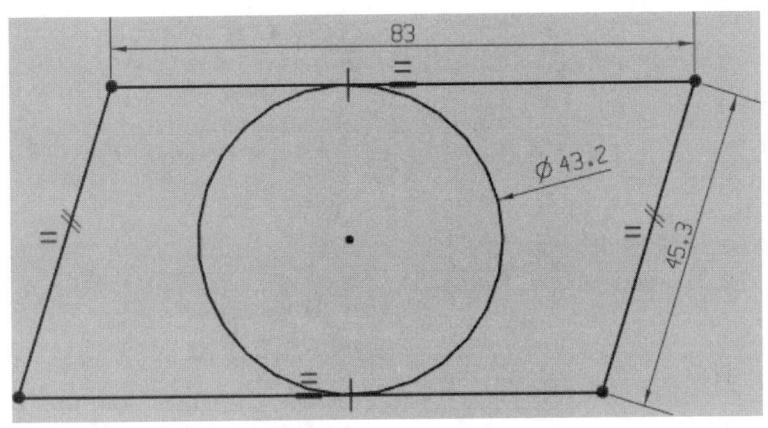

图 2-34 显示所有约束

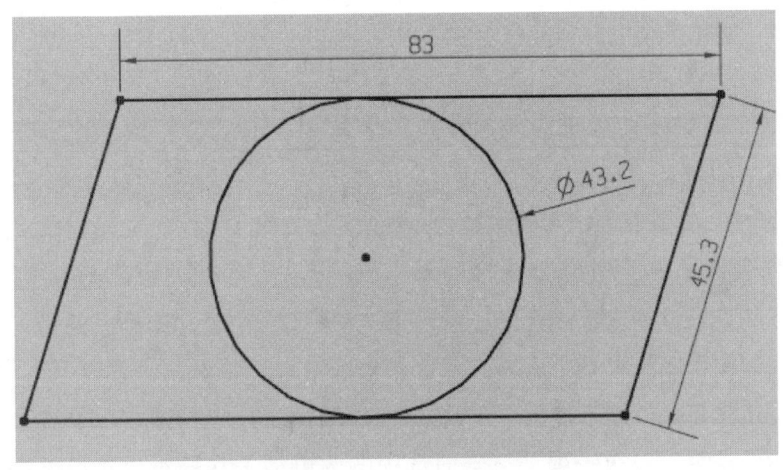

图 2-35 不显示约束

"显示约束"用于显示所选草图几何体相关的几何约束。还可以删除指定的约束，或列出所有几何约束的信息。在菜单栏中选择"工具"→"约束"→"显示/移除约束"菜单命令，或者在"草图约束"工具栏中单击"显示/移除约束"按钮，将弹出"显示/移除约束"对话框，如图 2-36 所示。

"显示/移除约束"对话框中各选项含义如下。

①列出以下对象的约束：用于控制列在约束列表框中的约束。

- 选定的对象（上）：一次只能选择一个对象。选择其他对象将自动取消选择以前选中的对象。该列表框显示了与所选对象相关的约束。这是默认设置。
- 选定的对象（下）：选择多个对象，方法是逐个选择，或使用矩形选择方式同时选中。选择其他对象不会取消选择以前选中的对象。列表框列出了与全部选中对象相关的约束。

● 活动草图中的所有对象：显示激活的草图中的所有约束。

②约束类型：用于过滤在列表框中显示的约束类型。

● 包含：用于确定指定的"约束类型"是列表框中显示的唯一类型，是默认设置。

● 排除：用于确定指定的"约束类型"不是显示的唯一类型。

③显示约束：该选项用于控制在约束列表框中出现的约束的显示。

● Explicit：对于由用户显式生成的约束。

● 自动推断：对于曲线生成过程中由系统自动生成的约束。

● 两者皆是：具备以上二者约束。

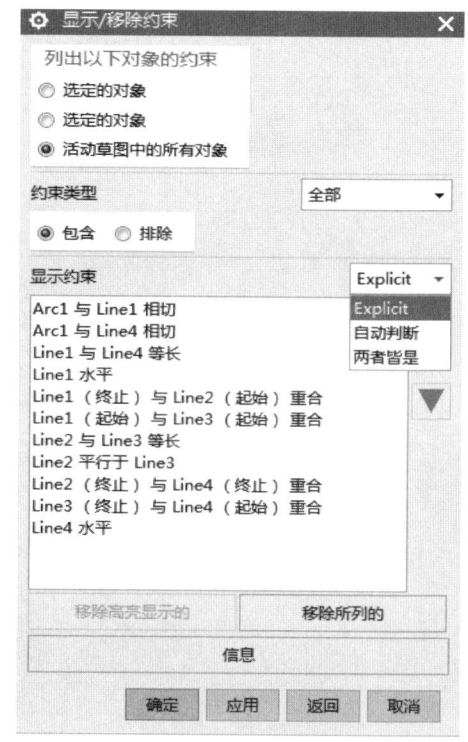

图 2-36 "显示/移除约束"对话框

④约束列表框：用于列出选中的草图几何体的几何约束。该列表框受控于显示约束选项的设置。"自动推断的"几何约束（即在曲线生成过程中由系统自动生成）在后面括号内带有 I 符号，即（I）。

⑤列表框步骤箭头：用于控制位于约束列表框右侧的步骤箭头，可以上、下移动列表框中高亮显示的约束，一次一项。与当前选中的约束相关联的对象将始终高亮显示在图形区。

⑥移除高亮显示的：用于删除一个或多个约束，方法是在约束列表框中选择要删除的约束，然后单击该按钮。

⑦移除所列的：用于删除在约束列表框中显示的所有列出的约束。

⑧信息：在信息窗口中显示有关激活的草图的所有几何约束信息。如果要保存或打印出约束信息，该选项很有用。

在进行显示或移除约束操作时，当光标位置移动到某草图对象上时，该对象及与其关联的其他对象均会高亮显示，并用约束标记显示这些对象之间的几何约束关系。

4. 转换至/自参考对象

在给草图添加几何约束和尺寸约束的过程中，有时会引起约束冲突，删除多余的几何约束和尺寸约束可以解决约束冲突。另外一种办法是通过将草图几何对象或尺寸对象转换为参考对象，也可以解决约束冲突。

执行"转换至/自参考对象"命令，主要有以下两种方式。

①菜单：选择"菜单"→"工具"→"约束"→"转换至/自参考对象"命令。

②功能区：单击"主页"选项卡"约束"组中的"转换至/自参考对象"按钮⬚。

执行上述操作后，打开如图2-37所示的"转换至/自参考对象"对话框，通过设置后，能够将草图曲线（但不是点）或草图尺寸由激活转换为参考，或由参考转换回激活。尺寸显示在草图中，虽然其值被更新，但是它不能控制草图几何体。参考曲线会变灰并采用双点划线线型显示。在拉伸或回转草图时，参考曲线不会被选中。

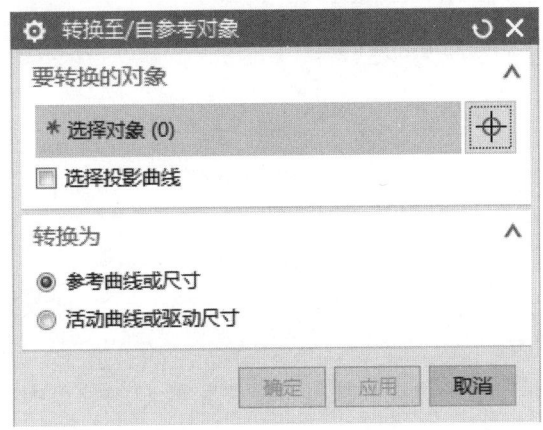

图2-37 "转换至/自参考对象"对话框

"转换至/自参考对象"对话框中的选项说明如下：

①选择对象：选择要转换的草图曲线或草图尺寸；

②选择投影曲线：转换草图曲线投影的所有输出曲线；

③参考曲线或尺寸：用于将激活对象转换为参考状态；

④活动曲线或驱动尺寸：用于将参考对象转换为激活状态。

2.1.13 自动标注尺寸

自动标注尺寸可以方便快速地自动标注出所有尺寸，如果在绘图时已经产生了自动尺寸，就无须再使用此功能了。自动标注尺寸包括两个指令：自动标注尺寸和连续自动标注尺寸。

1. 自动标注尺寸

当取消了"连续自动标注尺寸"选项后，可以使用此功能进行自动标注，但标注后的效果不是很理想，需要手动调节尺寸位置。单击"自动标注尺寸"按钮⬚，弹出"自动标注尺寸"对话框，如图2-38所示。通过此对话框，可以标注"自动标注尺寸规则"下拉列表中列出的尺寸标注类型。

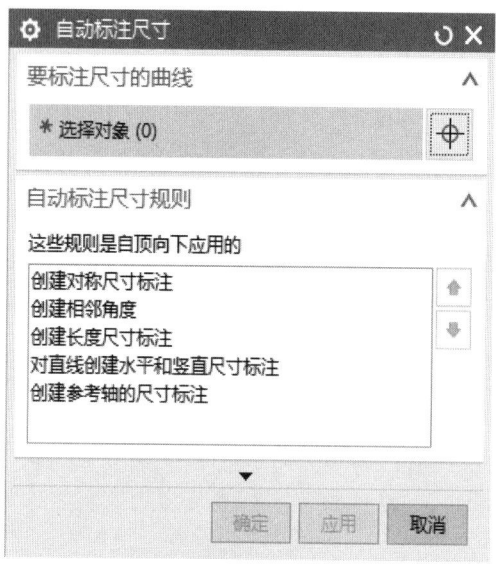

图 2-38 "自动标注尺寸"对话框

2. 连续自动标注尺寸

"连续自动标注尺寸"命令可以在执行草图图形绘制的过程中自动标注尺寸，可以通过在"约束"组中单击"连续自动标注尺寸"按钮 或者在草图任务环境下的菜单栏中执行"任务"→"草图设置"命令，打开"草图设置"对话框，设置使用或取消使用这个功能，如图 2-39 所示。

图 2-39 "草图设置"对话框

如图 2-40 所示为在绘制草图过程中连续自动标注尺寸的情形。

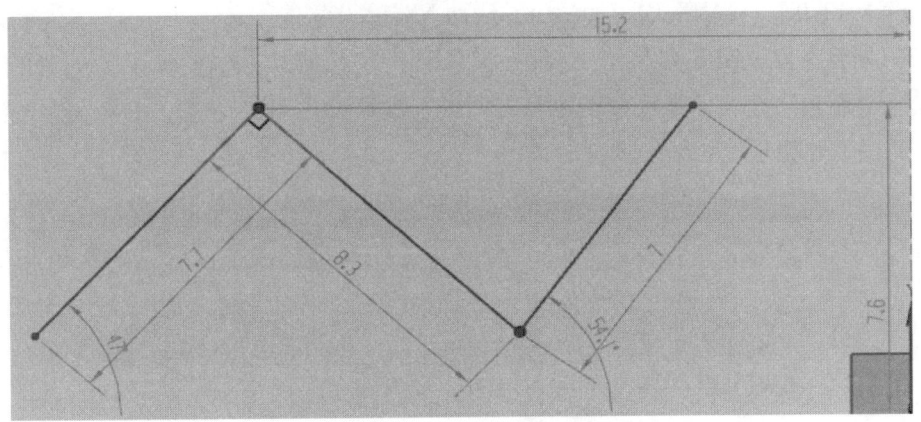

图 2-40　连续自动标注尺寸

任务二　连接支架草图绘制

本任务需要绘制如图 2-41 所示连接支架草图，并通过该任务充分地理解和掌握草图工具、草图操作及约束的应用方法。

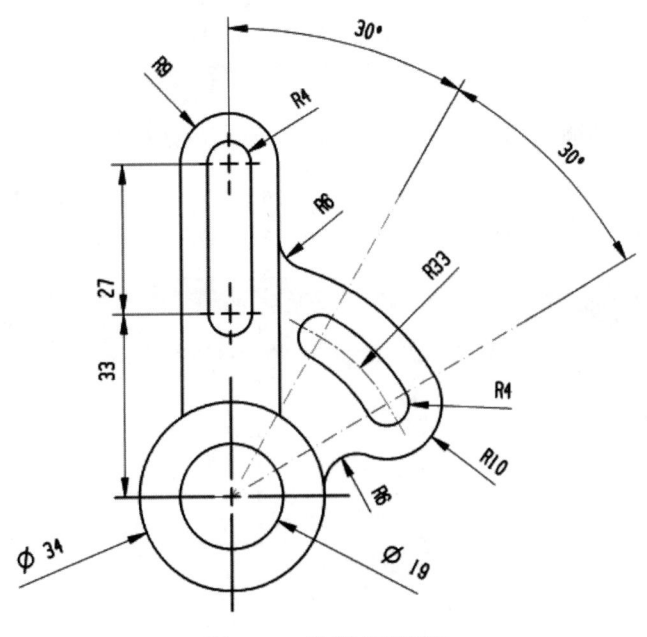

图 2-41　连接支架草图

（1）启动 NX 12.0 软件。依次在 Windows 系统中选择"开始"→"所有程序"→"Siemens NX 12.0"→"NX 12.0"命令，启动 NX 12.0 软件。

（2）新建文件。在启动界面中选择"文件"→"新建"命令，或者在"主页"命令面板单击"新建"按钮，弹出"新建"对话框，参数设置如图 2-42 所示，单击"确定"按钮，将进入建模环境。

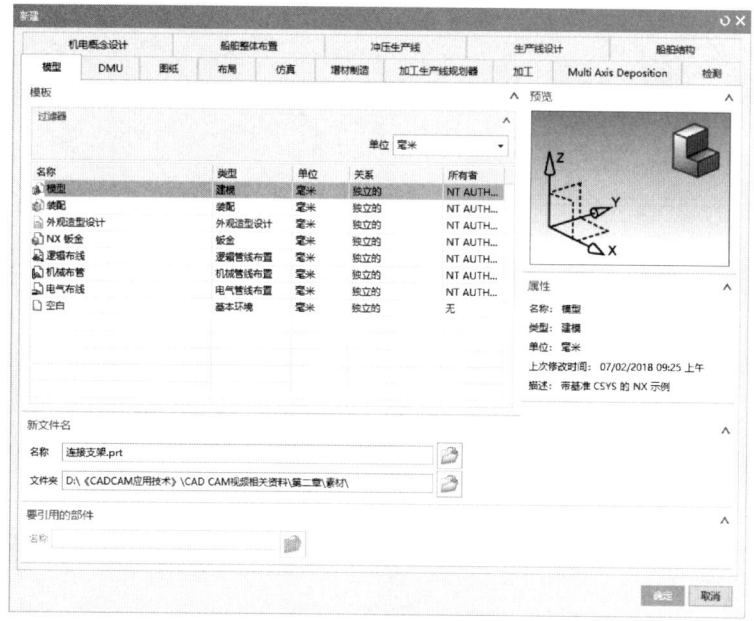

图 2-42　"新建"对话框

（3）在建模环境左侧资源条中单击"Web 浏览器"按钮，然后如图 2-43 所示复制图片所在文件夹路径，粘贴至如图 2-44 所示"file：///"之后，按下 Enter 键后选择"连接支架.png"即可在"Web 浏览器"打开图片，如图 2-45 所示。

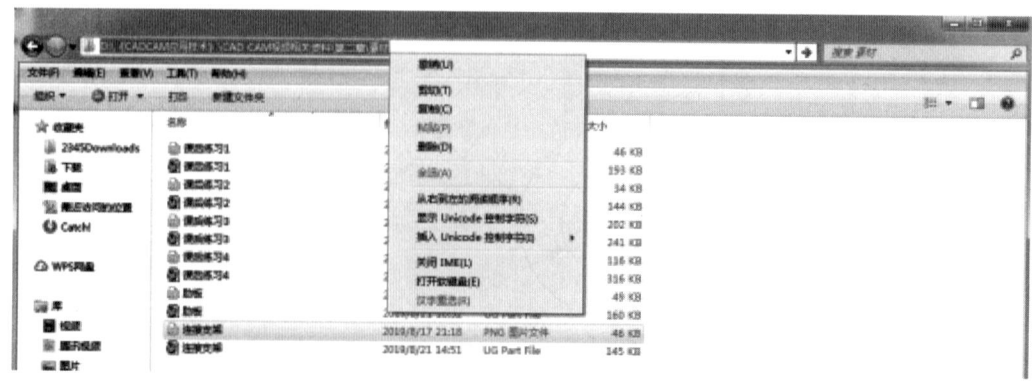

图 2-43　复制文件夹路径

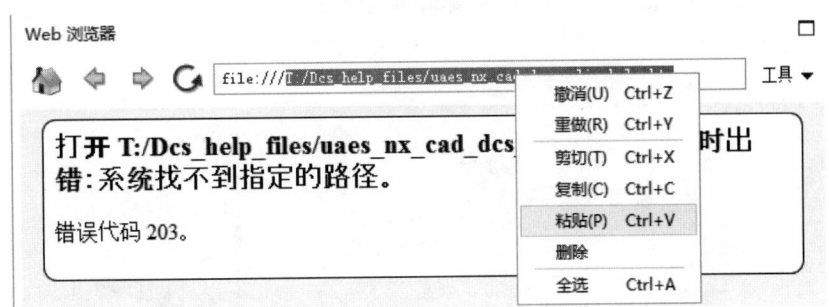

图 2-44　粘贴文件夹路径

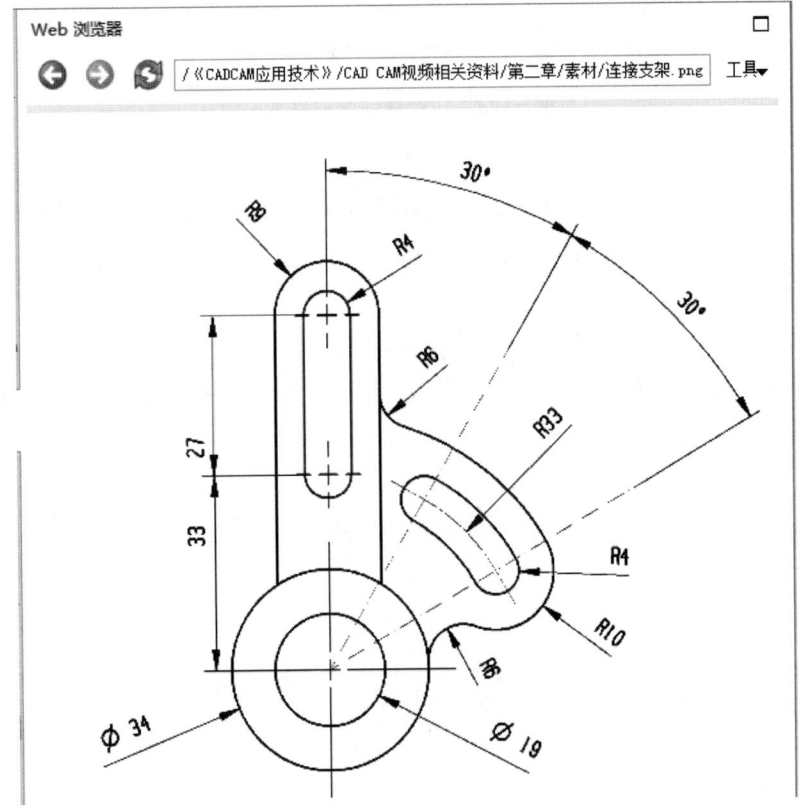

图 2-45　"Web 浏览器"

(4) 进入草图环境。单击"菜单"按钮后，选择"插入"→"在任务环境中绘制草图"命令，打开"创建草图"对话框，选择 XY 平面作为草图平面，如图 2-46 所示，单击"确定"按钮，进入草图环境。

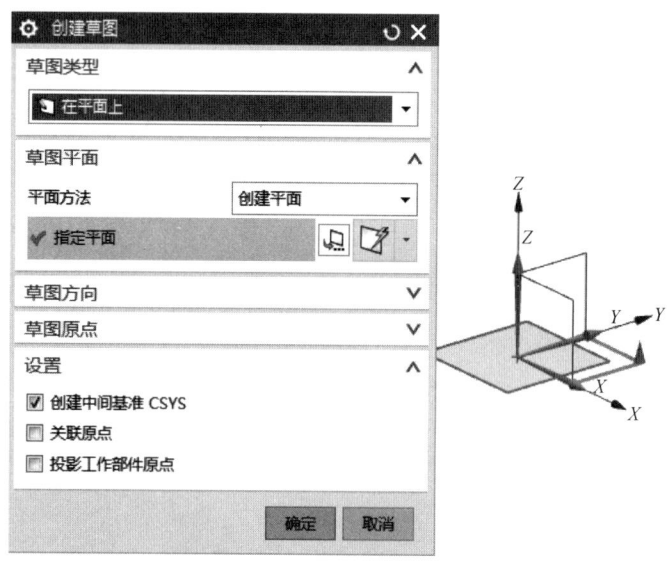

图 2-46 "创建草图对话框"

（5）如图 2-47 所示使用"圆"命令画出两个直径分别为 34mm 和 19mm 的圆，在上方绘制直径为 18 的圆并约束其圆心落在 y 轴。

（6）如图 2-48 所示使用"直线"命令画一条直线，该直线与上方的圆相切并竖直，如图 2-49 所示使用"镜像曲线"命令以 y 轴为中心线镜像该直线。

（7）如图 2-50 所示使用"快速修剪"命令剪去多余曲线，并约束直径为 18 的圆的圆心距离原点为 60mm。

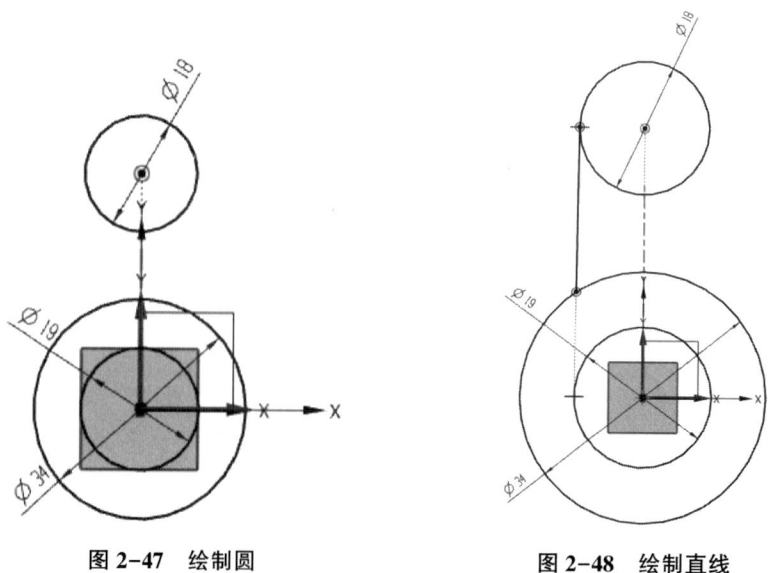

图 2-47 绘制圆　　　　　　图 2-48 绘制直线

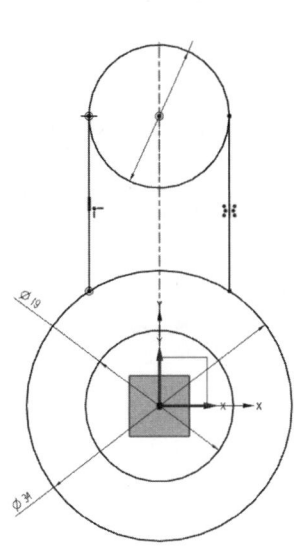
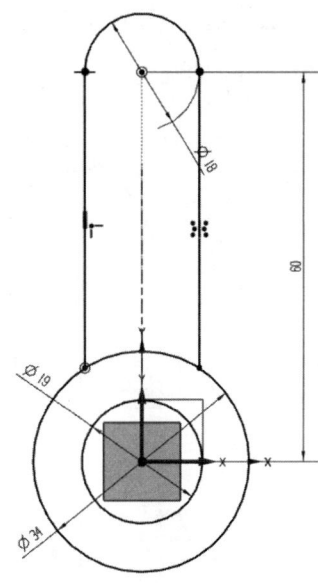

图 2-49 镜像直线　　　　图 2-50 修剪和约束曲线

(8) 如图 2-51 所示使用"圆"命令绘制直径为 8mm 的圆，该圆与直径为 18 的圆同心。然后在下方绘制直径也为 8mm 的圆，约束该圆的圆心落在 y 轴。约束这两个圆的圆心距离为 27mm。

(9) 如图 2-52 所示使用"直线"命令画一条直线，该直线与两个直径 8mm 的圆相切，然后使用"镜像曲线"命令以 y 轴为中心线镜像该直线。

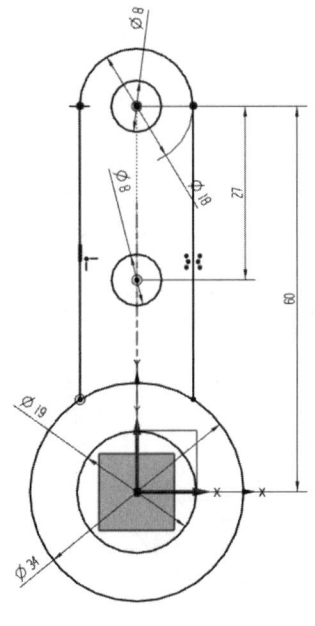
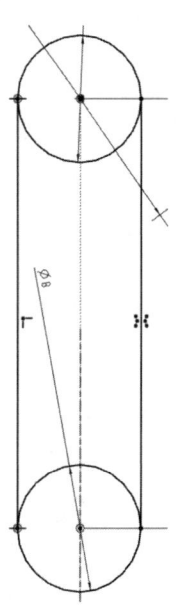

图 2-51 绘制圆　　　　图 2-52 绘制并镜像直线

（10）如图 2-53 所示使用"快速修剪"命令剪去多余曲线，如图 2-54 所示以原点为圆心绘制直径为 66mm 的圆。

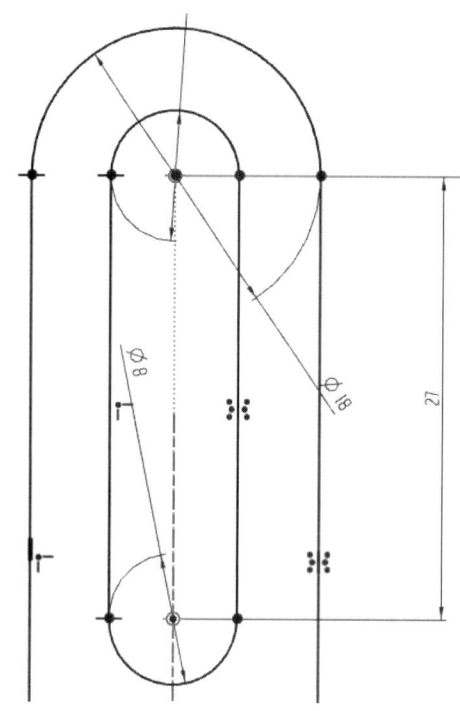

图 2-53 修剪曲线

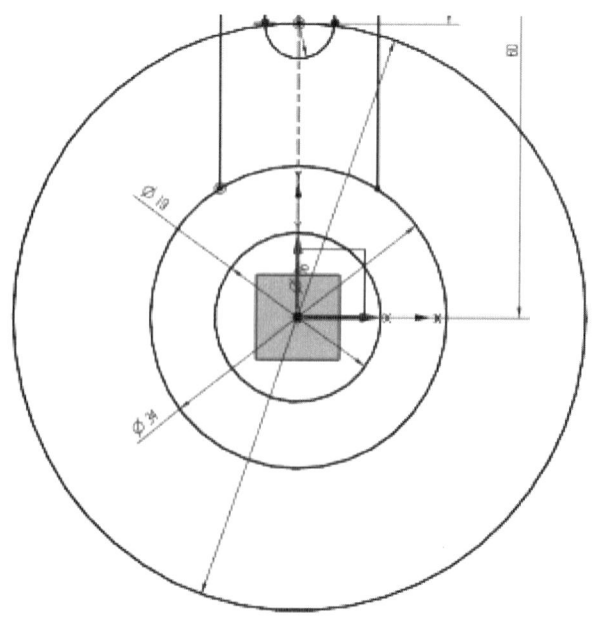

图 2-54 绘制圆

(11) 如图 2-55 所示使用"直线"命令画两条直线,并将它们转换为参考线,约束两直线间的夹角为 30°,上方直线与 y 轴间的夹角为 30°,两直线等长且都为 93mm。

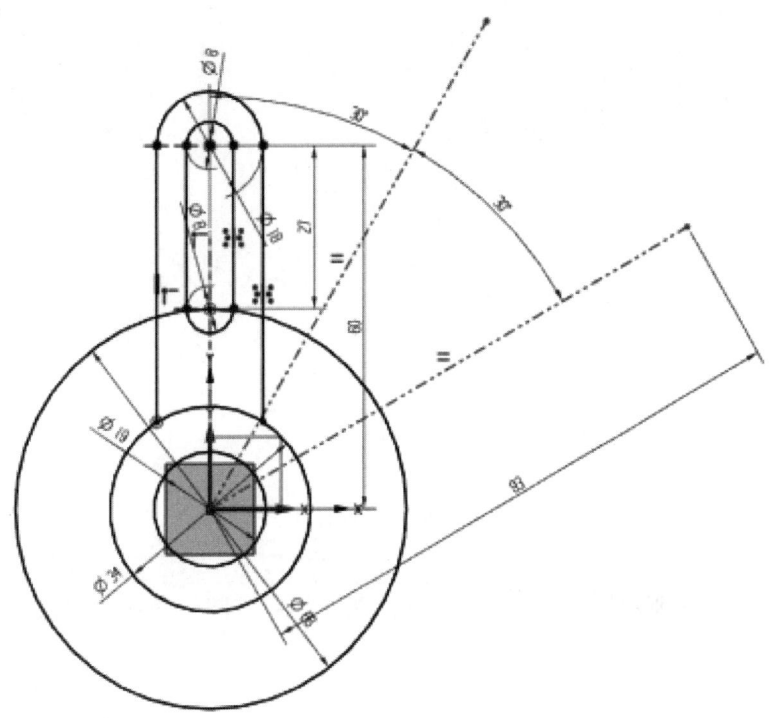

图 2-55 绘制参考线

(12) 如图 2-56 所示修剪掉多余曲线,以图示端点为圆心绘制直径为 20mm 的圆,以原点为圆心绘制圆使直径为 20mm 的圆内切与该圆。

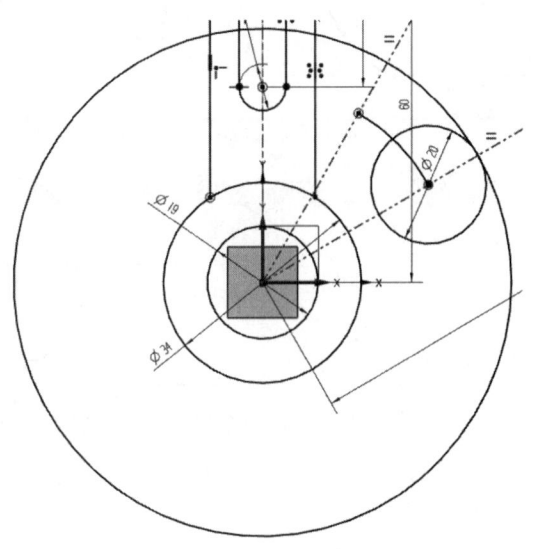

图 2-56 绘制圆

(13) 如图 2-57 所示修剪掉多余曲线，使用"圆角"命令中的取消修剪方法在图示位置做出半径为 6mm 的圆角并剪去多余部分。

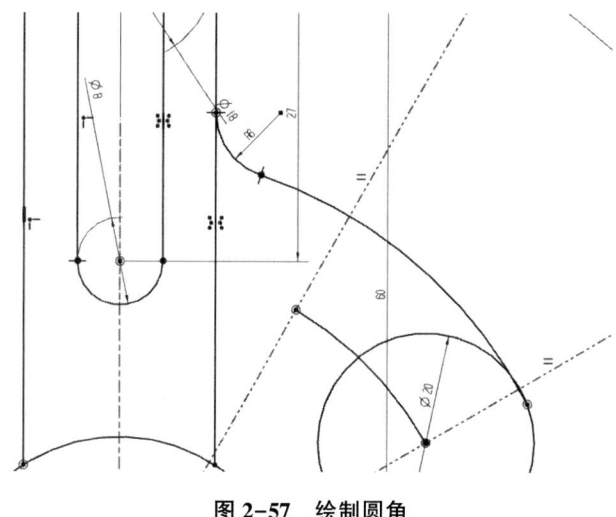

图 2-57 绘制圆角

(14) 如图 2-58 所示绘制直径为 12mm 的圆，约束该圆与图示两圆相切。如图 2-59 所示修剪掉多余曲线。

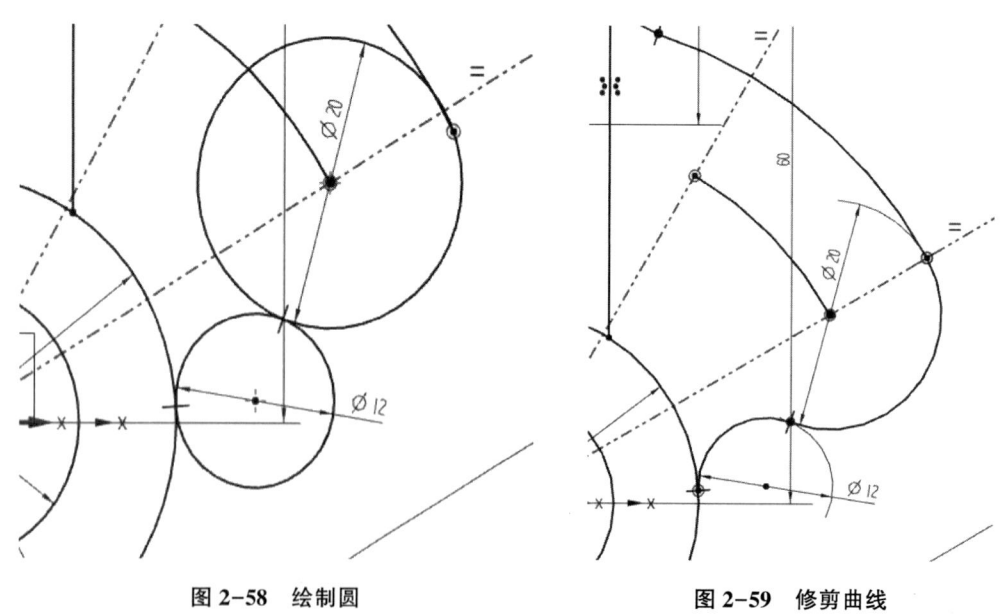

图 2-58 绘制圆　　　　　　　图 2-59 修剪曲线

(15) 如图 2-60 所示绘制直径为 8mm 的两个圆，并把两圆心间的曲线设为参考曲线，如图 2-61 所示使用圆弧命令绘制两端圆弧与两圆相切。

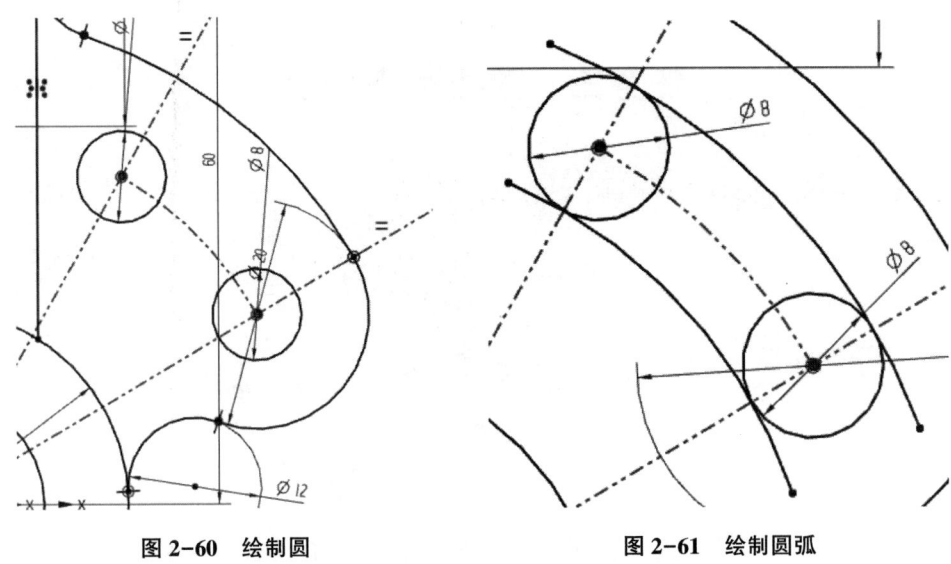

图 2-60 绘制圆　　　　　　图 2-61 绘制圆弧

(16) 如图 2-62 所示修剪掉多余曲线完成草图一绘制。

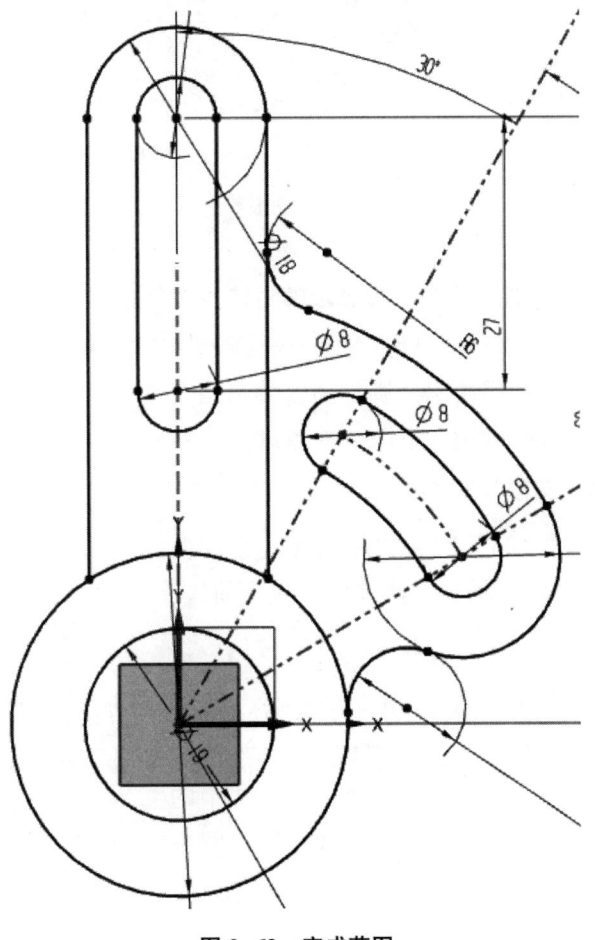

图 2-62 完成草图

任务三 肋板草图绘制

本任务需要绘制的肋板草图如图 2-63 所示。

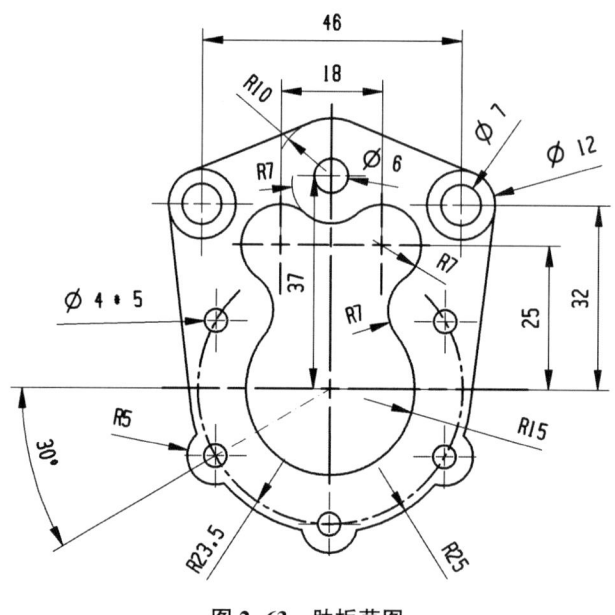

图 2-63 肋板草图

（1）启动 NX 12.0 软件与新建文件等步骤与任务 1 类似，在此不再赘述。以下将直接从绘制步骤开始讲解。

（2）如图 2-64 所示使用绘制"圆"命令画出两个直径分别为 30mm 和 14mm 的圆，单击"快速尺寸"按钮，约束小圆的圆心距离 X 轴为 25mm。

（3）选择菜单下的"插入"→"来自曲线集的曲线"→"镜像曲线"命令，选择小圆为要镜像的曲线，以 y 轴为中心线镜像小圆，单击"快速尺寸"按钮约束两小圆圆心间距离为 18mm，如图 2-65 所示。

（4）为方便绘制各圆间的圆弧，可利用"圆角命令"完成操作。打开"圆角命令"，选择圆角方法中的"取消修剪"，以半径 7mm 为大圆与两小圆间进行圆角操作，注意需配合"备选解"选项，如图 2-66 所示。

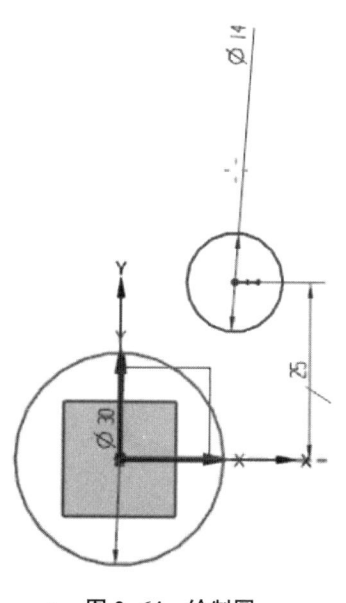

图 2-64 绘制圆

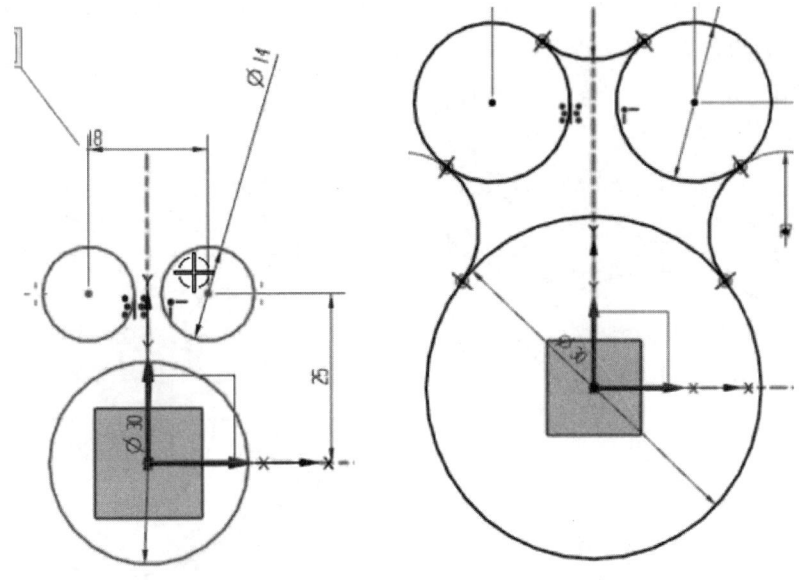

图 2-65 镜像后添加约束　　　　图 2-66 圆角操作

(5) 使用"快速修剪"命令修剪掉内部多余曲线，结果如图 2-67 所示。

(6) 以坐标系原点为圆心绘制直径为 50 mm 的圆，在 y 轴右上角绘制两个直径分别为 7 与 12 mm 且同心的圆，约束两同心圆的圆心距 X 为 32 mm，以 y 轴为中心线镜像两同心圆到 y 轴左侧，约束镜像后的圆心距初始圆心距离为 46 mm，效果如图 2-68 所示。

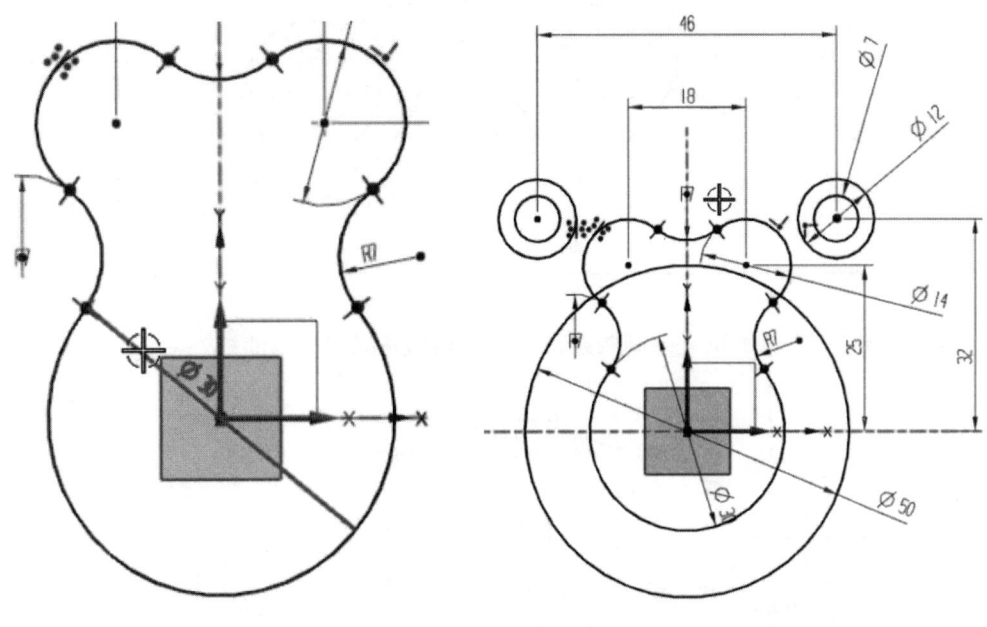

图 2-67 修剪操作　　　　图 2-68 绘制圆

(7) 绘制一条直线约束其分别与直径为 12 mm 和 50 mm 的圆相切,以 y 轴为中心线镜像该直线,效果如图 2-69 所示。

(8) 使用"快速修剪"命令修剪掉内部多余曲线,结果如图 2-70 所示。

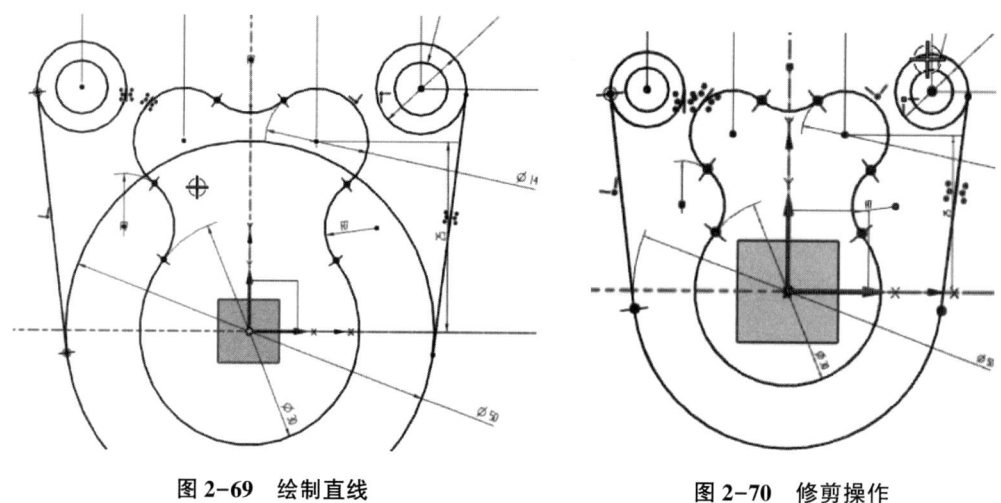

图 2-69 绘制直线　　　　　图 2-70 修剪操作

(9) 在图 2-71 所示位置绘制两个直径分别为 6 与 20 mm 且同心的圆。

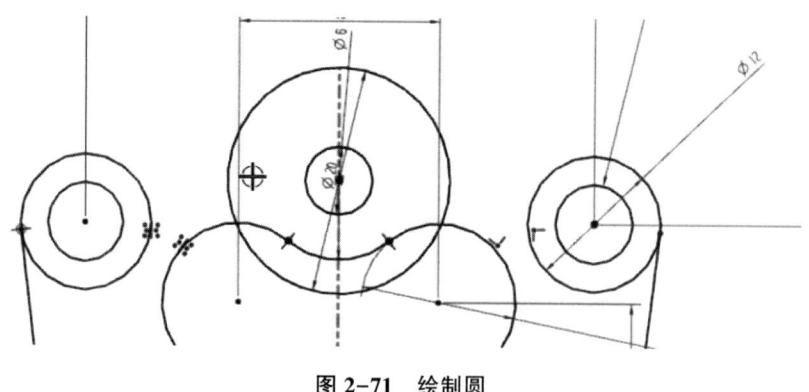

图 2-71 绘制圆

(10) 在图 2-72 所示位置绘制两条直线与圆相切并减掉多余曲线。

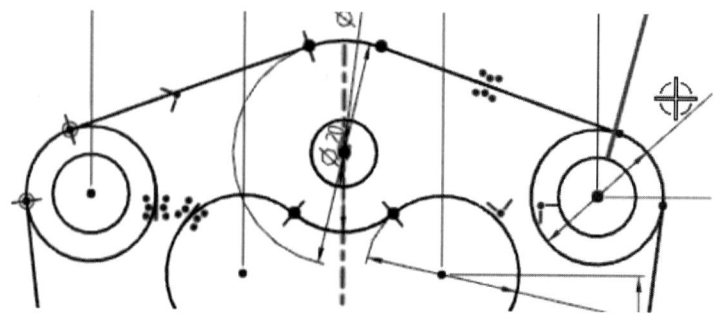

图 2-72 绘制直线

(11) 以坐标系原点为圆心绘制直径为 47 mm 的圆并设置其为参考曲线，以原点为起点绘制与-X 轴夹角为 30°的直线并设置其为参考曲线，以该圆和直线的交点为圆心绘制直径为 10 的圆，修剪多余曲线，效果如图 2-73 所示。

(12) 打开"阵列曲线"对话框，如图 2-74 设置参数，选择图 2-75 所示曲线进行阵列操作，修剪多余曲线，结果如图 2-76 所示。

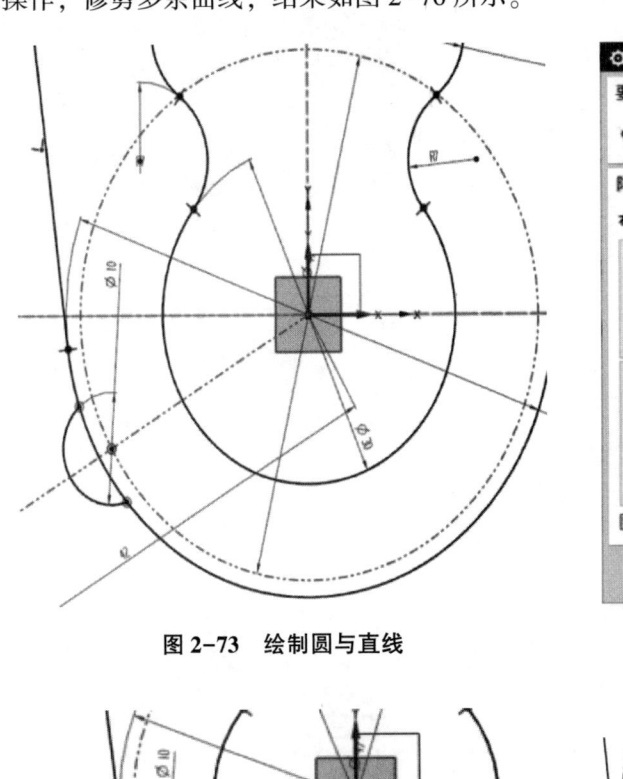

图 2-73 绘制圆与直线　　　　图 2-74 "阵列曲线"对话框

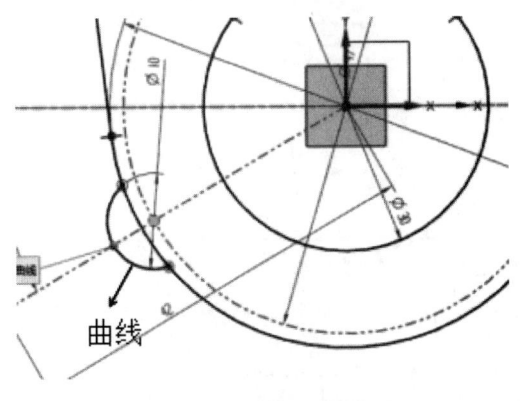
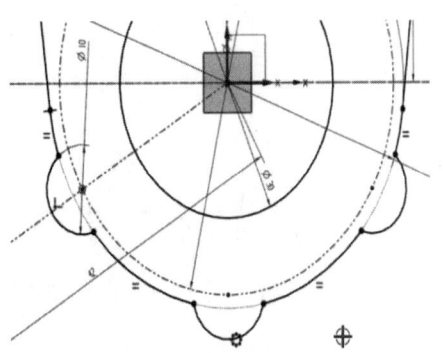

图 2-75 需要阵列的曲线　　　　图 2-76 阵列结果

(13) 在图 2-77 所示位置绘制直径为 4 mm 的圆，打开"阵列曲线"对话框按图 2-78 所示进行参数设置，对该圆进行逆时针阵列，再改变数量为"2"进行顺时针阵列，修剪参考线上多余部分，绘制完成的操作如图 2-79 所示。

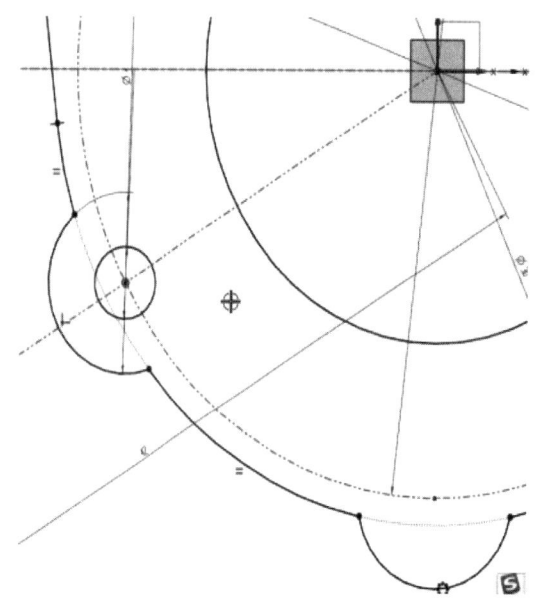

图 2-77 绘制圆　　　　图 2-78 "阵列曲线"对话框

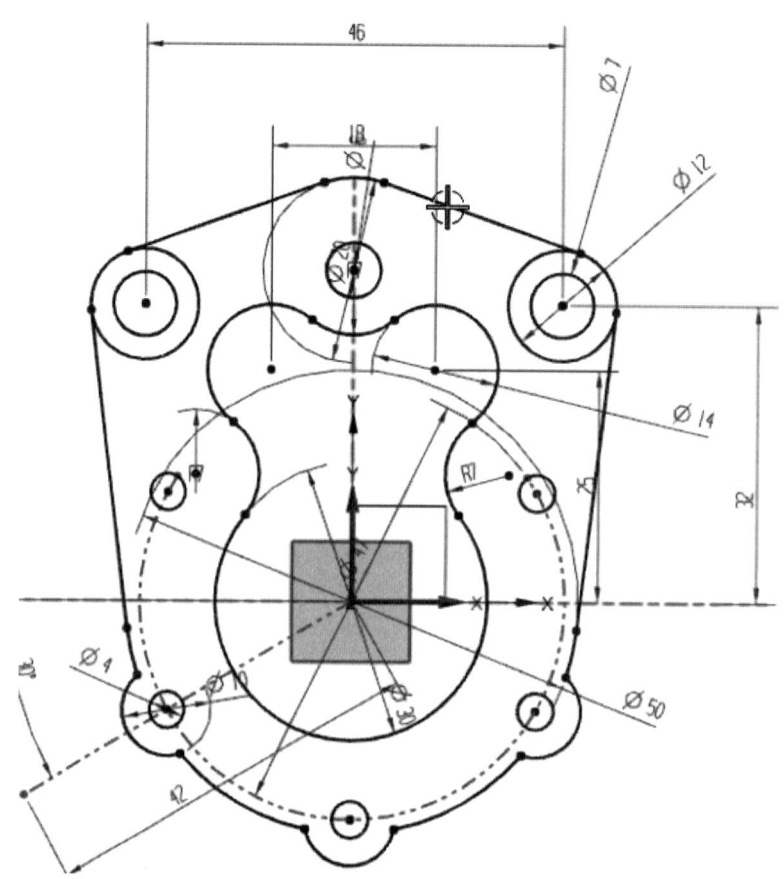

图 2-79 完成草图

课后练习

完成以下草图绘制。

(1) 在 UG NX 12.0 中,绘制如图 2-80 所示草图。

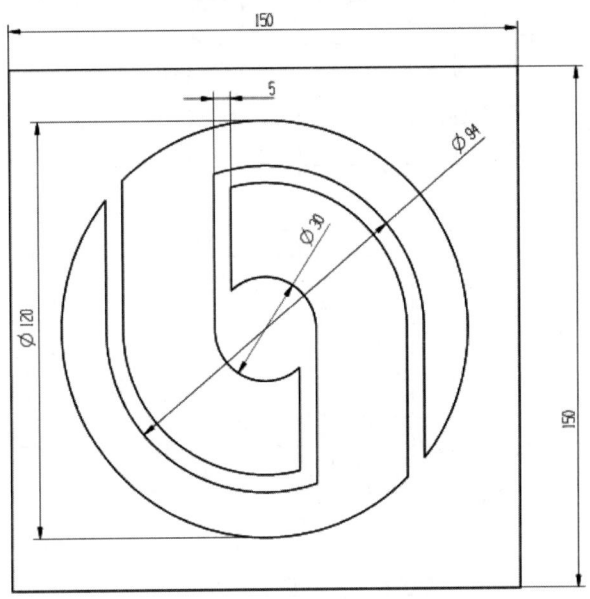

图 2-80　课后练习 1

(2) 在 UG NX 12.0 中,绘制如图 2-81 所示草图。

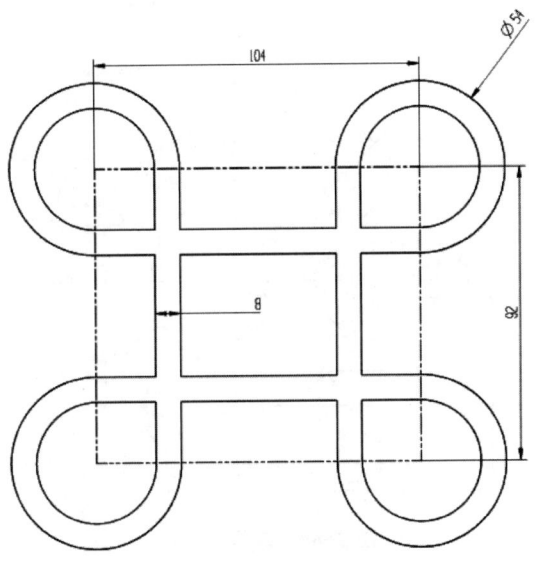

图 2-81　课后练习 2

(3) 在 UG NX 12.0 中，绘制如图 2-82 所示草图。

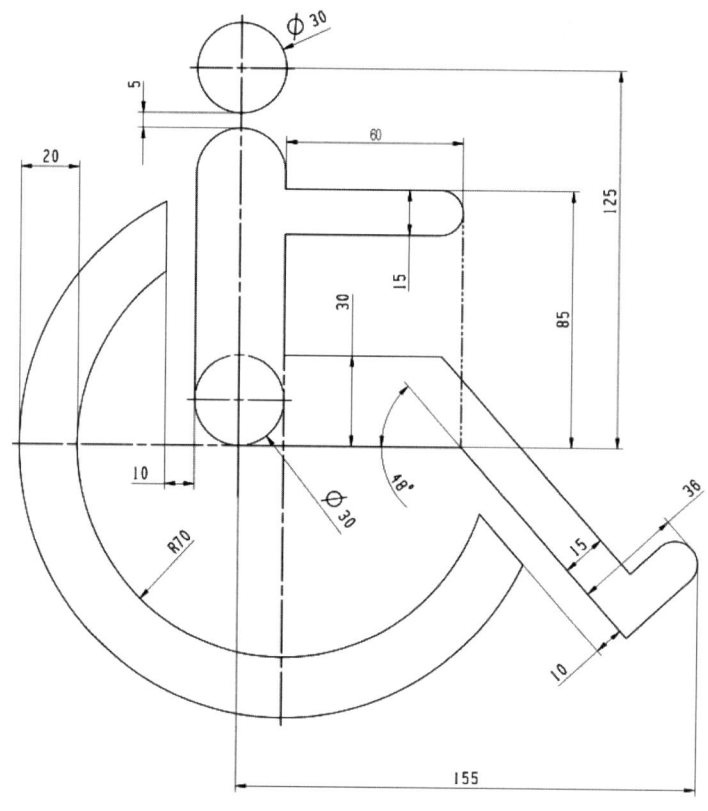

图 2-82 课后练习 3

(4) 在 UG NX 12.0 中，绘制如图 2-83 所示草图。

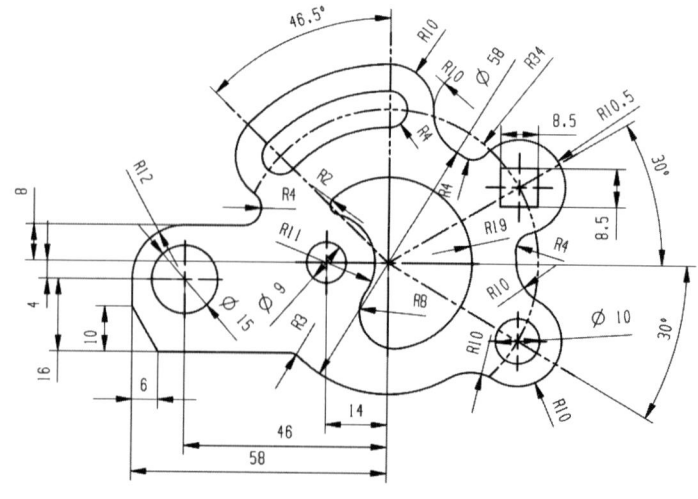

图 2-83 课后练习 4

UG 实体操作与编辑

学习目标
①熟练掌握各种特征的创建；
②熟练运用扫描特征创建实体模型并理解各参数的意义；
③熟练掌握成型特征的创建及应用；
④熟练掌握详细特征的运用，如边倒圆、倒斜角等；
⑤熟练掌握特征的布尔运算；
⑥熟练掌握关联复制操作；
⑦熟练掌握特征编辑；
⑧综合运用各种特征操作和编辑完成对特征的修改及变换。

任务一 NX 实体建模系统基本概念及命令学习

3.1.1 NX 建模系统概述

NX 建模系统提供了一个基于特征的建模系统，用户可以进行快速的概念设计。工程师可通过定义设计中不同部件间的数学关系，将设计需求和设计约束结合在一起。基于特征的实体建模和编辑功能使得设计者可以直接编辑实体特征的尺寸，或通过使用其他几何编辑和构造技巧，来改变和更新实体模型。

在 NX 12.0 中，无论设计单独部件还是设计装配中的部件，设计时所遵循的基本建模流程都是类似的，即在新建文件后，定义建模策略，接着创建用于定位建模特征的基准（基准坐标系和基准平面等），以及根据建模策略创建特征，可以从拉伸、回转（也称"旋转"）或扫掠等设计特征开始定义基本形状（这些特征通常使用草图定义截面），然后继续添加其他特征来设计模型，最后添加边倒圆、倒斜角和拔模等细节特征，从而完成模型设计，这是特征建模的典型思路。在定义建模策略时，要根据设计目的，决定最终部件是实体还是片体（曲面），实体提供体积和质量的明确定义，而片体则没有质量等物理特性，不过片体可以用作实体模型的修剪工具等。通常大多数模型首选实体。

创建实体的方法很多，例如拉伸、旋转或扫掠草图可以创建具有复杂几何体的实体关联特征，使用体素特征也可以创建一些简单的几何实体（如长方体、圆柱体、球体和圆锥体等），可以在实体特征上创建更多特定的特征（如孔和键槽），可以对几何体进行布尔组合操作（求交、求差和求和），并对实体模型的细节结构进行设计（如边缘倒角、倒圆、面倒圆、拔模和偏置等），总之创建和编辑实体特征的方法很灵活。

在进行设计之前先了解 NX 建模系统的一些通用术语和一般概念。

（1）特征（Feature）：特征是指具有相似属性和定义方法的一类对象，它们以参数化进行存储，且具有关联性。特征在模型中保留着生成和修改的顺序，因此可获取特征的历史记录，可以重新调用创建过程所用的输入和操作。在 NX 建模中所有的实体、体和体素都属于特征。

（2）其他建模通用术语：在建模的过程中，经常需要使用其他一些术语，如表 3-1 所列。

表 3-1　NX 特征建模通用术语

术语	说明
体	面和边的集合，包括实体和片体
实体	"封闭"后围成体的面和边的集合，具有体积和质量等物理属性
片体	是一个厚度为零的体（曲面），由未"封闭"而围成体的面和边的集合组成
面	由边围成的体的外表区域
边	围成体的外表区域的边界曲线
截面曲线	拉伸、回转、扫掠的曲线，以便创建体
引导曲线	有助于定义扫掠操作的路径的曲线

（3）NX 建模系统的一般概念如表 3-2 所列。

表 3-2　NX 特征建模常见的一般概念

序号	概念	说明
1	对象选择	所有"特征选项"都要求选择对象，在选择对象时可巧妙的使用选择条的相应规则来选择对象，确保正确的设计意图
2	定义点	包括原点、限制点、起点和端点在内的所有点都可使用点构造器进行定义
3	定义矢量	所有方向、参考和目标矢量都可使用矢量构造器进行定义
4	目标实体	在其上创建新特征的实体；如果只显示一个实体，则系统会为用户选中目标实体；否则，就必须将所需的实体选择作为目标实体

续表3-2

序号	概念	说明
5	布尔运算	布尔运算包括"求和""求差"和"求交",其中"求和"用于将新特征与目标实体连结,新的实体将包含目标实体和新特征的组合体;"求差"用于从目标实体中移除新特征;"求交"用于由新特征和目标实体的相交材料来创建新实体
		创建体素和相关设计特征(包括拉伸、回转和扫掠特征)时,必须选择这两种方法之一:创建新的目标实体或对现有目标实体执行布尔运算
6	撤销	每次一步,退回到以前的状态;"撤销"命令位于"菜单"→"编辑"菜单中、"快速访问"工具栏中,以及右键弹出式菜单中

3.1.2 基准特征

基准特征是建模中用于提供定位和参照作用的参考设置,在 NX 12.0 的基准特征中,包括了基准平面、基准轴、基准坐标系、基准平面栅格、点与点集。

1. 基准平面

基准平面的用途很多,例如用来作为草图平面,为其他特征提供定位参照等。在实际设计中,可以根据建模策略来创建所需的新基准平面。

创建新基准平面的方法较为简单,即在功能区的"主页"选项卡的"特征"面板中单击"基准平面"按钮 ,或者选择"菜单"→"插入"→"基准/点"→"基准平面"命令,系统弹出图3-1所示的"基准平面"对话框,接着从类型选项组的"类型"下拉列表框(图3-2)中选择所需的类型选项,并根据所选类型选项来选择相应的参照对象以及设置相应的参数等,然后单击"确定"按钮或"应用"按钮即可。

图3-1 "基准平面"对话框

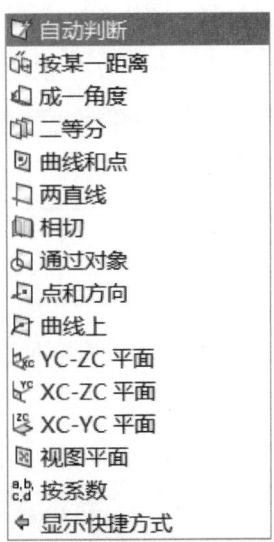

图3-2 "类型"下拉列表框

2. 基准轴

基准轴也用于构造其他特征。创建基准轴的方法如下。

在功能区的"主页"选项卡的"特征"面板中单击"基准轴"按钮↑，或者选择"菜单"→"插入"→"基准/点"→"基准轴"命令，系统弹出图3-3所示的"基准轴"对话框，接着从类型选项组的"类型"下拉列表框（图3-4）中选择所需的类型选项，并根据所选的类型选项指定相应的参照对象及其参数，然后定义轴方位和设置是否关联，最后单击"确定"按钮或"应用"按钮。

图3-3 "基准轴"对话框

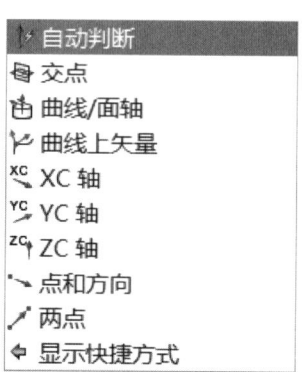

图3-4 "类型"下拉列表框

3. 基准坐标系

要创建基准坐标系，则需在功能区的"主页"选项卡的"特征"面板中单击"基准CSYS"按钮，或者在单击"菜单"按钮后选择"插入"→"基准/点"→"基准CSYS"命令，系统弹出图3-5所示的"基准CSYS"对话框，接着在类型选项组的"类型"下拉列表框（图3-6）中选择一个类型选项，紧接着选择相应的参照及设置相应的参数等，然后在"基准CSYS"对话框中单击"确定"按钮或"应用"按钮。

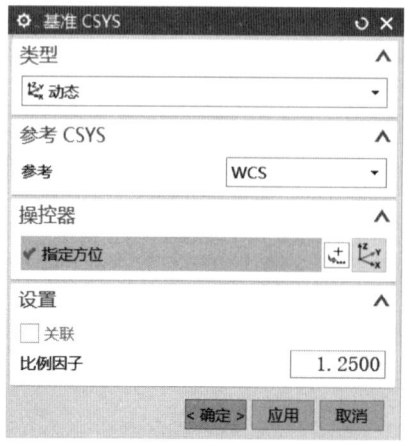

图3-5 "基准CSYS"对话框

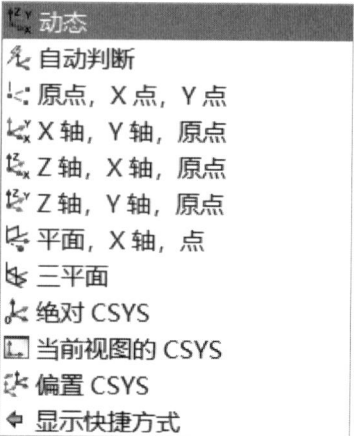

图3-6 "类型"下拉列表框

3.1.3 扫描特征

创建的扫描特征是相关联的特征，它与截面、生成方向、基准面等基础特征相关联，同时也是参数化建模，它的参数可以修改。

1. 拉伸

拉伸特征是指在指定的距离内沿着一个线性方向拉伸截面线串而生成的特征，拉伸截面线串可以是草图、曲线、边缘和表面等。创建拉伸实体特征的典型实例如图3-7所示。在创建拉伸特征过程中，有时还需要注意布尔选项（求和、求差或求交）、体类型（实体或片体）和拔模的设置等。

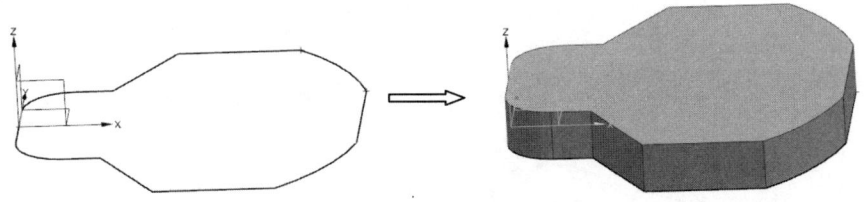

图3-7 拉伸实例

执行拉伸命令，主要有以下两种方式。

①菜单：选择"菜单"→"插入"→"设计特征"→"拉伸"命令。

②功能区：单击"主页"选项卡"特征"组中的"拉伸"按钮。

执行上述操作后，打开如图3-8所示的"拉伸"对话框。

"拉伸"对话框中的选项说明如下。

①选择曲线：用于选择被拉伸的曲线，如果选择的是面则自动进入到草绘模式。

②绘制截面：通过该选项首先绘制拉伸的轮廓，然后进行拉伸。

③指定矢量：通过该选项选择拉伸的矢量方向，可以在旁边的下拉列表框中选择矢量列表。

④反向：如果在生成拉伸体之后，更改了作为方向轴的几何体，拉伸也会相应更新，以实现匹配。显示的默认方向为矢量指向选中几何体

图3-8 "拉伸"对话框

平面的法向。如果选择了面或片体，默认方向是沿着选中面端点的面法向。如果选中曲线构成了封闭环，在选中曲线的中心处显示方向矢量。如果选中曲线没有构成封闭环，开放环的端点将以系统颜色显示为星号。

⑤开始/结束：用于沿着方向矢量输入生成几何体的起始位置和结束位置，可以通过动态箭头来调整。其下有6个选项。

- 值：根据沿方向矢量测量的值来定义距离，如图3-9所示。

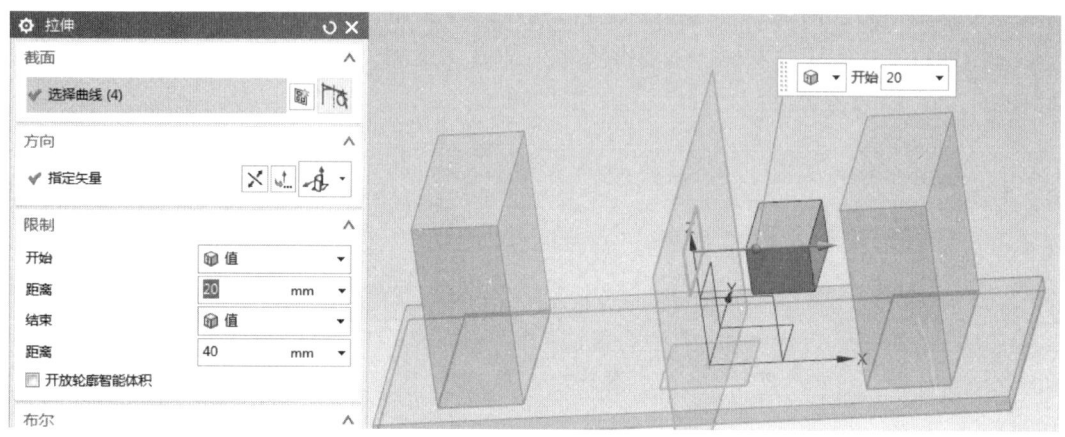

图3-9　开始条件为"值"

- 对称值：在截面的两侧应用距离值，如图3-10所示。

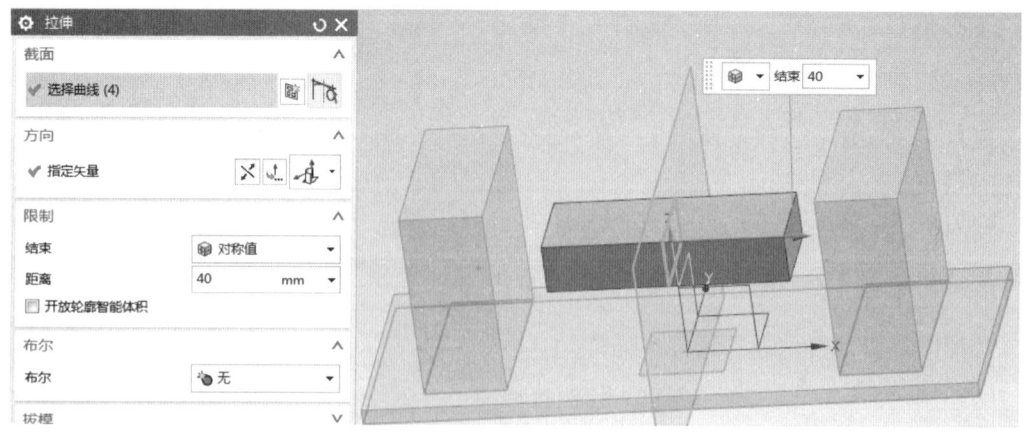

图3-10　开始条件为"对称值"

● 直至下一个：通过查找与模型中的"下一个"面的相交部分来确定限制，如图 3-11 所示。

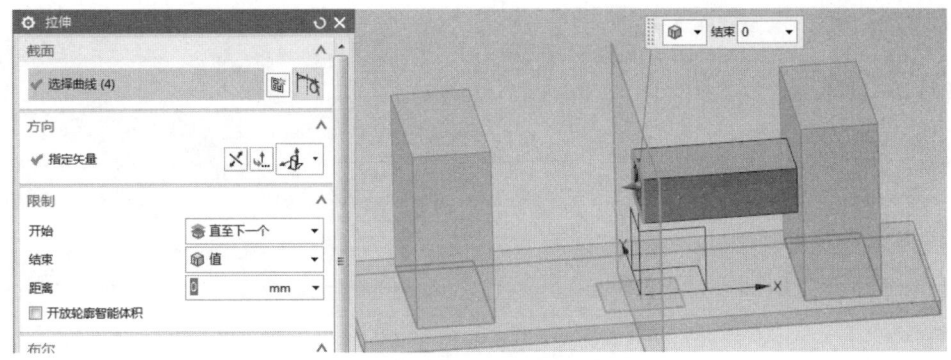

图 3-11　开始条件为"直至下一个"

● 直至选定：通过某个面或体内查找相交部分，或是查找与某个延伸的基准平面的相交部分来确定限制，如图 3-12 所示。

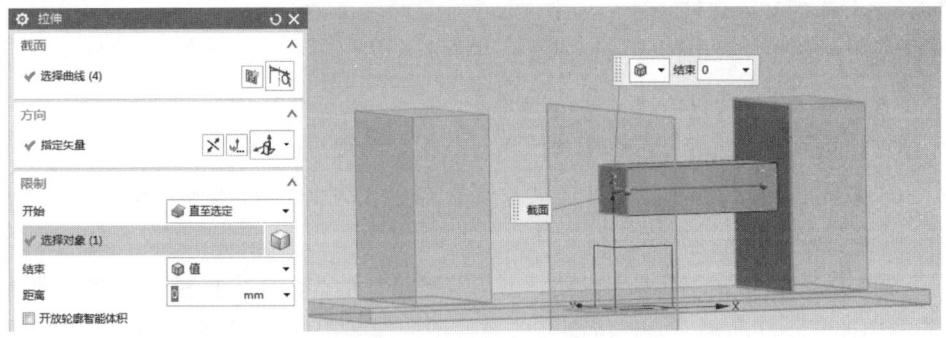

图 3-12　开始条件为"直至选定"

● 直至延伸部分：通过查找与某个延伸面或基准平面的相交部分，或是在某个体内查找相交部分来确定限制，如图 3-13 所示。

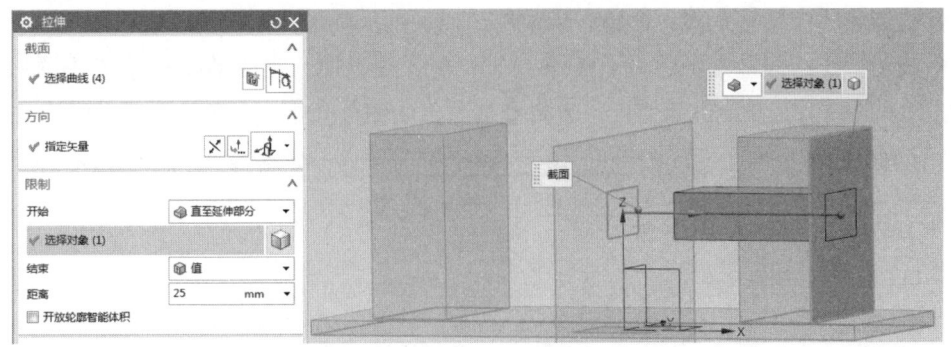

图 3-13　开始条件为"直至延伸部分"

● 贯通：通过在模型中沿方向矢量查找最后的相交部分来确定限制，如图3-14所示。

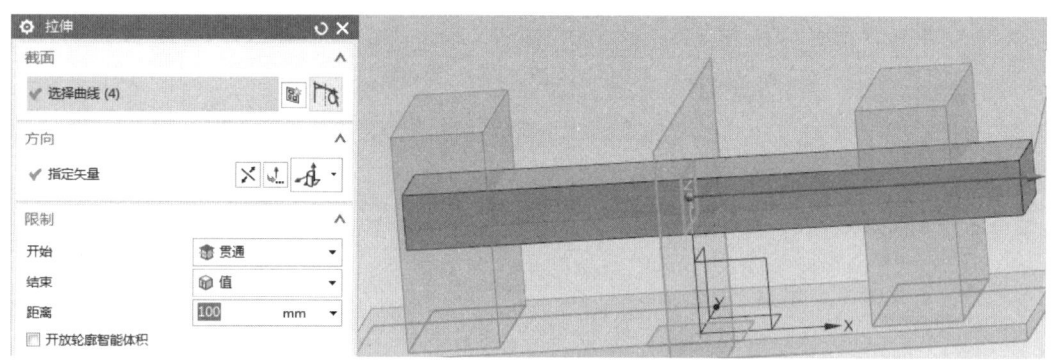

图3-14　开始条件为"贯通"

⑥布尔：该选项用于指定生成的几何体与其他对象的布尔运算，包括无、求交、求和、求差等几种方式。

● 无：创建独立的拉伸实体。
● 求和（合并）：将拉伸体与目标体合并为单个体。
● 求差（减去）：从目标体移除拉伸体。
● 求交（相交）：创建包含拉伸特征和与它相交的现有体共享的体积。
● 自动判断：根据拉伸的方向矢量及正在拉伸的对象位置来确定概率最高的布尔运算。

⑦拔模：该选项用于对面进行拔模。正角使得特征的侧面向内拔模（朝向选中曲线的中心），负角使得特征的侧面向外拔模（背离选中曲线的中心）。主要包括以下几种方式。

● 从起始限制：在起始限制处设置拔模的固定面。
● 从截面：在截面位置设置拔模的固定面。
● 起始截面-不对称角：在截面的前后允许不同的拔模角。
● 起始截面-对称角：在截面的前后使用相同的拔模角。
● 从截面匹配的终止处：调整后拔模角，以使前后端盖匹配。
● 偏置：拉伸偏置主要是为了获得一个等壁厚的壳体。当激活拉伸偏置选项后，可以指定两个偏置值，并以剖面位置作为测量基准，如图3-15（a）所示。图3-15（b）表示对称偏置的拉伸。对于封闭的剖面还可以指定单向偏置，如图3-15（c）所示。

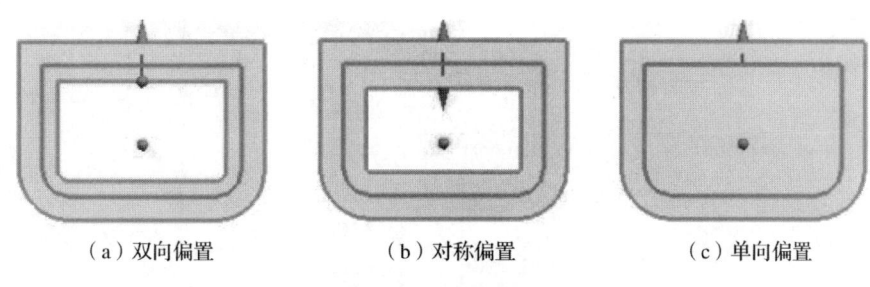

（a）双向偏置　　　　　　　（b）对称偏置　　　　　　　（c）单向偏置

图 3-15　拉伸偏置

需要注意的是，NX 12.0 中可以在"拉伸"对话框的"设置"选项组中，将体类型设置为"片体"，拉伸的封闭曲线将是片体，如果设置的是"实体"，拉伸的封闭曲线将是实体，如图 3-16 所示。

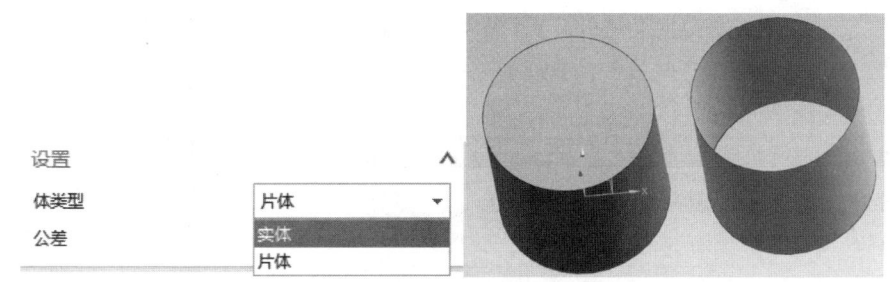

图 3-16　拉伸后的实体和片体

2. 旋转

旋转特征也称回转特征，它是通过绕指定的轴旋转曲线、草图、面或一个面的边缘截面跨过非零角度来形成的特征。执行旋转命令，主要有以下两种方式。

①菜单：选择"菜单"→"插入"→"设计特征"→"旋转"命令。

②功能区：单击"主页"选项卡"特征"组中的"旋转"按钮 。

执行上述操作后，打开如图 3-17 所示的"旋转"对话框。

"旋转"对话框中的选项说明如下。

①截面：各选项说明如下。

曲线 ：用于选择旋转的曲线，如果选择的是面，则自动进入草图绘制模式。

绘制截面 ：通过该选项首先绘制旋转的轮廓，然后进行旋转。

②轴：各选项说明如下。

- 指定矢量：该选项让用户指定旋转轴的矢量方向，也可以通过下拉列表框调出矢量构成选项。
- 指定点：该选项通过指定旋转轴上的一点，来确定旋转轴的具体位置。
- 反向 ：与拉伸中的方向选项类似，其默认方向是生成实体的法线方向。

③限制：该选项方式让用户指定旋转的角度。其中"开始"和"结束"选项的参数说明如下。

- 值：在"开始"→"结束"下拉列表框中选择"值"选项，在"角度"文本框中指定旋转的开始/结束角度，总数量不能超过360°。结束角度大于开始角度，旋转方向为正方向，否则为反方向。
- 直至选定：在"开始"→"结束"下拉列表框中选择"直至选定"选项，该选项把截面集合体旋转到目标实体上的选定面或基准平面。

④布尔：该选项用于指定生成的几何体与其他对象的布尔运算，包括无、求交、求并、求差几种方式。

⑤偏置：该选项让指定偏置形式，分为无和两侧。

- 无：直接以截面曲线生成旋转特征，如图3-18所示。
- 两侧：指在截面曲线两侧生成旋转特征，以结束值和起始值之差为实体的厚度，如图3-19所示。

图3-17　"旋转"对话框

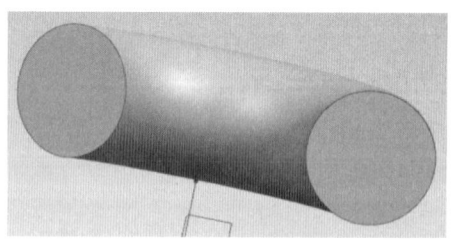

图3-18　"旋转"特征1

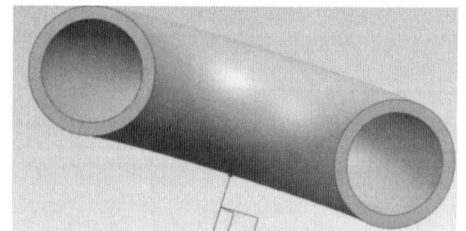

图3-19　"旋转"特征2

3.1.4　成型特征

成型特征是指添加某些特征可以直接成型布局的位置，这将方便在设计中选择这些特征，然后直接添加到实体中。NX 12.0中的成型特征包括孔、凸台、腔体、垫块、键槽和槽、三角形加强筋等。

1. 孔

孔特征是较为常用的一类成形特征，孔特征的类型包括常规孔（简单、沉头、埋头或锥形的形式）、钻形孔、螺钉间隙孔（简单、沉头、埋头形式）、螺纹孔和孔系列（在零件或装配中的一系列多种形式、多个目标体、排成行的孔）。

要向部件或装配中的一个或多个实体添加孔，那么在"特征"面板中单击"孔"按钮，或者选择"菜单"→"插入"→"设计特征"→"孔"命令，系统弹出图 3-20 所示的"孔"对话框，接着利用此对话框分别指定孔类型、位置、方向、形状和尺寸（或规格）等，然后单击"确定"按钮或"应用"按钮。

（1）孔类型

在"孔"对话框的"类型"选项组的下拉列表框中选择所需的孔类型选项，如"常规孔""钻形孔""螺钉间隙孔""螺纹孔"或"孔系列"。

（2）孔位置

可以在一个非平面的曲面上创建孔特征，可以通过指定多个安放点建立多孔特征，还可以利用草图规定孔特征的位置。

在"位置"选项组中单击"绘制截面"按钮，弹出"创建草图"对话框，用指定安放表面与方向建立草图点以定义孔特征的放置中心点。如果单击"点"按钮，则选择已存点去定义孔特征的中心（可以使用捕咬点与选择意图选项辅助选择已存点或特征点）。

图 3-20 "孔"对话框

（3）方向

"方向"选项组用于定义孔方向。可以选择"垂直于面"选项或"沿矢量"选项定义孔方向，"垂直于面"选项用于沿离每个指定点最近的面的法向反向定义孔方向，"沿矢量"选项用于沿指定矢量定义孔方向。

（4）形状和尺寸

选择不同的孔类型，那么需要定义的形状和尺寸参数也不同。例如，当在"类型"下拉列表框中选择"常规孔"选项时，"形状和尺寸"选项组如图 3-21 所示，从"形状（成形）"下拉列表框中选择"简单孔""沉头孔""埋头孔"或"锥孔"选项，并在"尺寸"子选项组中设置所选成形选项所对应的尺寸参数；当在"类型"下拉列表框中选择"钻形孔"选项时,其"形状和尺寸"选项组提供的参数明显与常规孔的形状尺寸参数不同,如图3-22所示。而螺钉间隙孔和螺纹孔要设置的形状尺寸参数将不同,如图3-23和图3-24所示。另外,当在"类型"下拉列表框中选择"孔系列"选项时,"孔"对话框将提供如图3-25所示的"规格"选项组,由用户使用相应的选项卡来分别定义起始、中间和端点处的形状和尺寸。

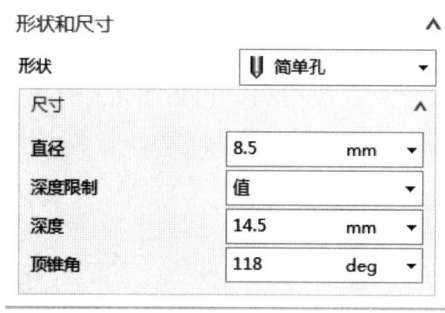

图3-21 常规孔的形状和尺寸参数设置

图3-22 钻形孔的形状和尺寸参数设置

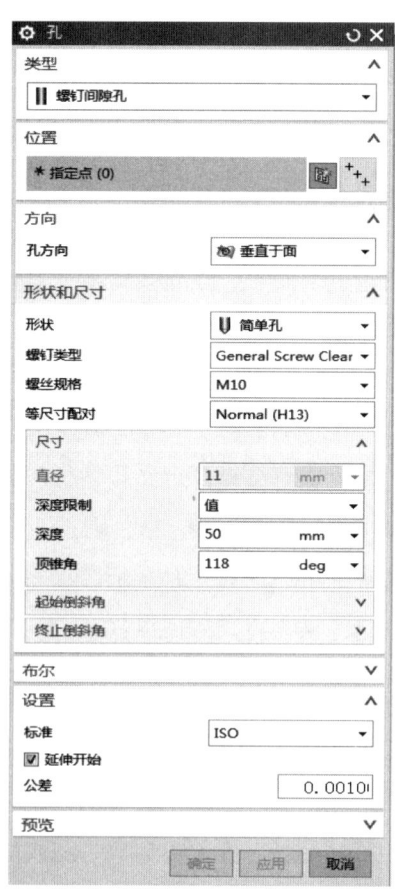

图3-23 螺钉间隙孔的形状和尺寸参数设置

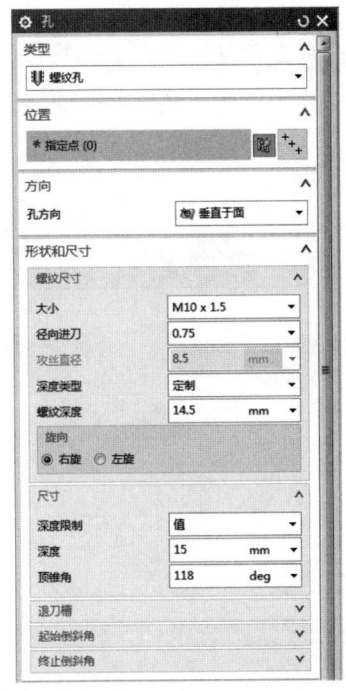
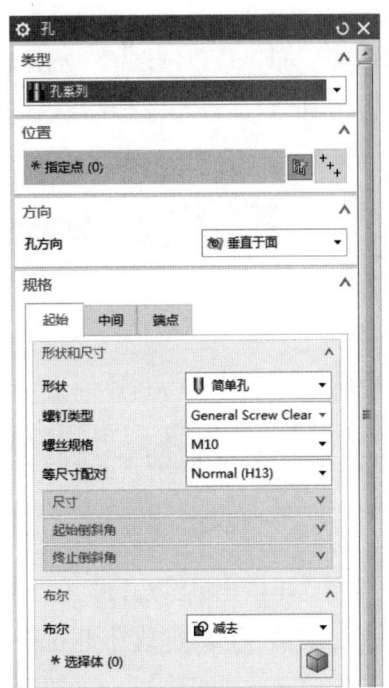

图 3-24　螺纹孔的形状和尺寸参数设置　　图 3-25　孔系列的形状和尺寸参数设置

（5）布尔选项及其他设置

指定布尔操作类型（可选项）。默认的布尔选项为"减去（求差）"。在"设置"选项组中还可以指定标准类型和公差参数等。

2. 键槽

键槽是指以直槽形状添加一条通道，使其通过实体或在实体内部。在当前目标实体上自动在菜单栏中选择减去操作。所有槽类型的深度值按垂直于平面放置面的方向测量。执行键槽命令，主要有以下两种方式。

①菜单：选择"菜单"→"插入"→"设计特征"→"键槽"命令。

②功能区：单击"主页"选项卡"特征"组中的"键槽"按钮 。

执行上述操作后，打开如图 3-26 所示的"键槽"对话框。

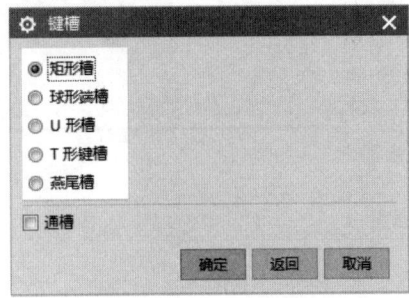

图 3-26　"键槽"对话框

在"键槽"对话框中,可以创建 5 种不同形状的键槽,其含义或创建方法如下。

①矩形键槽:单击该单选按钮,选择放置面,指定参考方向,在"矩形键槽"对话框中设置矩形键槽的长度、宽度和深度参数,如图 3-27 所示。创建的矩形槽如图 3-28 所示。

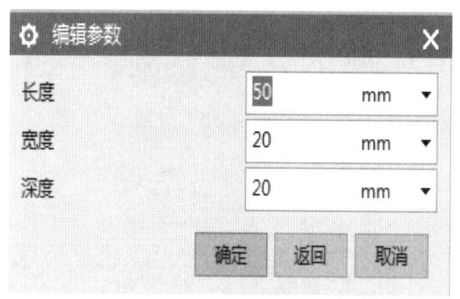

图 3-27　设置参数　　　　　　　　图 3-28　矩形键槽

②球形键槽:单击该单选按钮,选择放置面,指定参考方向,在"球形键槽"对话框中设置球直径、深度和长度参数,如图 3-29 所示。创建的球形槽如图 3-30 所示。

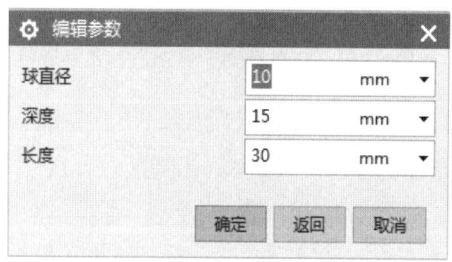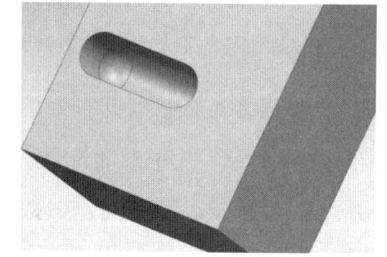

图 3-29　设置参数　　　　　　　　图 3-30　球形键槽

③U 形键槽:单击该单选按钮,选择放置面,指定参考方向,在"U 形键槽"对话框中设置宽度、深度、拐角半径和长度参数,如图 3-31 所示。U 形槽与球形槽相似,但角半径不能大于或等于宽度的一半,创建的 U 形槽如图 3-32 所示。

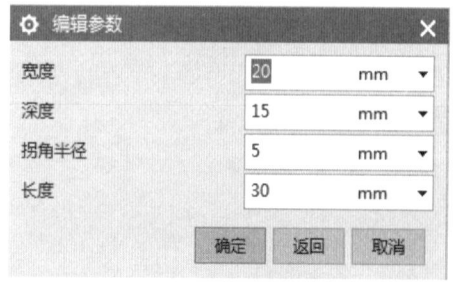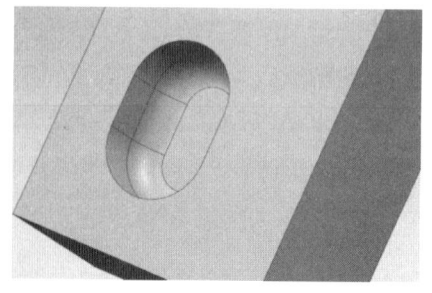

图 3-31　设置参数　　　　　　　　图 3-32　U 形键槽

④T形键槽：单击该单选按钮，选择放置面，指定参考方向，在"T形键槽"对话框中设置顶部宽度、顶部深度、底部宽度、底部深度和长度，如图3-33所示。其中底部宽度必须大于顶部宽度，创建的T形槽如图3-34所示。

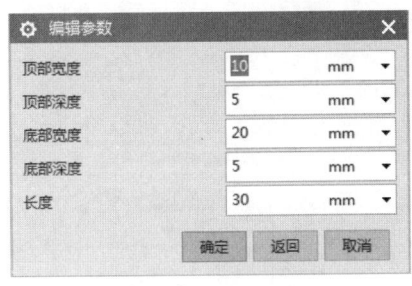

图3-33 设置参数

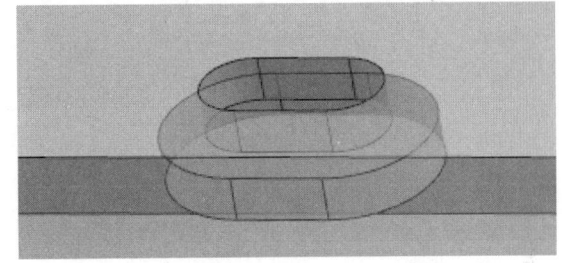

图3-34 T形键槽

⑤燕尾型键槽：将创建形状和燕尾相似的键槽，单击该单选按钮，选择放置面，指定参考方向，在"燕尾型键槽"对话框中设置宽度、深度、角度和长度参数，如图3-35所示，其中角度为燕尾槽侧面与放置面的夹角，燕尾槽示意图如图3-36所示。

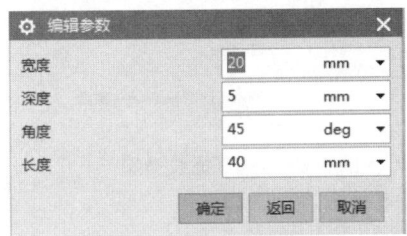

图3-35 设置参数

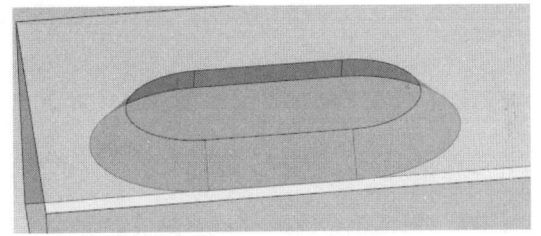

图3-36 燕尾型键槽

3. 螺纹

执行螺纹命令，主要有以下两种方式。

①菜单：选择"菜单"→"插入"→"设计特征"→"螺纹"命令

②功能区：单击"主页"选项卡"特征"组中的"螺纹"按钮 。

执行上述操作后，弹出如图3-37所示的"螺纹"对话框。可以将螺纹添加到实体的圆柱面。选择一个圆柱面后，将激活小径、螺距和角度文本框，但不能修改，如图3-38所示。

图 3-37 "螺纹"对话框

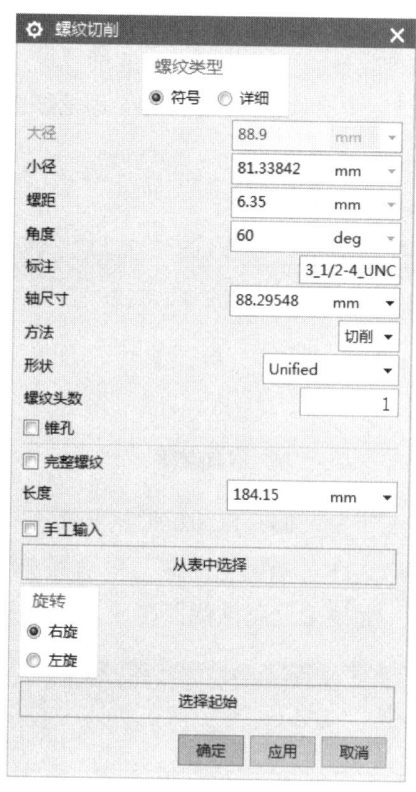
图 3-38 选择螺纹类型

"螺纹"对话框中有两种创建螺纹的方法，其含义如下。

① "符号"单选按钮：用于创建用虚线表示的符号螺纹。其优点是节省内存，提高运算速度；可以设置轴尺寸、方法、成形、螺纹头数和长度。可以形成 13 种不同形状的螺纹。

② "详细"单选按钮：用于创建具有细节特征的螺纹。当选择此单选按钮时，"螺纹"对话框如图 3-39 所示。选择圆柱面后，设置螺纹的参数，创建的螺纹如图 3-40 所示。

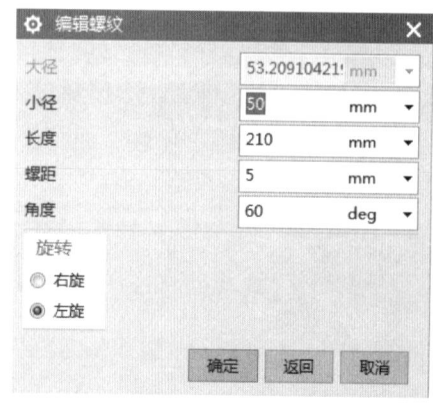
图 3-39 "螺纹"对话框

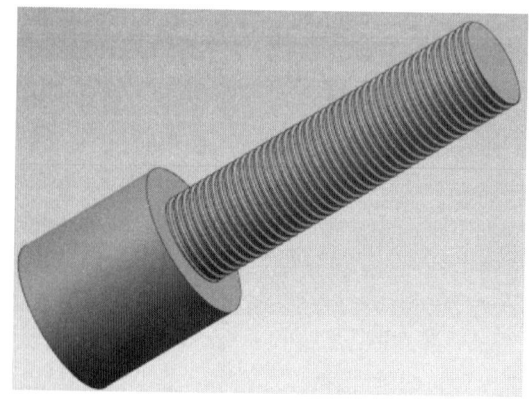
图 3-40 创建的螺纹

3.1.5 布尔运算

零件模型通常由单个实体组成，但在建模过程中，实体通常是由多个实体或特征组合而成，于是要求把多个实体或特征组合成一个实体，该操作称为布尔运算（或布尔操作）。布尔运算在实际建模过程中用得比较多，但一般情况下是系统自动完成或自动提示用户选择合适的布尔运算。当然布尔运算也可独立操作。

1. 合并（求和）

执行求和命令，主要有以下两种方式。

①菜单：选择"菜单"→"插入"→"组合"→"合并"命令。

②功能区：单击"主页"选项卡"特征"组中的"合并"按钮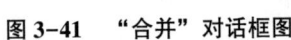。

执行上述操作后，系统打开如图 3-41 所示的"合并"对话框。该对话框用于将两个或多个实体的体积组合在一起构成单个实体，如图 3-42 所示，其公共部分完全合并到一起。

图 3-41 "合并"对话框图

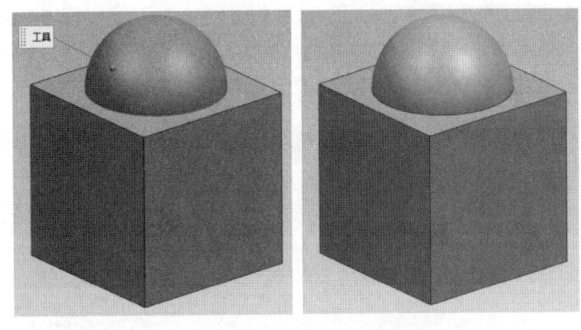

图 3-42 "合并"示意图

"合并"对话框中部分选项说明如下。

①目标：进行布尔"合并"时第一个选择的体对象，运算的结果将加在目标体上，并修改目标体。同一次布尔运算中，目标体只能有一个。布尔运算的结果体类型与目标体的类型一致。

②工具：进行布尔运算时第二个及之后选择的体对象，这些对象将加在目标体上，并构成目标体的一部分。同一次布尔运算中，工具体可有多个。

提示：可以将实体和实体进行合并运算，也可以将片体和片体进行合并运算（具有近似公共边缘线），但不能将片体和实体、实体和片体进行合并运算。

2. 求差（减去）

执行求差命令，主要有以下两种方式。

①菜单：选择"菜单"→"插入"→"组合"→"减去"命令。

②功能区：单击"主页"选项卡"特征"组中的"减去"按钮。

执行上述操作后，系统打开如图3-43所示的"求差"对话框。该对话框用于从目标体中减去一个或多个工具体的体积，即将目标体中与工具体公共的部分去掉，如图3-44所示。

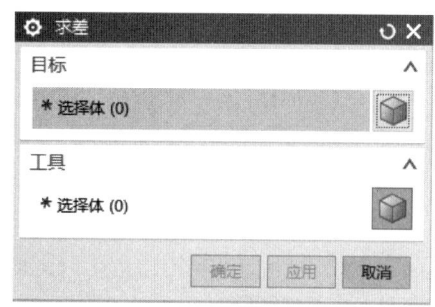

图3-43 "求差"对话框

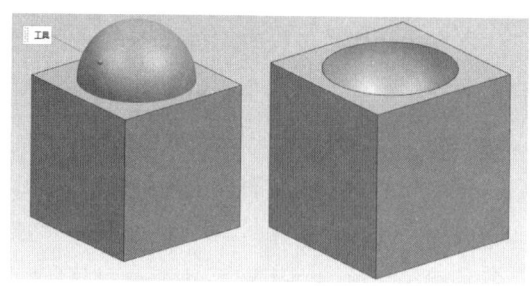

图3-44 "求差"示意图

需要注意的是：

①若目标体和工具体不相交或相接，则运算结果保持为目标体不变。

②实体与实体、片体与实体、实体与片体之间都可进行减去运算，但片体与片体之间不能进行减去运算。实体与片体的差，其结果为非参数化实体。

③布尔"减去"运算时，若目标体进行差运算后的结果为两个或多个实体，则目标体将丢失数据，也不能将一个片体变成两个或多个片体。

④差运算的结果不允许产生0厚度，即不允许目标实体和工具体的表面刚好相切。

3. 求交（相交）

执行求交命令，主要有以下两种方式。

①菜单：选择"菜单"→"插入"→"组合"→"相交"命令

②功能区：单击"主页"选项卡"特征"组中的"相交"按钮。

执行上述操作后，系统打开如图3-45所示的"相交"对话框。该对话框用于将两个或多个实体合并成单个实体，运算结果如图3-46所示，取其公共部分体积构成单个实体。

图3-45 "相交"对话框

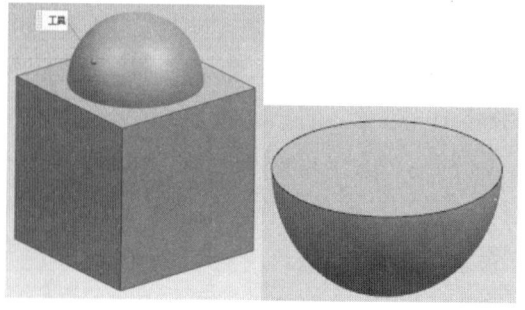

图3-46 "相交"示意图

3.1.6 边倒圆

所谓边倒圆,就是在实体下沿边缘去除材料或添加材料,使实体上的尖锐边缘变成圆滑表面(圆角面)。可以沿一条边或多条边同时进行倒圆操作。沿边的长度方向,倒圆半径可以不变也可以是变化的。

1. 圆形圆角

(1) 创建长方体

①选择"菜单"→"插入"→"设计特征"→"长方体"命令,弹出如图3-47所示的"块对话框"。

②在"类型"下拉列表框中选择"原点和边长"选项。

③单击"点"按钮,弹出"点"对话框。在X、Y和Z数值框中分别输入"0",单击"确定"按钮。

④返回"块"对话框,在"长度(XC)""宽度(YC)"和"高度(ZC)"数值框中分别输入"50""60""30"。

⑤单击"确定"按钮,即可创建长方体特征,如图3-48所示。

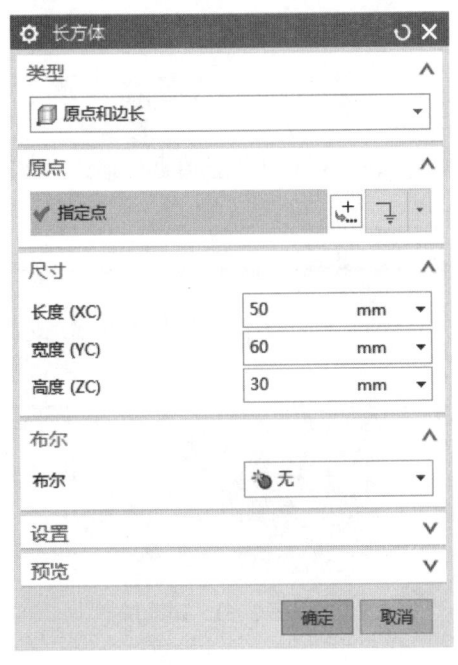
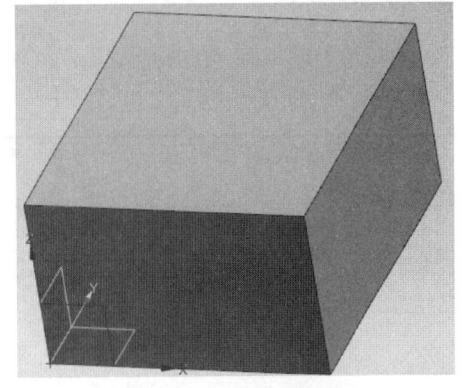

图3-47 "块"对话框　　　　图3-48 创建的长方体特征

(2) 创建倒圆特征

①创建"相切"倒圆特征

- 选择"菜单"→"插入"→"细节特征"→"边倒圆"命令,或者单击"主页"

功能区"特征"组中的"边倒圆"按钮 ，弹出如图 3-49 所示的"边倒圆"对话框。

图 3-49　"边倒圆"对话框

- 在"圆角面连续性"下拉列表框中选择"G1（相切）"选项。
- 在"形状"下拉列表框中选择"圆形"选项。
- 在视图中选择要倒圆的边如图 3-50 所示，并在"半径 1"数值框中输入"20"。
- 单击"确定"按钮，结果如图 3-51 所示。

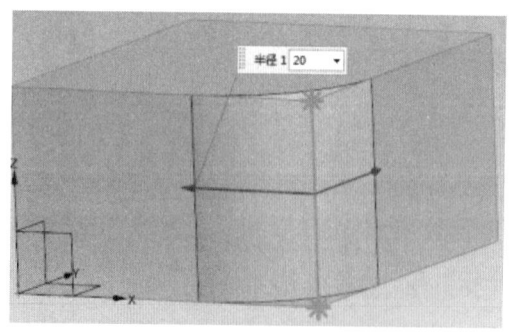

图 3-50　选择要倒圆角的边

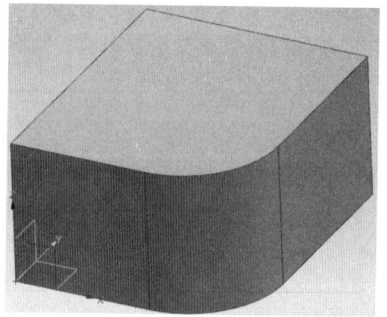

图 3-51　倒圆角

②创建"曲率"倒圆特征。
- 选择"菜单"→"插入"→"细节特征"→"边倒圆"命令，或者单击"主页"功能区"特征"组中的"边倒圆"按钮 ，弹出如图 3-52 所示的"边倒圆"对话框。

项目三　UG 实体操作与编辑

图 3-52　"边倒圆"对话框

- 在"圆角面连续性"下拉列表框中选择"G2 曲率"选项。
- 在视图中选择如图 3-53 所示要倒圆的边,并在"半径 1"数值框中输入"20",在"Rho1"数值框中输入"0.8"(Rho 的值大于 0 而小于 1)。
- 单击"确定"按钮,结果如图 3-54 所示。

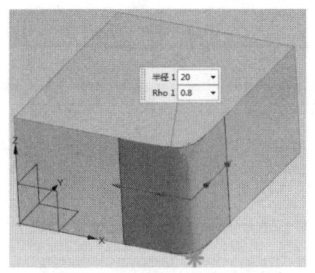
　　图 3-53　选择要倒圆的边

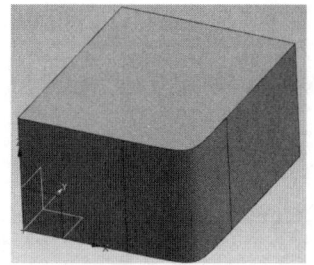
　　图 3-54　倒圆角

(3) 创建可变半径倒圆角特征

①选择"菜单"→"插入"→"细节特征"→"边倒圆"命令,或者单击"主页"功能区"特征"组中的"边倒圆"按钮 ,弹出"边倒圆"对话框。

②在"圆角面连续性"下拉列表框中选择"G1(相切)"选项。

③在视图中选择如图 3-55 所示要倒圆的边。

④在视图中圆角边上添加如图 3-56 所示 4 个点,并更改各点的位置和半径。

⑤在"边倒圆"对话框中单击"确定"按钮,结果如图 3-57 所示。

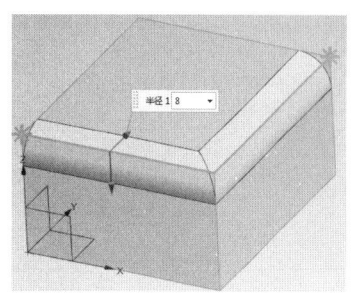 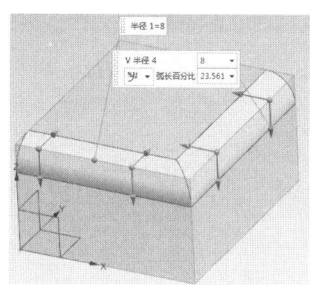 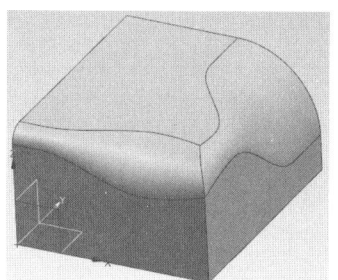

图 3-55 选择要倒圆的边　　图 3-56 添加点　　图 3-57 变半径倒圆角

2. 二次曲线圆角

（1）选择"菜单"→"插入"→"细节特征"→"边倒圆"命令，或者单击"主页"功能区"特征"组中的"边倒圆"按钮 ，弹出如图 3-58 所示的"边倒圆"对话框。

（2）在"圆角面连续性"下拉列表框中选择"G1（相切）"选项。

（3）在"形状"下拉列表框中选择"二次曲线"选项，"二次曲线法"下拉列表框中包含"边界和中心""边界和 Rho"和"中心和 Rho"3 个选项，这里选择"边界和中心"。

（4）在视图中选择如图 3-59 所示要倒圆的边，设置"边界半径 1"为"8"，"中心半径 1"为"2"。

（5）在"边倒圆"对话框中单击"确定"按钮，结果如图 3-60 所示。

图 3-58 "边倒圆"对话框

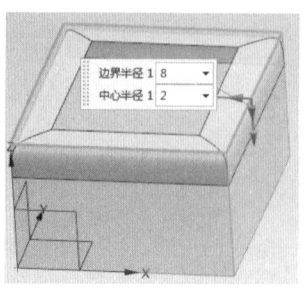 

图 3-59 选择要倒圆的边　　图 3-60 倒圆角

3.1.7 抽壳

"抽壳"特征指从指定的平面向下移除一部分材料而形成的具有一定厚度的薄壁体。常用于将实体内部材料去除，使之成为带有一定材料厚度的壳体。

单击"菜单"按钮后，选择"插入"→"偏置/缩放"→"抽壳"命令，或者在"主页"面板中单击"抽壳"按钮，系统弹出如图 3-61 所示的"抽壳"对话框。抽壳包括"移除面，然后抽壳"和"对所有面抽壳"两种类型。

1. 移除面，然后抽壳

该方式是以选取实体一个面为开口的面，其他表面通过设置厚度参数形成一个非封闭有固定厚度的腔体薄壁。具体操作步骤如下：

（1）在"抽壳"对话框的"类型"下拉列表中选择"移除面，然后抽壳"选项。

（2）在"要穿透的面"中单击"选择面"，然后在模型中选择穿透的面。

（3）在"厚度"文本框中设置抽壳的厚度，单击"确定"按钮完成壳体的创建，如图 3-62 所示。

图 3-61　"抽壳"对话框

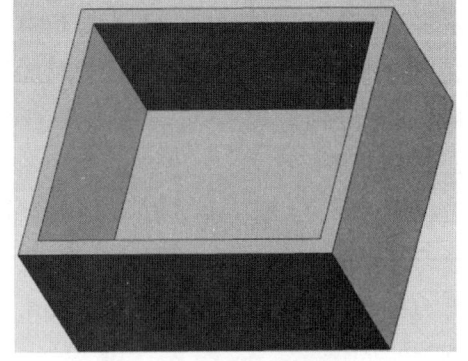

图 3-62　"移除面，然后抽壳"效果

2. 对所有面抽壳

该方式是指按照某个指定的厚度抽空实体，形成一个全封闭的有固定厚度的壳体。该方式与"移除面，然后抽壳"的不同之处在于："移除面，然后抽壳"是选取移除面进行抽壳操作，而该方式是选取实体直接进行抽壳操作。具体操作步骤如下：

（1）在"抽壳"对话框中的"类型"下拉列表中选择"对所有面抽壳"选项，如图 3-63 所示。

(2) 在"要抽壳的体"中单击"选择体",然后选择需要进行抽壳的体。

(3) 在"厚度"文本框中设置抽壳的厚度,单击"确定"按钮完成壳体的创建,如图 3-64 所示。

图 3-63 "抽壳"对话框

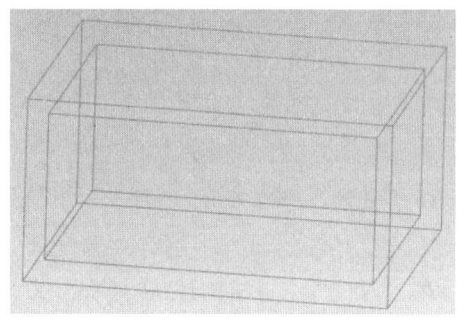

图 3-64 "对所有面抽壳"效果

3.1.8 关联复制特征

关联复制特征是指对已创建好的特征进行编辑或复制,得到需要的实体或片体。利用实例特征、镜像特征和镜像体工具可以对实体进行多个成组的镜像或复制,避免对单一实体的重复操作。下面对关联复制的各种操作进行介绍。

1. 阵列特征

"阵列特征"是指将指定的特征复制到矩形或圆形的图样中去,可以快速创建与已有的特征同样形状的多个呈一定规律分布的特征。

选择"菜单"→"插入"→"关联复制"→"阵列特征"命令,弹出如图 3-65 所示的"阵列特征"对话框。选择一种阵列方式,再选择需要阵列的特征,并输入阵列参数,单击"确定"按钮即可完成特征的阵列。

图 3-65 "阵列特征"对话框

在"布局"下拉列表中共有线性、圆形、多边形、螺旋式、沿、常规、参考和螺旋线

8种阵列方式。

"阵列特征"对话框中的选项说明如下。

（1）要形成阵列的特征：选择一个或多个要形成阵列的特征。

（2）参考点：通过在"点"对话框或"点"下拉列表中选择点，为输入特征指定位置参考点。

（3）阵列定义—布局：包括以下几个选项。

①线性：该选项从一个或多个选定特征生成线性阵列，线性阵列既可以是二维的（在XC和YC方向上，即多行特征），也可以是一维的（在XC或YC方向上，即一行特征）。其示意图如图3-66所示。

②圆形：该选项从一个或多个选定特征生成圆形阵列。其示意图如图3-67所示。

③多边形：该选项从一个或多个选定特征中按照绘制好的多边形生成阵列，示意图如图3-68所示。

 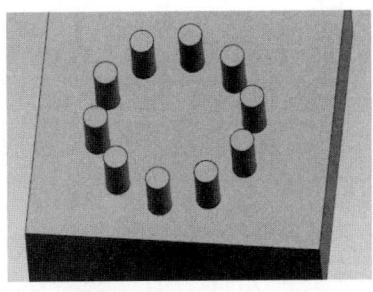 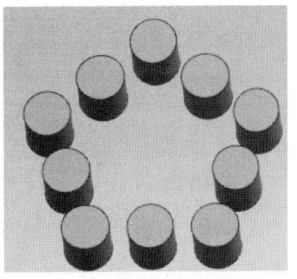

图3-66 "线性"示意图　　图3-67 "圆形"示意图　　图3-68 "多边形"示意图

④螺旋式：该选项使用螺旋路径定义布局，即从一个或多个选定特征中按照绘制好的螺旋线生成阵列，示意图如图3-69所示。

⑤沿：该选项从一个或多个选定特征中按照绘制好的曲线生成阵列，示意图如图3-70所示。

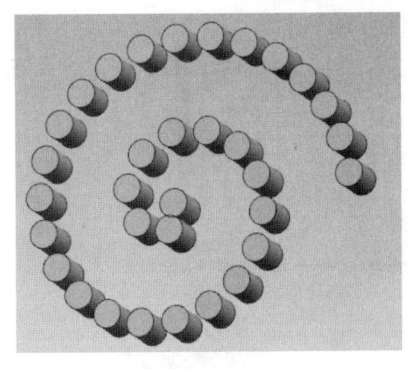 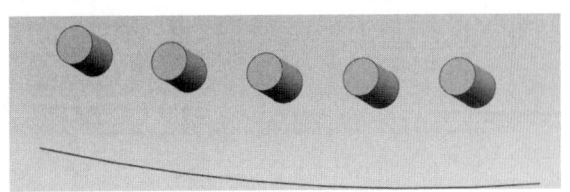

图3-69 "螺旋式"示意图　　图3-70 "沿"示意图

⑥常规：该选项从一个或多个选定特征中在指定点处生成阵列，示意图如图3-71所示。

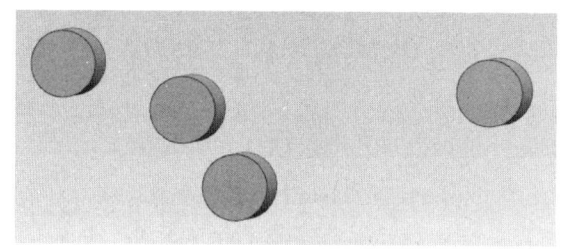

图3-71 "常规"示意图

（4）阵列方法：包括以下选项。

①变化：更灵活的方法，支持多个输入，以及检查每个实例位置。还允许控制在每个实例位置评估输入特征的哪些引用。

②简单：最快的创建方法，但很少检查实例。只允许一个符征作为阵列的输入。

2. 镜像特征

通过基准平面或平面镜像选定特征的方法来生成对称的模型，可以在体内镜像特征。执行镜像特征命令，主要有以下两种方式。

①菜单：选择"菜单"→"插入"→"关联复制"→"镜像特征"命令。

②功能区：单击"主页"选项卡"特征"组"更多"库下的"镜像特征"按钮。

执行上述操作后，打开图3-72所示的"镜像特征"对话框，创建镜像特征，如图3-73所示。

图3-72 "镜像特征"对话框

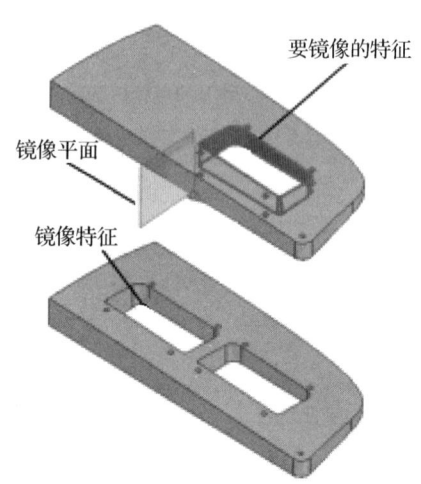

图3-73 "镜像特征"示意图

"镜像特征"对话框中的选项说明如下。

①要镜像的特征：用于选择想要进行镜像的部件中的特征。

②回参考点：用于指定源参考点。如果不想使用在选择源特征时系统自动判断的默认点，则使用该选项。

③镜像平面：用于指定镜像选定特征所用的平面或基准平面。

④设置：包括以下几个选项。

- CSYS 镜像方法：选择坐标系特征时可用。用于指定要镜像坐标系的那两个轴，为产生右旋的坐标系，系统将派生第三个轴。
- 保持螺纹旋向：选择螺纹特征时可用。用于指定镜像螺纹是否与源特征具有相同的旋向。
- 保持螺旋线旋向：选择螺旋线特征时可用。用于指定镜像螺旋线是否与源特征具有相同的旋向。

3.1.9 球体

球体也是常见的体素特征，它的创建方法是在"特征"面板中单击"更多"→"球"按钮，或者选择"菜单"→"插入"→"设计特征"→"球"命令，弹出图3-74所示"球"对话框，接着从"类型"下拉列表框中选择类型选项，并定义该类型选项所要的参数，以及设置布尔选项和是否关联中心点。

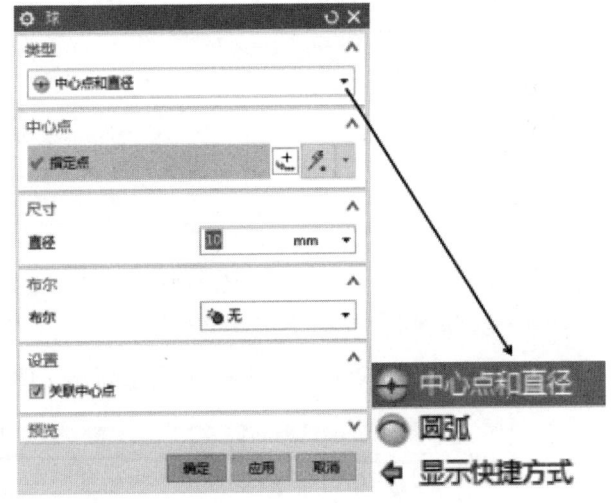

图 3-74 "球"对话框

球体体素特征的创建方法类型选项有如下两种。

1. 中心点和直径

选择此创建方法时，将利用指定的中心点和直径尺寸来创建球体。

2. 圆弧

选择此创建方法时，将利用选择的圆弧来建立球体，圆弧不必是整圆。所选的圆弧定义了球中心和直径。

任务二 支撑连接板建模

本任务需要完成一款简单支撑连接板的三维建模过程,在该零件的设计过程中运用了修剪拐角、拉伸、边倒圆、孔、键槽等命令。需要读者注意的是创建拉伸特征草绘时的方法和技巧。该零件模型如图 3-75 所示。

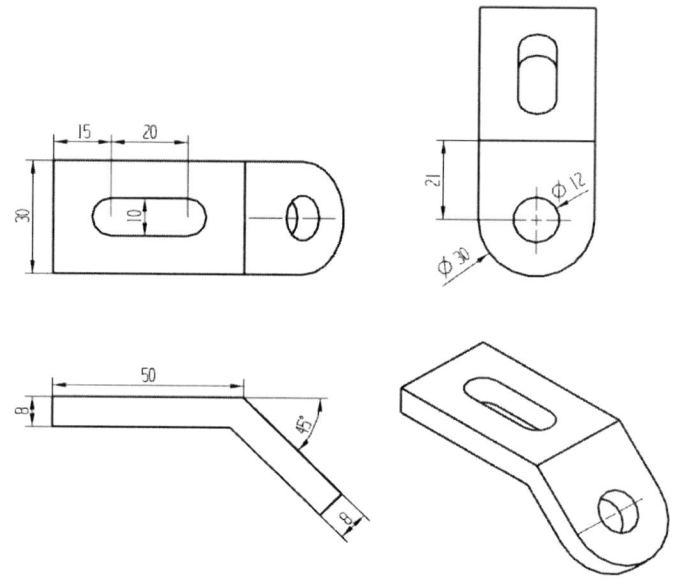

图 3-75 支撑连接板

(1) 启动 NX 12.0 软件。如图 3-76 所示新建文件,进入建模环境。

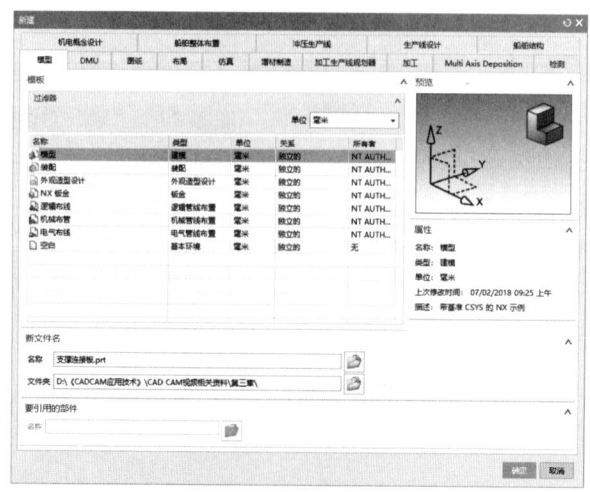

图 3-76 新建文件

（2）在建模环境左侧资源条中"Web 浏览器"中导入图片"任务二支撑连接板.png"

（3）进入草图环境，单击"主页"带状工具条中的 ▦（草图）命令按钮，系统弹出"创建草图"对话框，如图 3-77 所示。如图 3-78 所示，单击选择 CSYS 基准坐标系的 ZX 平面，然后单击"确定"按钮，系统进入草图绘制区域，图形正视于 ZX 平面，如图 3-79 所示。

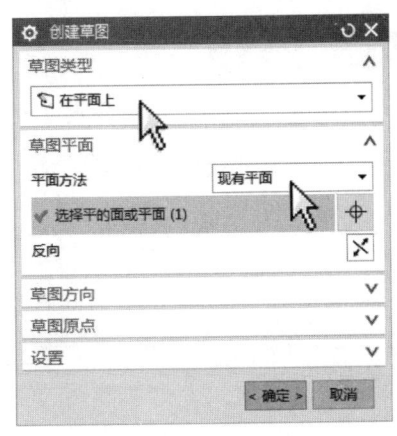
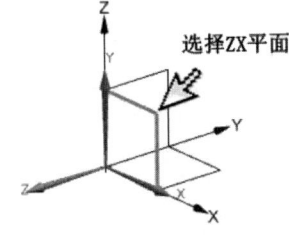
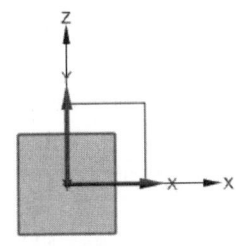

图 3-77　"创建草图"对话框　　图 3-78　选择 ZX 平面　　图 3-79　ZX 平面

（4）绘制截面曲线

①在"主页"带状工具条中单击 ╱（直线）命令按钮，在图形中绘制一段水平线段，如图 3-80 所示。

②单击"主页"带状工具条中"直接草图"模块里"更多"库中的 ⌁（几何约束）命令按钮，系统弹出"几何约束"对话框，如图 3-81 所示，单击 ↑（点在曲线上）按钮，再在图形中先选择水平的直线的端点，并单击中键确认，再选择 Z 轴，如图 3-82 所示，约束端点在 Z 轴上，结果如图 3-83 所示。

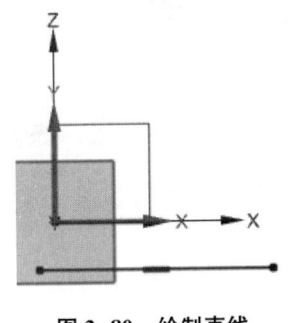
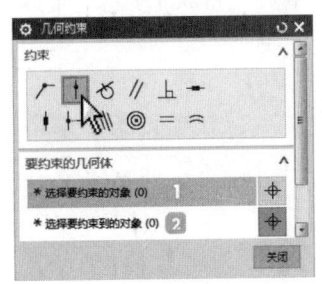

图 3-80　绘制直线　　　　图 3-81　"几何约束"对话框

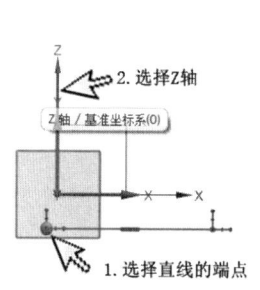
图 3-82 选择 Z 轴和端点

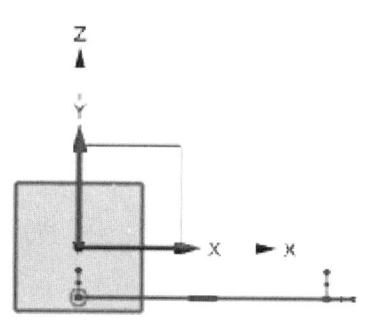
图 3-83 约束端点

③继续进行约束,选择"几何约束"对话框中的 \\\\ (共线)按钮,先选择水平直线并单击中键确认,再选择 X 轴,约束直线与 X 轴在一条直线上,结果如图 3-84 所示。

④在"主页"带状工具条中单击 ∕ (直线)按钮,以前一条直线的右端点为起点,在图形中绘制一条带角度的线段,如图 3-85 所示。

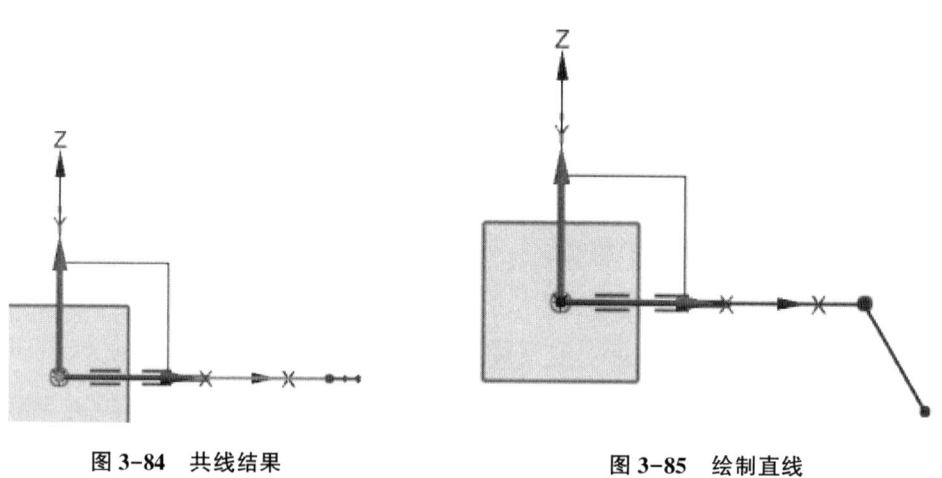

图 3-84 共线结果　　　　　图 3-85 绘制直线

⑤单击"主页"带状工具条中的 ⚡ (快速尺寸)命令按钮,按照图 3-86 所示的尺寸进行标注。

⑥在"主页"带状工具条中单击 ∕ (直线)命令按钮,以前一条直线的端点为起点,在图形中绘制一条带角度的线段,并自动添加了垂直的约束关系,如图 3-87 所示。

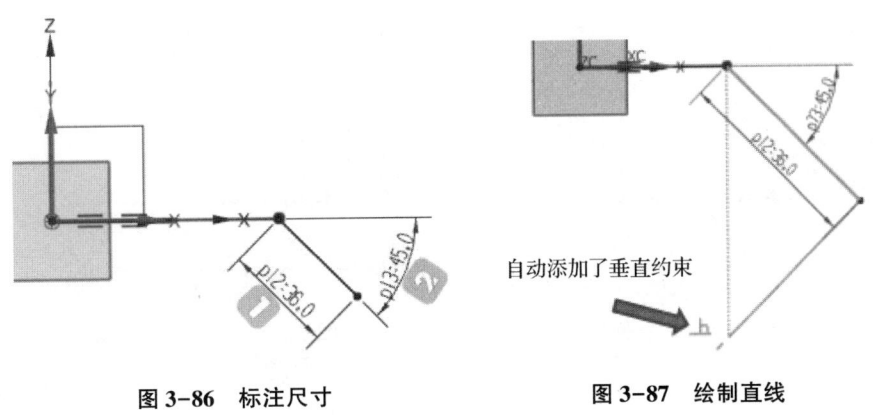

图 3-86　标注尺寸　　　　　　　图 3-87　绘制直线

⑦单击"主页"带状工具条中的 ⚡（快速尺寸）命令按钮，按照图 3-88 所示的尺寸进行标注。

⑧在"主页"带状工具条中单击 ╱（直线）命令按钮，以前一条直线的端点为起点，在图形中绘制一条带角度的线段，并自动添加了平行的约束关系，如图 3-89 所示。

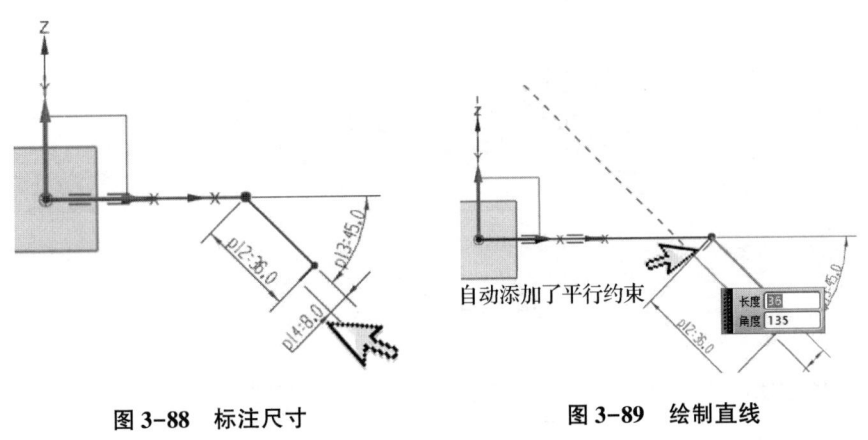

图 3-88　标注尺寸　　　　　　　图 3-89　绘制直线

⑨在"主页"带状工具条中单击 ╱（直线）命令按钮，将图形封闭起来，绘制结果如图 3-90 所示。

⑩选择"主页"带状工具条中的（快速修剪）命令按钮，根据图纸的要求修剪掉多余的曲线，修剪的结果如图 3-91 所示。

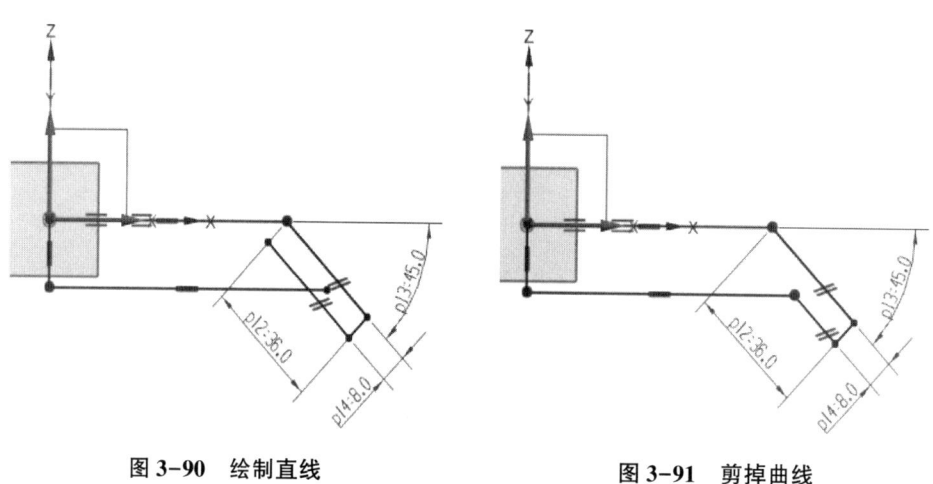

图 3-90　绘制直线　　　　　图 3-91　剪掉曲线

⑪单击"视图"带状工具条中的 ![] （快速尺寸）命令按钮，按照图 3-92 所示的尺寸进行标注。

⑫单击"主页"带状工具条中的 ![] （完成草图）按钮，系统退出"草图"环境。

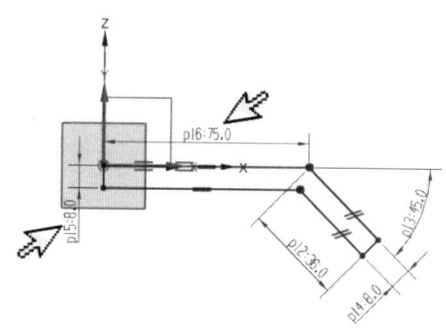

图 3-92　标注尺寸

（5）拉伸实体

①单击"视图"带状工具条中的 ![] （正三轴测图）按钮，图形中的坐标显示已经进行转换，如图 3-93 所示。

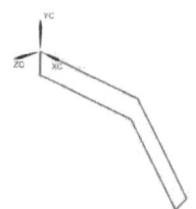

图 3-93　正三轴测图

②单击"主页"带状工具条中的 ■（拉伸）命令按钮，系统弹出"拉伸"对话框，如图 3-94 所示。此时在"选择条"工具条中出现如图 3-95 所示的选择方式，在下拉复选框中选择"相连曲线"，并按照图 3-96 所示选择图中的曲线。选择的位置不同可能导致拉伸的方向也有所不同，此时可以通过单击 ✕（反向）按钮进行调整。在"距离"栏内输入"30"，单击"确定"按钮完成实体的拉伸，结果如图 3-97 所示。

图 3-94 "拉伸"对话框

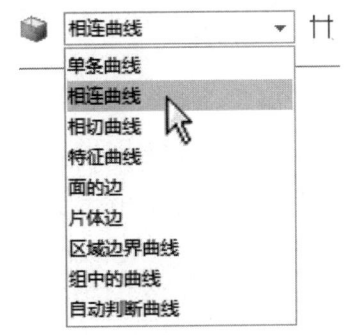

图 3-95 选择"相连曲线"

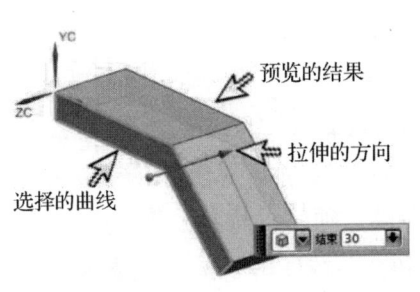

图 3-96 选择曲线

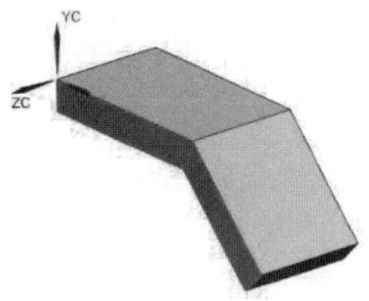

图 3-97 拉伸结果

（6）对实体进行边倒圆

①单击"主页"带状工具条中的 ▨（边倒圆）命令按钮，系统弹出"边倒圆"对话框，如图 3-98 所示。选择如图 3-99 所示的两条棱边，在"形状"下拉复选框中选择"圆形"，在"半径"栏内输入"15"，单击"应用"按钮完成第一次边倒角的绘制，结果如图 3-100 所示。

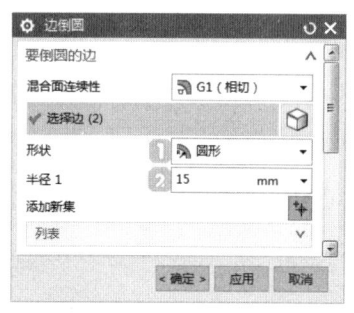 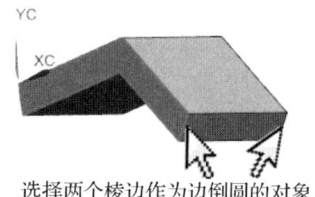 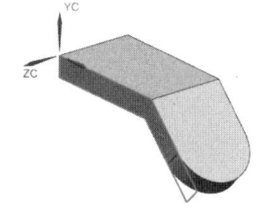

图 3-98 "边倒圆"对话框　　　图 3-99 选择边　　　图 3-100 倒圆结果

②继续进行边倒圆命令。单击"视图"带状工具条中的 ▦（静态线框）按钮，实体的显示模式发生改变，结果如图 3-101 所示。单击"主页"带状工具条中的 ▦（边倒圆）命令按钮，继续选择棱边进行操作。按照图 3-102 所示选择两个棱边作为边倒圆的对象，在"形状"下拉复选框中选择"圆形"，在"半径"栏内输入"4"，单击"确定"完成第二次边倒角的绘制，结果如图 3-103 所示。

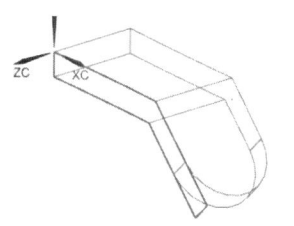 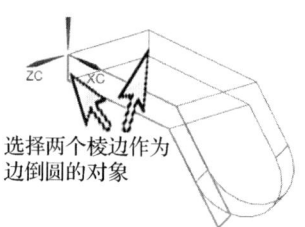 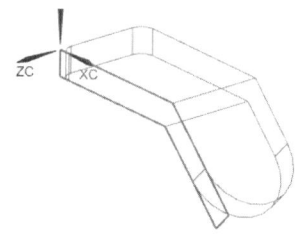

图 3-101 静态线框模式　　　图 3-102 选择棱边　　　图 3-103 倒圆结果

③单击"视图"带状工具条中的 ▦（隐藏）命令按钮，系统弹出"类选择"对话框，如图 3-104 所示单击"类型过滤器"按钮，系统弹出"按类型选择"对话框，如图 3-105 所示。只点选"曲线"类型，单击"确定"返回"类选择"对话框。在"类选择"对话框中单击 ▦（全选）按钮，紧接着单击"确定"，图中的所有曲线就被隐藏，结果如图 3-106 所示。

单击"视图"带状工具条中的 ▦（带边着色）按钮，实体的显示模式发生改变，结果如图 3-107 所示。

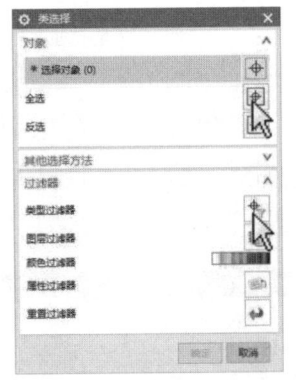
图 3-104 "类选择"对话框

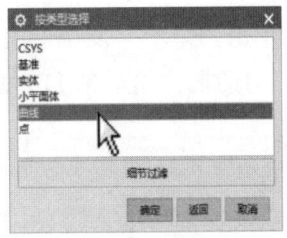
图 3-105 "按类型选择"对话框

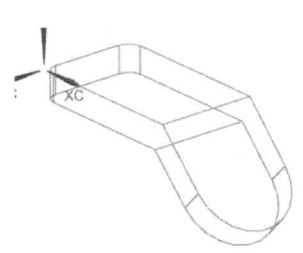
图 3-106 隐藏结果

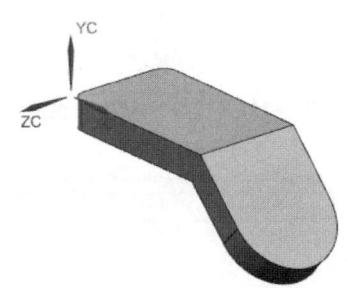
图 3-107 带边着色效果

(7) 打孔

单击"主页"带状工具条中的（孔）命令按钮，系统弹出"孔"对话框，如图 3-108 所示。在"类型"下拉复选框中选择默认的"常规孔"选项，"孔方向"下拉复选框中选择默认的"垂直于面"选项，在"直径"栏中输入"12"并在"深度限制"下拉复选框中选择"贯通体"选项。此时将"上边框条"带状工具条中的 ⊙（圆弧中心）捕捉开启，选择如图 3-109 所示的圆心，单击"确定"完成 φ12 mm 通孔的绘制，结果如图 3-110 所示。

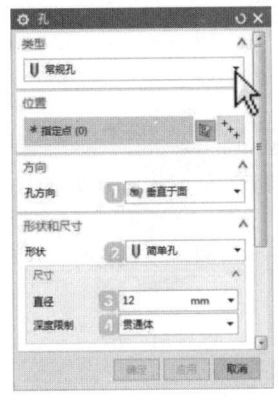
图 3-108 "孔"对话框

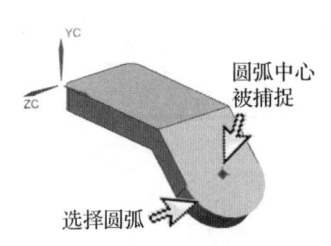
图 3-109 选择圆心

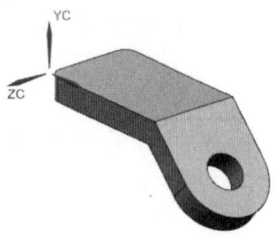
图 3-110 打孔结果

(8) 绘制键槽

①单击"主页"带状工具条中"特征"模块里的"更多"命令按钮,选择"设计特征"下的 ▨ (键槽)命令按钮,如图 3-111 所示。系统弹出"键槽"对话框,如图 3-112 所示。然后单击"矩形"复选框(如果默认是矩形复选框可直接单击"确定")进入"矩形键槽"对话框,如图 3-113 所示。选择如图 3-114 所示的上表面作为放置平面。

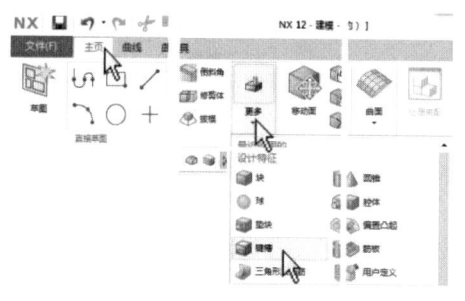

图 3-111 选择"键槽"命令

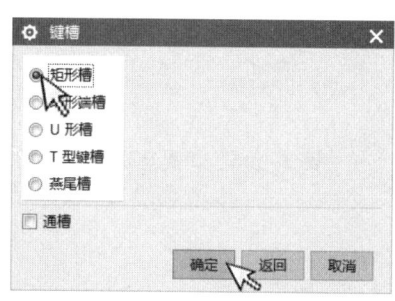

图 3-112 "键槽"对话框

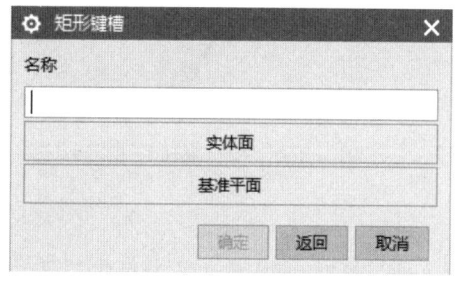

图 3-113 "矩形键槽"对话框

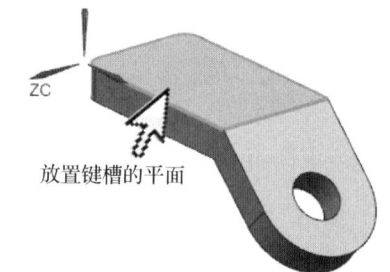

图 3-114 选择平面

②此时系统弹出"水平参考"对话框,如图 3-115 所示。按照图 3-116 所示选择此棱边作为水平参考的方向,然后系统弹出"矩形键槽"的二级对话框,在其中"长度""宽度"和"深度"栏中分别输入"30""10"和"8",如图 3-117 所示,单击"确定"按钮,系统弹出"定位"对话框,如图 3-118 所示。

图 3-115 "水平参考"对话框

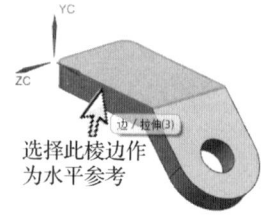

图 3-116 选择边

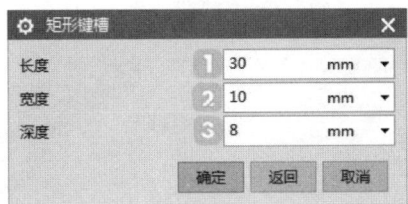
图3-117 "矩形键槽"对话框

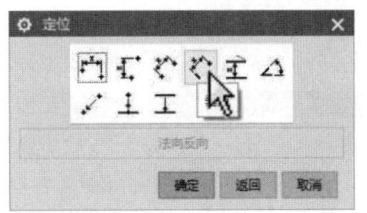
图3-118 "定位"对话框

③单击"定位"对话框中的 （垂直）按钮,系统紧接着弹出"垂直的"对话框,如图3-119所示,选择图3-120所示的边缘作为目标边/基准,再单击图3-121所示的圆弧,系统弹出"设置圆弧的位置"对话框,如图3-122所示。

图3-119 "垂直的"对话框

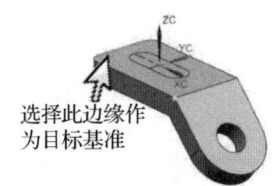
图3-120 选择边

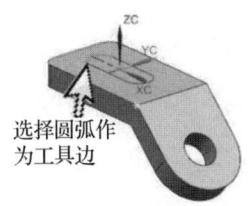
图3-121 选择圆弧

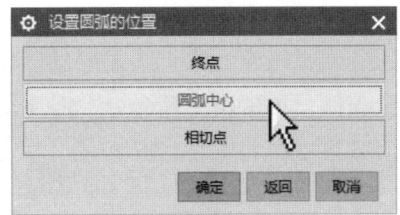
图3-122 "设置圆弧的位置"对话框

④在"设置圆弧的位置"对话框中单击"圆弧中心"按钮,系统弹出"创建表达式"对话框,在"数值"栏内输入"15",如图3-123所示,单击"确定"系统,返回"定位"对话框,如图3-118所示。单击"定位"对话框中的 （垂直）按钮,系统紧接着弹出"垂直的"对话框,如图3-119所示。选择图3-124所示的边缘作为目标边/基准,再单击图3-125所示的中心线,系统弹出"创建表达式"对话框,"数值"栏内输入"15",如图3-123所示,单击"确定"系统返回"定位"对话框,如图3-118所示,单击"定位"对话框中的"确定"完成键槽的绘制,系统返回到"矩形键槽"对话框,如图3-126所示,单击"确定"结束"键槽"命令,绘制的结果如图3-127所示。

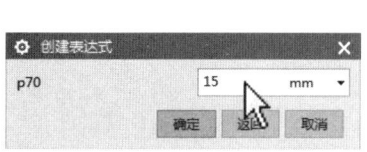 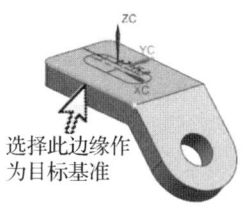 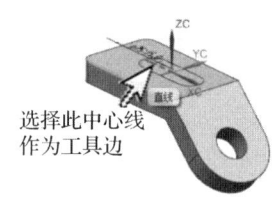

图 3-123　"创建表达式"对话框　　　图 3-124　选择边　　　图 3-125　选择中心线

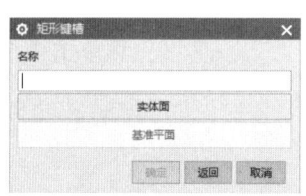 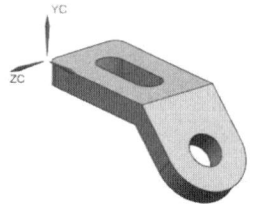

图 3-126　"矩形键槽"对话框　　　图 3-127　绘制的结果

任务三　壳体零件建模

本任务需要完成一款壳体零件的三维建模过程,在该零件的设计过程中运用了拉伸、边倒圆、壳体、布尔相交等命令。需要读者注意的是创建拉伸和壳体时的方法和技巧。该零件模型及模型树如图 3-128 所示。

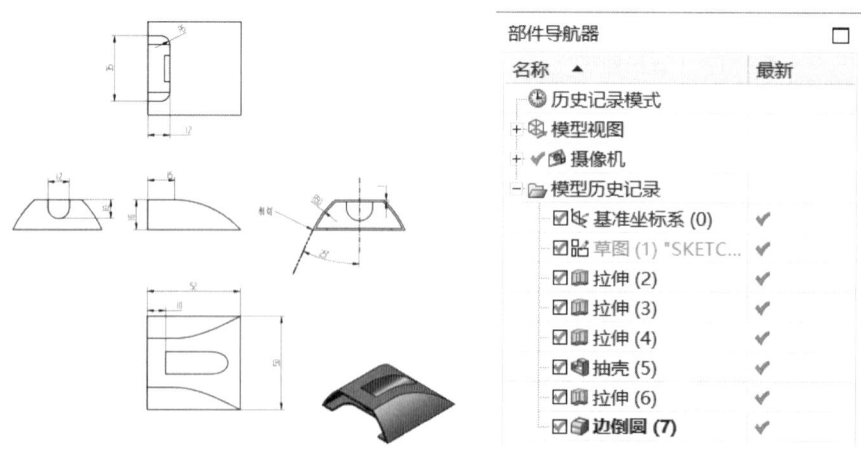

图 3-128　零件模型及模型树

（1）启动 NX 12.0 软件。如图 3-129 所示新建文件，进入建模环境。

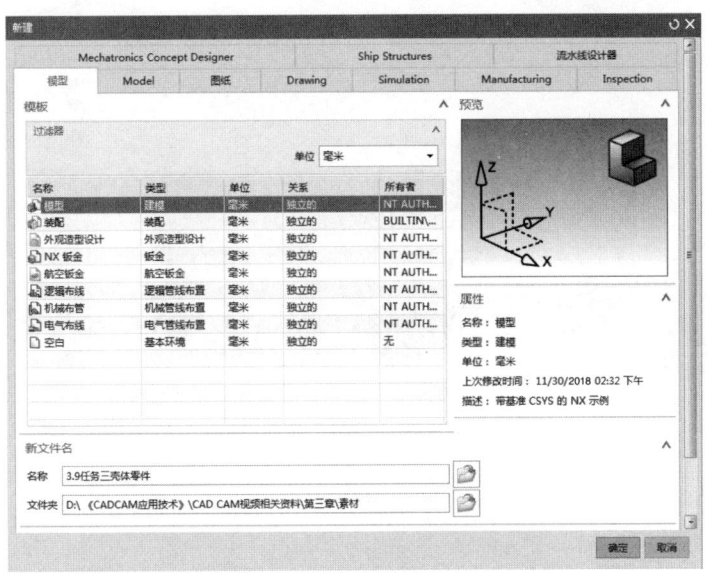

图 3-129　新建文件

（2）在建模环境左侧资源条中"Web 浏览器"中导入图片"任务三壳体零件.png"。

（3）进入草图环境，选择 CSYS 基准坐标系的 YZ 平面，然后单击"确定"按钮，系统进入草图绘制区域。图形正视于 YZ 平面，绘制如图 3-130 所示草图，使用拉伸命令拉伸该草图。拉伸对话框参数设置如图 3-131 所示，拉伸结果如图 3-132 所示。

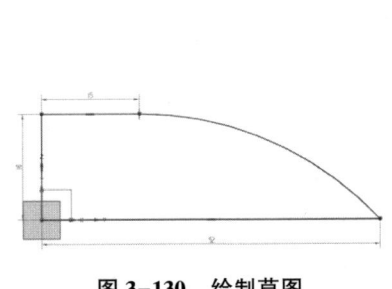

图 3-130　绘制草图

图 3-131　拉伸和倒圆角

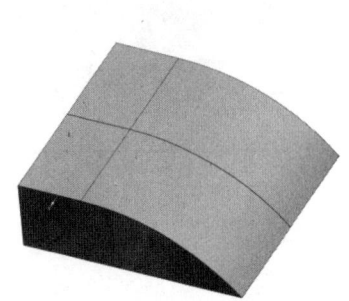

图 3-132　拉伸结果

（4）在图 3-133 所示零件表面绘制如图 3-134 所示草图并拉伸求交，"拉伸"对话框参数设置如图 3-135 所示。

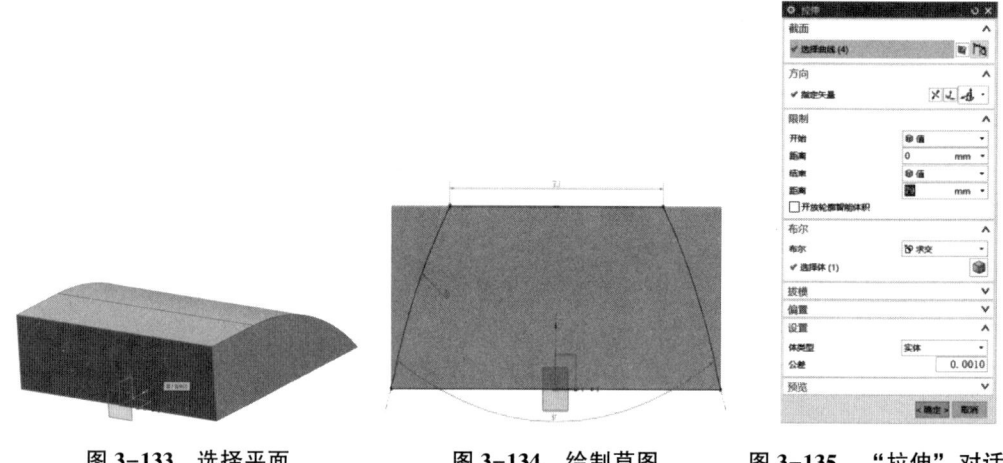

图 3-133　选择平面　　　图 3-134　绘制草图　　　图 3-135　"拉伸"对话框

（5）在图 3-136 所示零件表面绘制如图 3-137 所示草图并拉伸求差，"拉伸"对话框参数设置如图 3-138 所示。

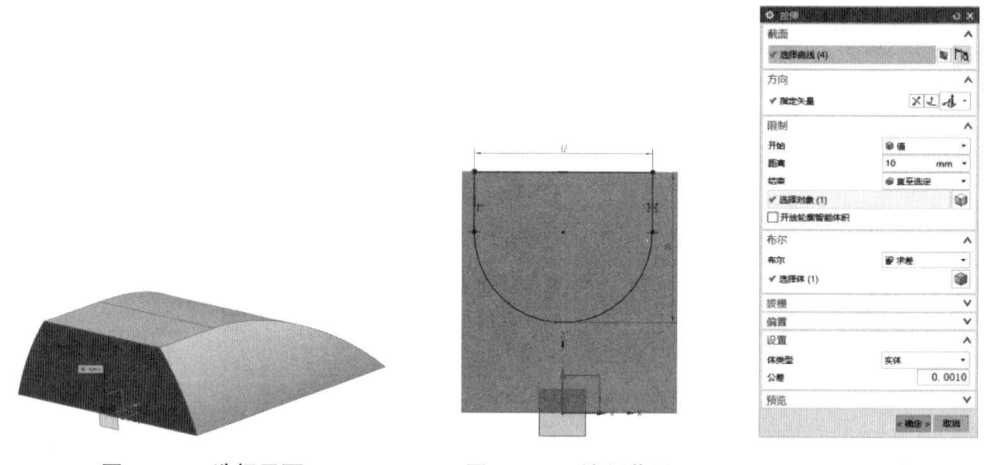

图 3-136　选择平面　　　图 3-137　绘制草图　　　图 3-138　"拉伸"对话框

（6）选择如图 3-139 所示面进行抽壳操作。

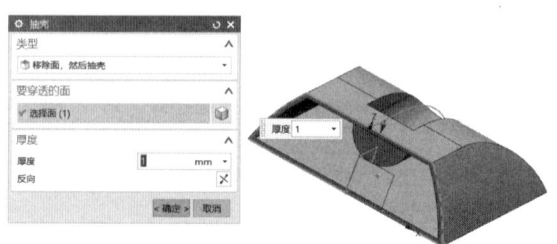

图 3-139　抽壳操作

(7) 在图 3-140 所示零件底面绘制如图 3-141 所示草图并拉伸求差。

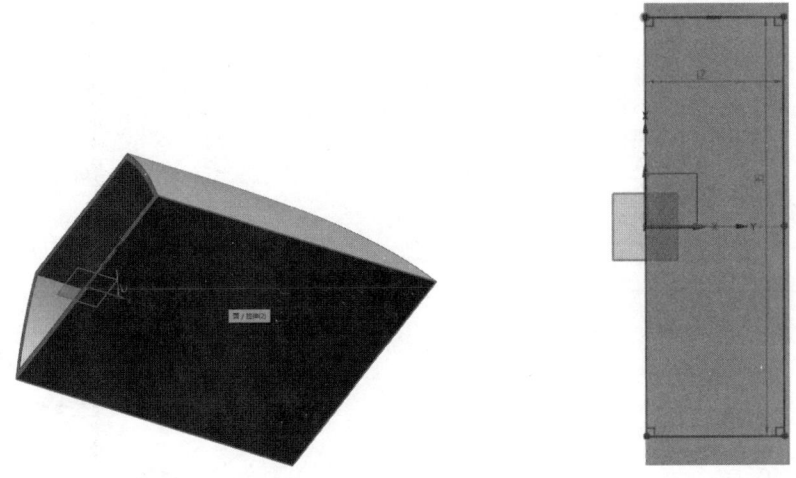

图 3-140 选择平面　　　　　　图 3-141 绘制草图

(8) 在图 3-142 所示位置进行倒圆角后完成建模，结果如图 3-143 所示。

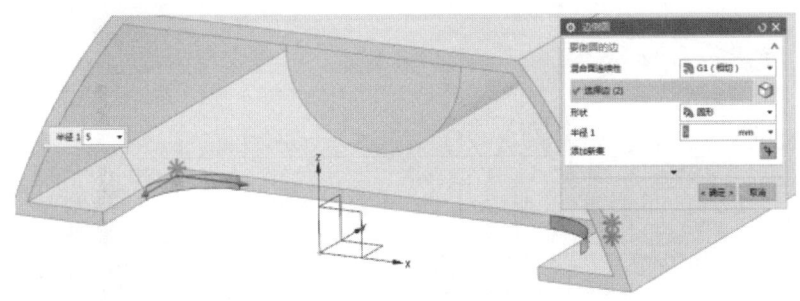

图 3-142 绘制草图

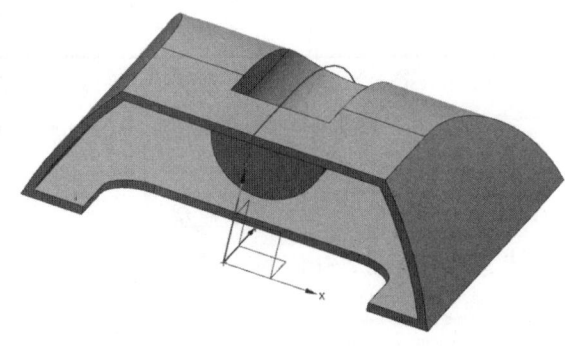

图 3-143 完成建模

课后练习

上机题：完成以下模型的绘制。

（1）在 UG NX 12.0 中，建立如图 3-144 所示模型。

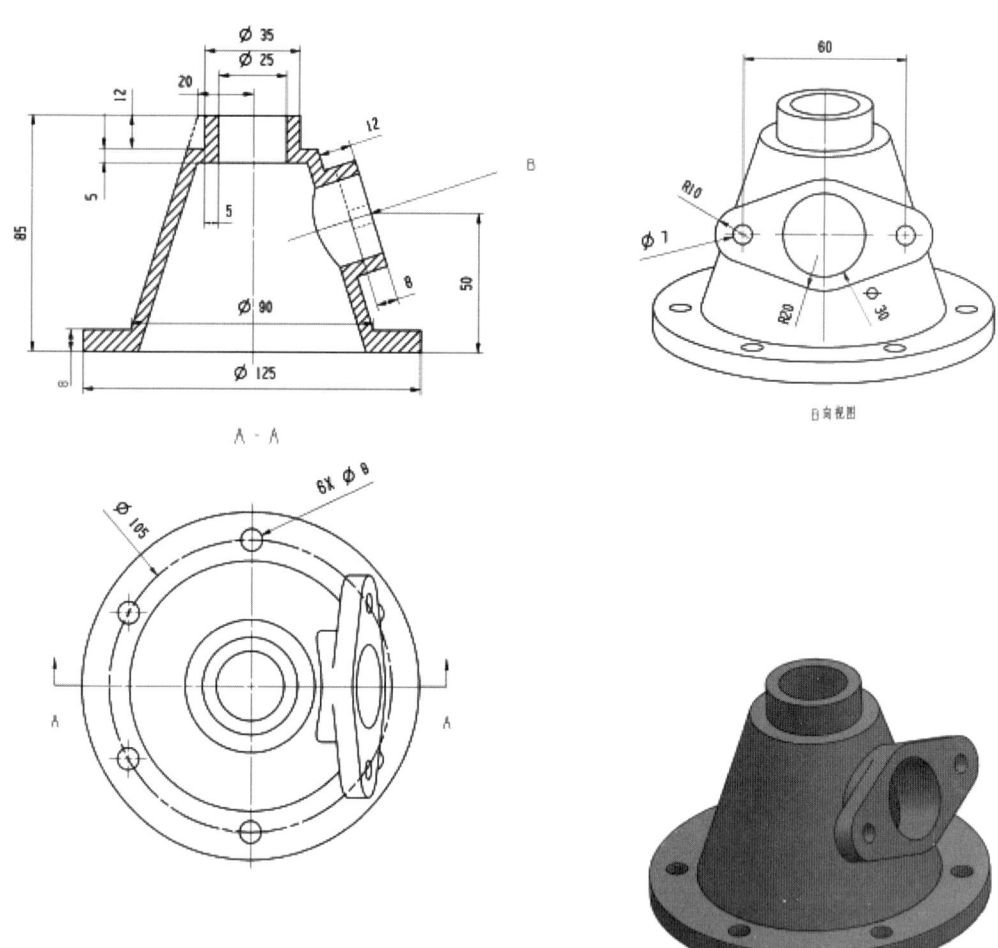

图 3-144 练习 1

（2）在 UG NX 12.0 中，建立如图 3-145 所示模型。
（3）在 UG NX 12.0 中，建立如图 3-146 所示模型。

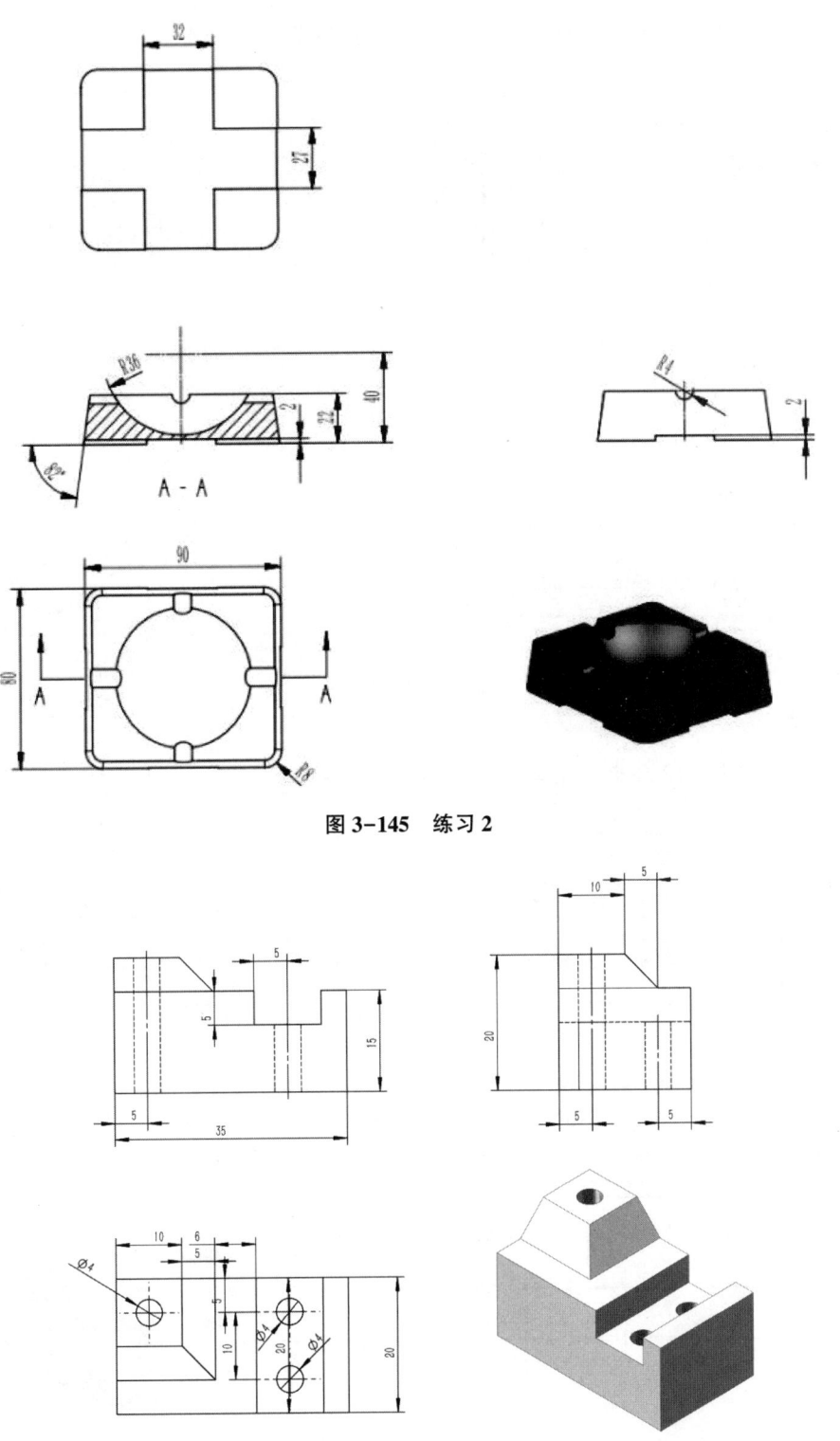

图 3-145 练习 2

图 3-146 练习 3

(4) 在 UG NX 12.0 中,建立如图 3-147 所示模型。

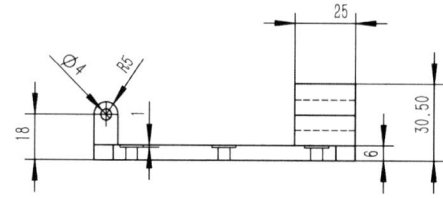
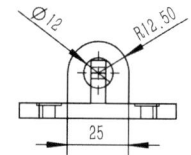
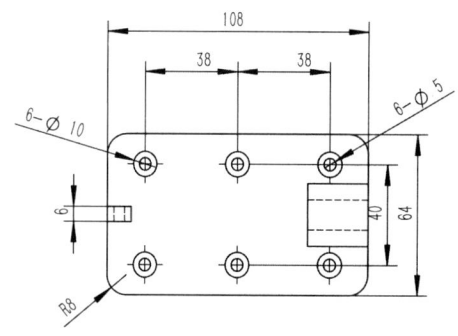
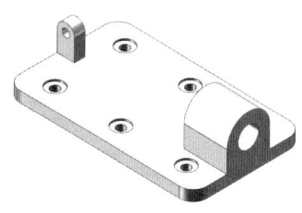

图 3-147　练习 4

(5) 在 UG NX 12.0 中,建立如图 3-148 所示模型。

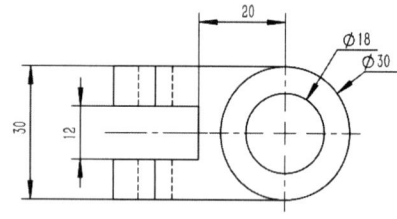
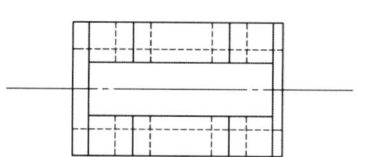
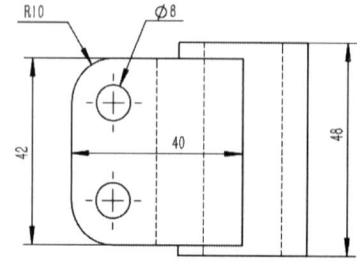
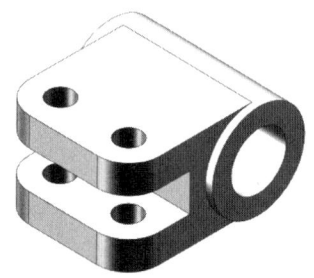

图 3-148　练习 5

(6) 在 UG NX 12.0 中,建立如图 3-149 所示模型。

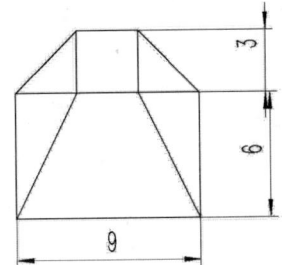
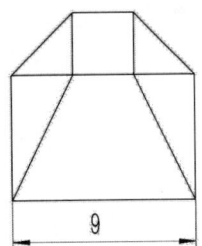
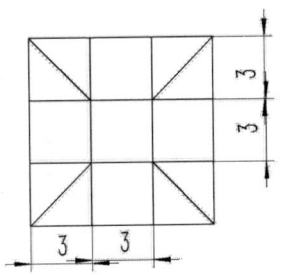
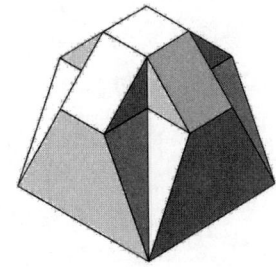

图 3-149 练习 6

项目四

曲面建模

学习目标
①了解曲面设计的基础概念；
②熟练掌握网格曲面的创建；
③熟练运用扫描曲面和直纹、曲线组创建模型；
④熟练掌握参数化和非参数化编辑方法；
⑤熟练运用曲面编辑的相关命令。

任务一 曲面建模基本概念及命令学习

4.1.1 曲面基础概述

曲面是一种统称，片体和实体的自由表面都可以称为曲面。片体是由一个或多个表面组成厚度为0、重量为0的几何体，一个曲面可以包含一个或多个片体，所以片体和曲面在特定的情况下不具有实体的功能。

1. 曲面的基本概念

曲面是指一个或多个没有厚度概念的面的集合，在很多实体建模的工具中都有"体类型"的选项，可直接设计曲面的功能。而在曲面设计中很多命令（如直纹面、通过曲线组、通过曲线网格扫掠等）在某些条件下也可生成实体，都是在"体类型"选项中进行设置。

2. 曲面的分类

按照曲面的构造原理可以将曲面分为以下3类。

①依据点创建曲面：通过现有的点或点集创建曲面的方法，如通过点、从点云、从极点命令。依据点设计的曲面光顺性比较差，但是精密度高。

②通过曲线创建曲面：通过现有的曲线或曲线串创建曲面的方法，如直纹面、通过曲线组、通过曲线网格、扫掠等命令。该方法创建的曲面与通过点集创建曲面的最大不同在

于,通过曲线创建的曲面是参数化的,即生成的曲面与曲线是相关联的。当曲线或曲面被编辑,生成的曲面将自动更新。

③通过曲面创建新曲面:通过现有的曲面创建新的曲面,如桥接、偏置曲面、修剪的片体等命令。

4.1.2 基本曲线

选择"菜单"→"插入"→"曲线"→"基本曲线"命令,弹出如图4-1所示的"基本曲线"对话框。

(1) 直线

①在"基本曲线"对话框中选择"直线"按钮,如图4-1所示。

②无界:当该复选框被选中时,无论生成方式如何,所生成的任何直线都会被限制在视图的范围内,此时"线串模式"不能用。

③增量:该选项用于以增量的方式生成直线。

④点方法:该选项菜单能够相对于已有的几何体,通过指定光标位置或使用点构造器来指定点。该菜单上的选项与"点"对话框中选项的作用相似。

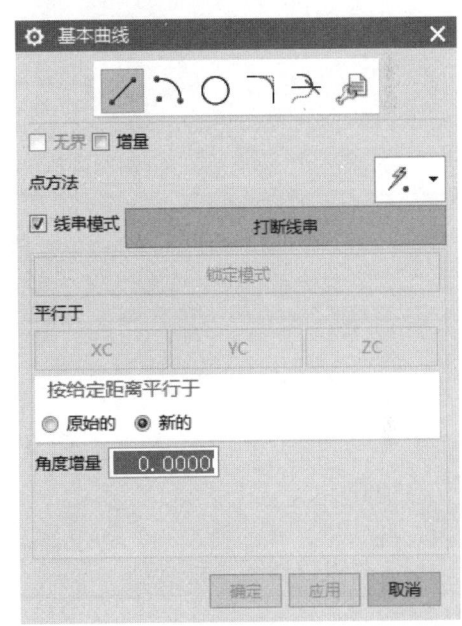

图4-1 "基本曲线"对话框

⑤线串模式:能够生成未打断的曲线串。

⑥打断线串:在选择该选项的地方打断曲线串。

⑦锁定模式:当生成平行于、垂直于已有直线或与已有直线呈一定角度的直线时,如果选择"锁定模式",则当前在图形窗口中以橡皮线显示的直线生成模式将被锁定。当下一步操作通常会导致直线生成模式发生改变,而又想避免这种改变时,可以使用该选项。

⑧当选择"锁定模式"后,该按钮会变为"解锁模式"。可选择"解锁模式"来解除对正在生成的直线的锁定,使其能切换到另外的模式中。

⑨平行于XC、YC、ZC:这些按钮用于生成平行于XC、YC或ZC轴的直线。指定一个点,选择所需轴的按钮,并指定直线的终点。

⑩原始的:选中该按钮后,新创建的平行线的距离由原先选择线算起。

⑪新的:选中该按钮后,新创建的平行线的距离由新选择线算起。

⑫角度增量:如果指定了第一点,然后在图形窗口中拖动光标,则该直线就会捕捉至

该字段中指定的每个增量度数处。

（2）圆弧

在"基本曲线"对话框中选中"圆弧"按钮，如图4-2所示。

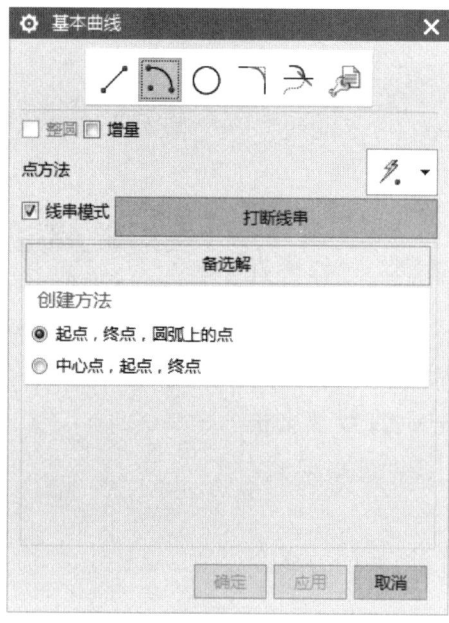

图4-2 "圆弧"创建对话框

（3）圆

在"基本曲线"对话框中选中"圆"按钮，如图4-3所示。

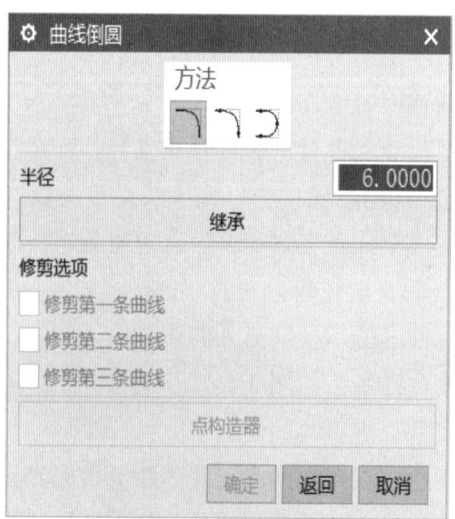

图4-3 "圆"创建对话框

多个位置：勾选此复选框，每定义一个点，都会生成先前生成的圆的一个副本，其圆心位于指定点。

①整圆：当该复选框被选中时，无论其生成方式如何，所生成的任何弧都是完整的圆。

②备选解：生成当前所预览的弧的补弧；只能在预览弧的时候使用。

③创建方法：弧的生成方式有以下两种。

- 起点、终点和圆弧上的点：利用这种方式，可以生成通过三个点的弧，或通过两个点并与选中对象相切的弧。选中的要与弧相切的对象不能是抛物线、双曲线或样条（但是，可以选择其中的某个对象与完整的圆相切）。

- 中心点、起点和终点：使用这种方式，应首先定义中心点，然后定义弧的起始点和终止点。

（4）倒圆角

在对话框中选中"圆角"按钮 ，弹出"曲线倒圆"对话框，如图4-4所示。

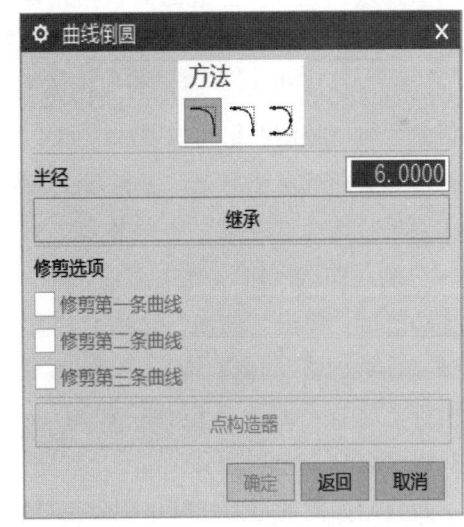

① 简单倒圆：在两条共面非平行直线之间生成圆角。通过输入半径值确定圆角的大小。直线将被自动修剪至与圆弧的相切点，生成的圆角与直线的选择位置直接相关。

② 2曲线倒圆：在两条曲线（包括点、线、圆、二次曲线或样条）之间构造一个圆角。两条曲线间的圆角是沿逆时针方向从第一条曲线到第二条曲线生成的一段弧。

③ 3曲线倒圆：该选项可在三条曲

图4-4 "曲线倒圆"创建对话框

线间生成圆角，这三条曲线可以是点、线、圆弧、二次曲线和样条的任意组合。三条曲线倒出的圆角是沿逆时针方向从第一条曲线到第三条曲线生成的段圆弧。该圆角是按圆弧的中心到所有三条曲线的距离相等的方式构造的。

4.1.3 艺术样条

利用该功能，可通过在绘图窗口中定义点来生成艺术样条曲线。在UG NX 12.0草图中选择"菜单"→"插入"→"曲线"→"艺术样条"命令，或者在"曲线"工具栏中单击"艺术样条"按钮 ，将弹出"艺术样条"对话框，如图4-5所示。

艺术样条曲线的构造方法有通过点和根据极点两种类型，介绍如下。

①通过点：样条曲线通过每一个定义点，该方法用于逆向工程中的仿形设计。

②根据极点：样条不通过定义的极点，定义的极点作为样条控制多边形的顶点，有助于控制样条曲线的整体形状。

样条曲线参数化中的次数是定义样条曲线多项式公式的段数，UG NX 12.0 中阶次数可在 1~24 之间，建议使用 3 阶次样条。

4.1.4 通过曲线网格

该命令通过一个方向的截面网格和另一个方向的引导线创建体。生成的曲线网格体是双三次多项式的。这意味着在 U 向和 V 向的次数

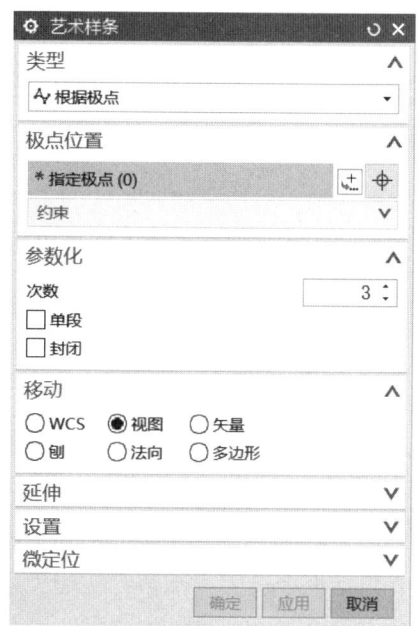

图 4-5 "艺术样条"对话框

都是三次的（阶次为3）。通过曲线网格与通过曲线组相比，它的功能更加强大。通过曲线网格命令可以控制两组曲线及相应的 4 个连续性，因此能做出更复杂的曲面。

执行通过曲线网格命令，主要有以下两种方式。

①菜单：选择"菜单"→"插入"→"网格曲面"→"通过曲线网格"命令。

②功能区：单击"曲面"选项卡"曲面"组中的"通过曲线网格"按钮 。

执行上述操作后，系统弹出如图 4-6 所示的"通过曲线网格"对话框。

下面介绍如何通过曲线网格创建简单曲面。

①在任一平面绘制如图 4-7 所示曲线。

②打开"通过曲线网格"对话框。

③按照从下至上的顺序依次选择 6 条主线串（注意每条选择结束后都要单击鼠标中键，或者单击"添加新集"按钮 ，以进行下一条主线串的选取），如图 4-8 所示。

图 4-6 "通过曲线网格"对话框

项目四 曲面建模

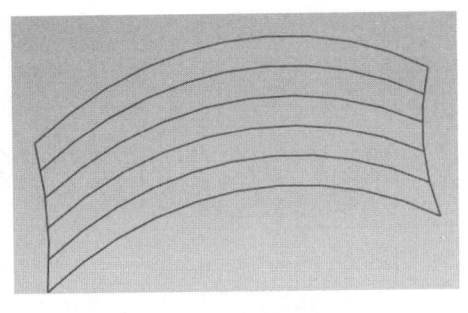

图4-7 绘制曲线

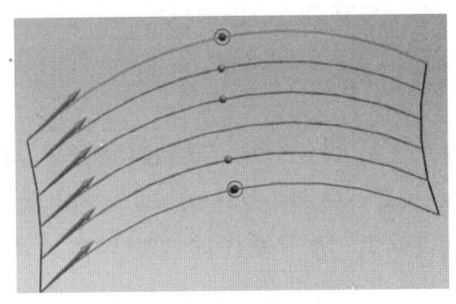

图4-8 主线串的选取

④按照从左至右的顺序依次进行交叉曲线的选取（同样，每条交叉线串选择结束后都要单击鼠标中键，或者单击"添加新集"按钮，以进行下一条交叉线串的选取），如图4-9所示。

⑤其余选项保持默认设置，单击"确定"按钮，生成网格曲面如图4-10所示。

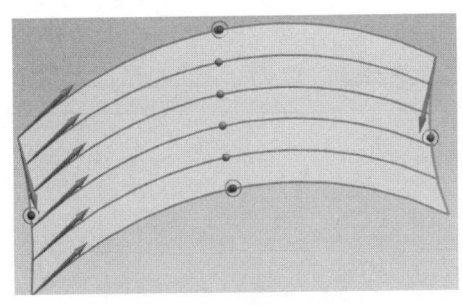

图4-9 交叉线串的选取

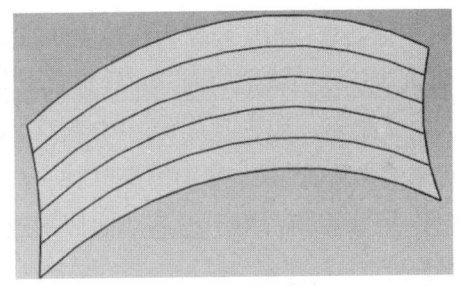

图4-10 网格曲面

4.1.5 N边曲面

使用该命令可以创建由一组端点相连的曲线封闭的曲面。执行N边曲面命令，主要有以下两种方式。

①菜单：选择"菜单"→"插入"→"网格曲面"→"N边曲面"命令。

②功能区：单击"曲面"选项卡"曲面"组中的"N边曲面"按钮 。

执行上述操作后，系统弹出如图4-11所示的"N边曲面"对话框。"N边曲面"对话框中的选项说明如下。

(1) 类型：各选项说明如下。

①已修剪：在封闭的边界上生成一张曲面，将覆盖被选定曲面封闭环内的整个区域。

②三角形：在已经选择的封闭曲线串中，构建一张由多个三角补片组成的曲面，其中的三角补片相交于一点。

(2) 外环：用于选择曲线或边的闭环作为N边曲面的构造边界。

(3) 约束面：用于选择面以将相切及曲率约束添加到新曲面中。

— 117 —

（4）UV 方向：各选项说明如下。

①UV 方向：用于指定构建新曲面的方向。

- 脊线：使用脊线定义新曲面的 V 方位。
- 矢量：使用矢量定义新曲面的 V 方位。
- 面积：用于创建连接边界曲线的新曲面。

②内部曲线：包括以下选项。

- 选择曲线：用于指定边界曲线。通过创建所连接边界曲线之间的片体，创建新的曲面。
- 指定原始曲线：用于在内部边界曲线集中指定原点曲线。
- 添加新集：用于指定内部边界曲线集。
- 列表：列出指定的内部曲线集。

③定义矩形：用于指定第一个和第二个对角点来定义新的 WCS 平面的矩形。

（5）形状控制：用于控制新曲面的连续性与平面度。

（6）修剪到边界：将曲面修剪到指定的边界曲线或边。

图 4-11　"N 边曲面"对话框

4.1.6　扫掠

扫掠可通过沿着一条、两条或三条引导线串扫掠一个或多个截面线串，从而创建实体或片体。它是扫掠中使用率最高的命令之一。执行扫掠命令，主要有以下两种方式。

①菜单：选择"菜单"→"插入"→"扫掠"命令。

②功能区：单击"曲面"选项卡"曲面"组中的"扫掠"按钮 。

执行上述操作后，弹出如图 4-12 所示的"扫掠"对话框，扫掠示意图如图 4-13 所示，"扫掠"对话框中的选项说明如下。

项目四　曲面建模

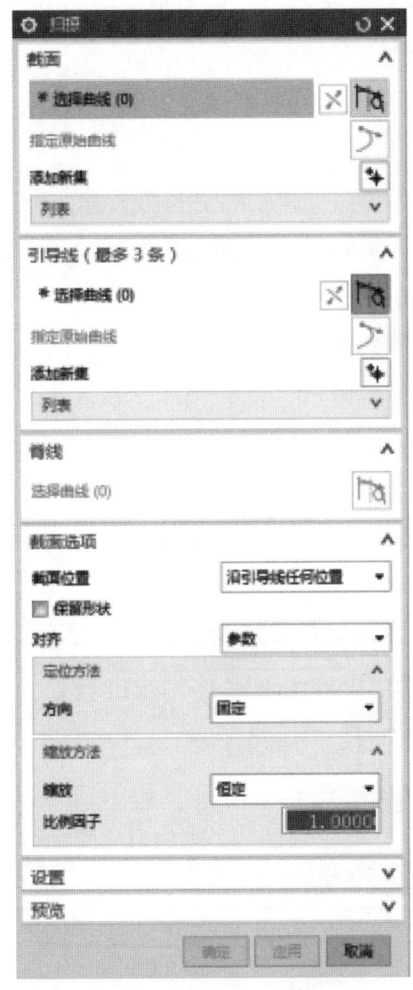

图 4-12　"扫掠"对话框　　　　图 4-13　"扫掠"示意图

（1）截面：部分选项说明如下。

①选择曲线：用于选择截面线串，可以多达 150 条。

②指定原始曲线：用于更改闭环中的原始曲线。

（2）引导线：选择多达 3 条线串来引导扫掠操作。

（3）脊线：可以控制截面线串的方位，并避免在导线上不均匀分布参数导致的变形。

（4）截面选项：部分选项说明如下。

①定位方法：在截面引导线移动时控制该截面的方位。

- 固定：在截面线串沿引导线移动时保持固定的方位，且结果是平行的或平移的简单扫掠。
- 面的法向：将局部坐标系的第二根轴与在引导线串长度上指定的矢量对齐。
- 矢量方向：可以将局部坐标系的第二根轴与在引导线串长度上指定的矢量对齐。

- 另一曲线：通过连接引导线上相应的点和其他曲线获取的局部坐标系的第二根轴来定向截面。
- 一个点：与"另一曲线"相似，不同之处在于获取第二根轴的方法是通过引导线串和点之间的三面直纹片体的等价物实现。
- 强制方向：用于在截面线串沿引导线串扫掠时通过矢量来固定剖切平面的方位。

②缩放方法：在截面沿引导线进行扫掠时，可以增大或减少该截面的大小。
- 恒定：指定沿整条引导线保持恒定的比例因子。
- 倒圆功能：在指定的起始与终止比例因子之间允许 3 次缩放。
- 面积规律：通过规律子函数来控制扫掠体的横截面积。

4.1.7 修剪片体

该功能用于将曲线、边、表面、基准平面作为边界，实现对片体的修剪。执行修剪片体命令，主要有以下两种方式。

①菜单：选择"菜单"→"插入"→"修剪"→"修剪片体"命令。

②功能区：单击"曲面"选项卡"曲面操作"组中的"修剪片体"按钮 。

执行上述操作后，弹出如图 4-14 所示的"修剪片体"对话框

图 4-14 "修剪片体"对话框

下面具体说明一下如何修剪片体。

1. 拉伸曲面

利用"圆弧"和"拉伸"命令，创建如图 4-15 所示的曲面。

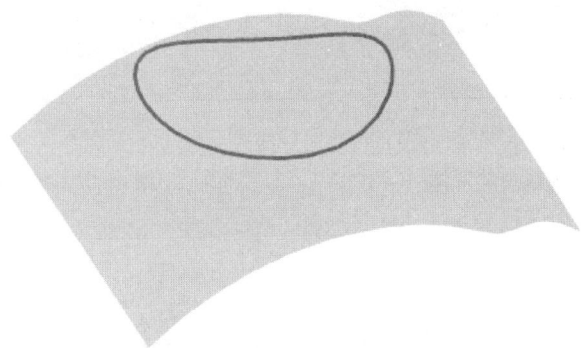

图 4-15　曲面

2. 创建修剪片体

（1）选择"菜单"→"插入"→"修剪"→"修剪片体"命令，打开"修剪片体"对话框。

（2）选择曲面为要修剪的片体（如图 4-16 所示），单击鼠标中键。

（3）选择要修剪的片体上的曲线为边界，如图 4-17 所示。

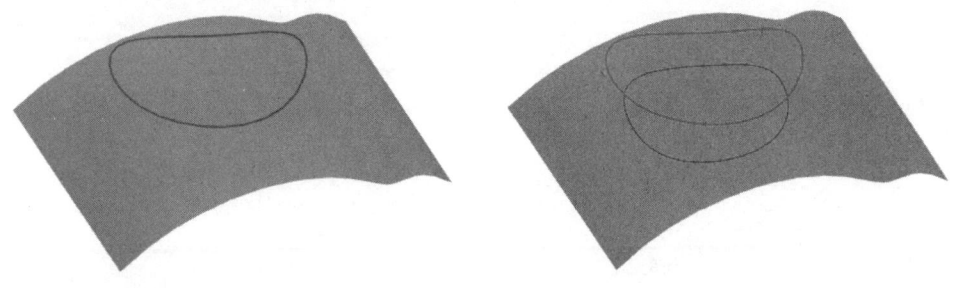

图 4-16　要修剪的片体　　　　　图 4-17　修剪边界

（4）"投影方向"设置为"垂直于面"；选中"保留"单选按钮，系统会将选择的区域保留下来；其余选项保持默认设置；单击"应用"按钮，生成修剪的片体，如图 4-18 所示。

（5）取消上面的操作，恢复到修剪前的状态。前 3 个步骤同上；在"区域"选项组中选中"放弃"单选按钮，系统会将选择的区域舍弃掉；然后单击"应用"按钮，生成修剪的片体，如图 4-19 所示。

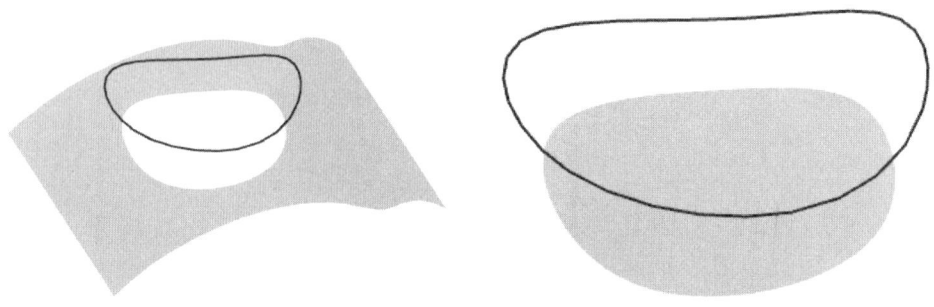

图 4-18 修剪的片体　　　　　　　图 4-19 修剪的片体

4.1.8　加厚

"加厚"命令可将一个或多个相连面或片体偏置为实体。加厚效果是通过将选定面沿着其法向进行偏置,然后创建侧壁而生成的。

单击"菜单"按钮,选择"插入"→"偏置/缩放"→"加厚"命令,或者单击"曲面"选项卡"曲面操作"下的"加厚"按钮 ,弹出如图 4-20 所示的"加厚"对话框。"加厚"对话框中的部分选项说明如下。

图 4-20　"加厚"对话框

（1）面：选择要"加厚"的面或片体，但是所选定的对象必须是相互连接的。

（2）厚度：分别有两个选项，偏置1和偏置2，为加厚特征设置一个或两个偏置。正偏置值应用于加厚方向，由显示的箭头表示，负值应用在负方向。

（3）Check-Mate：如果出现加厚片体错误，则该选项可用，会识别可能导致加厚片体操作失败的面。

（4）布尔：为加厚的体和目标体执行布尔特征。

①无：只创建加厚特征，不进行布尔特征。

②求和：将加厚特征体与目标特征合并在一起。

③求差：将加厚特征体从目标特征中移除。

④求交：将加厚特征体与目标体相交部分保留。

（5）设置："公差"选项为加厚操作设置距离公差。默认值取自距离公差建模首选项。

"加厚"命令可以将曲面加厚成一个实体。

（1）单击"菜单"按钮，选择"插入"→"偏置/缩放"→"加厚"命令，打开"加厚"对话框。

（2）选择如图4-21所示的曲面，然后在"厚度"中设置"偏置1"为"10"，如图4-22所示。

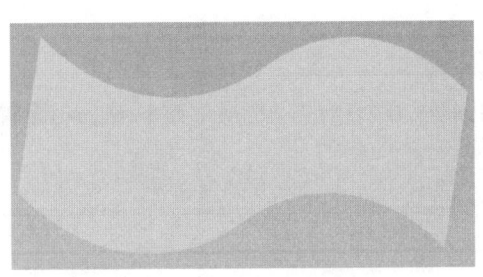

图4-21 要加厚的曲面

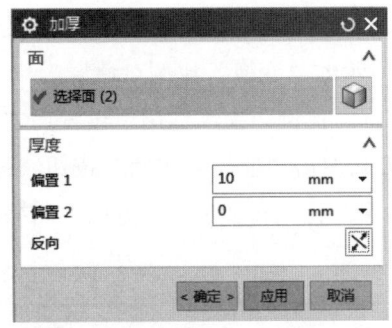

图4-22 "加厚"对话框

（3）在偏置过程中，可以单击"反向"按钮来调整偏置的方向。

（4）单击"确定"按钮，得到如图4-23所示的实体。

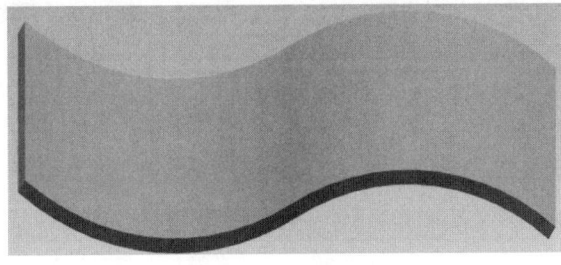

图4-23 加厚过曲面

4.1.9 对象变换

选择"菜单"→"编辑"→"变换"命令，弹出"类选择"对话框。选择要变换的对象，弹出如图 4-24 所示的"变换"对话框。

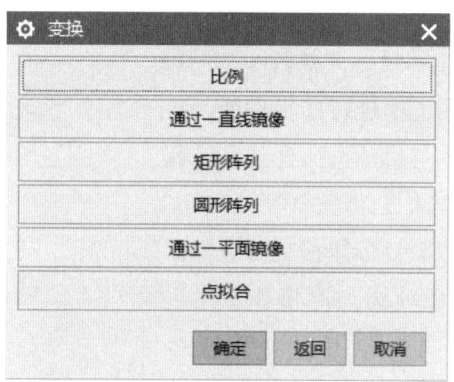

图 4-24 "变换"对话框

"变换"对话框部分选项说明如下。

1. 比例

该选项用于将选取的对象，相对于指定参考点成比例地缩放。选取的对象在参考点处不移动。选中该选项后，在系统弹出的"点"对话框中选择一个参考点后，系统弹出如图 4-25 所示的"变换"比例对话框。

（1）"比例"文本框用于设置均匀缩放。

（2）单击"非均匀比例"按钮，弹出如图 4-26 所示的"变换"对话框，可设置 XC-比例、YC-比例和 ZC-比例方向上的缩放比例。

图 4-25 "变换"比例对话框

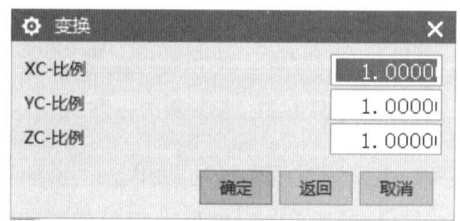

图 4-26 非均匀比例

2. 通过一直线镜像

该选项用于将选取的对象，相对于指定的参考直线做镜像。即在参考线的相反侧建立源对象的镜像。单击此按钮，弹出如图 4-27 所示"变换"对话框。

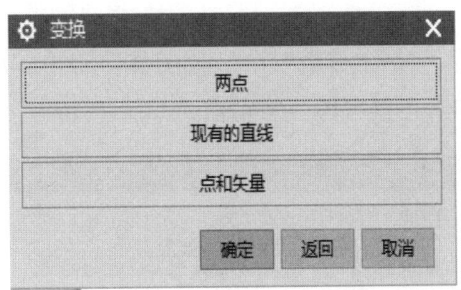

图 4-27 "变换"通过一直线镜像对话框

（1）两点：用于指定两点，两点的连线即为参考线。

（2）现有的直线：选择一条已有的直线（或实体边缘线）作为参考线。

（3）点和矢量：该选项用点构造器指定一点，其后在矢量构造器中指定一个矢量，通过指定点的矢量作为参考直线。

3. 矩形阵列

该选项用于将选取的对象，从指定的阵列原点开始，沿坐标系 XC 和 YC 方向（或指定的方位）建立一个等间距的矩形阵列。系统先将源对象从指定的参考点移动或复制到目标点（阵列原点），然后沿 XC、YC 方向建立阵列。单击此按钮，系统弹出如图 4-28 所示的"变换"矩形阵列对话框。

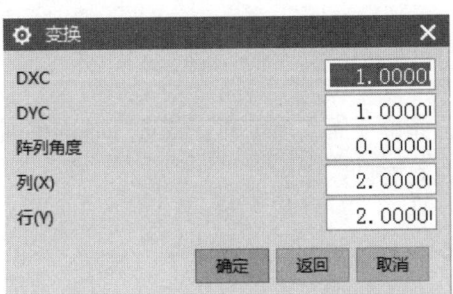

图 4-28 "变换"矩形阵列对话框

（1）DXC：该选项表示 XC 方向间距。

（2）DYC：该选项表示 YC 方向间距。

（3）阵列角度：指定阵列角度。

（4）列：指定阵列列数。

（5）行：指定阵列行数。

4.1.10 修剪体

修剪体是选取面、基准平面或其他的几何体来切割修剪一个或多个目标体，注意选择哪一侧要保留。

在菜单栏中选择"插入"→"修剪"→"修剪体"命令，或者在"特征"组中单击"修剪体"按钮，系统弹出"修剪体"对话框，如图4-29所示。

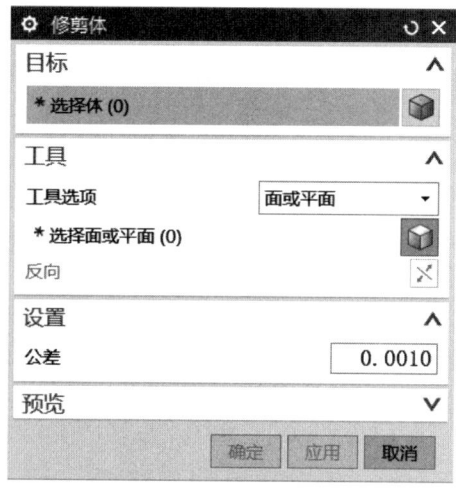

图4-29 "修剪体"对话框

使用"修剪体"工具在实体表面或片体表面修剪实体时，修剪面必须完全通过实体，否则不能对实体进行修剪。基准平面为没有边界的无穷面，实体必须垂直于基准平面。修剪体有以下要求。

①至少选择一个目标体
②可以从同一个体中选择单个面或多个面，或选择基准平面来修剪目标体。
③可以定义新的平面来修剪目标体。

4.1.11 移动对象

移动对象操作可以将选取的对象通过直接进行动态移动、点到点移动、距离、角度等方式移动到目标点。在菜单栏中选择"编辑"→"移动对象"命令，弹出"移动对象"对话框，如图4-30所示。移动对象的运动方式有多种，下面将详细讲解运动变换的方式。

（1）距离：距离是将选取的对象由原来的位置移动一定的距离到新的位置。需要指定移动的方向矢量和输入移动的距离。

（2）角度：角度是将选取的对象绕旋转轴旋转一定的角度。需要指定旋转矢量和枢轴点，并输入旋转角度。

（3）点之间距离：点之间距离是将选取的对象移动一段距离，此距离是通过选取的原点和测量点沿指定的矢量方向上的投影距离。它会在选取的原点和测量点处创建临时垂直于矢量的平面，两平面之间的距离即对象移动的距离。

（4）径向距离：径向距离是将选取的对象移动一段距离。需要选取轴点作为旋转中心，选取矢量作为旋转轴，选取测量点作为圆周上的点，测量点到轴点的径向距离即为半径，输入的移动距离是以轴点为基准，轴点指向测量点为移动方向进行移动。原对象移动的实际距离即输入的距离减去测量点到轴点的径向距离的差值。

（5）点到点：点到点使用户可以选取参考点和目标点，并将选取的对象从参考点移动到目标点，移动的距离即参考点到目标点的距离，方向即参考点指向目标点的方向。

（6）根据三点旋转：根据三点旋转是指定矢量和三个位于同平面内且垂直于矢量轴的参考点，分别是旋转中心点—枢轴点、参考点—起点、目标点—终点，则对象会以枢轴点为旋转中心，从参考点旋转到目标点。

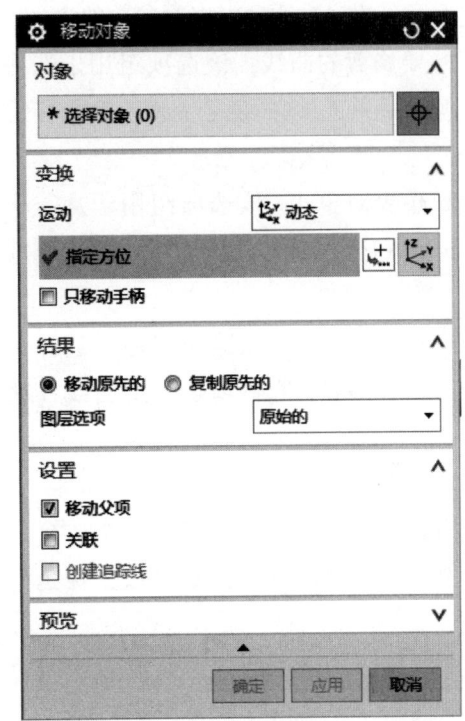

图 4-30 移动对象

（7）将轴与矢量对齐：将轴与矢量对齐是将选取的对象绕枢轴点旋转一定的角度。旋转中心为选取的枢轴点，并选取起始矢量和终止矢量，起始矢量和终止矢量之间的角度即旋转角度。

（8）CSYS 到 CSYS：CSYS 到 CSYS 是将选取的对象从一个坐标系移动到另外一个坐标系，移动的距离即坐标系之间的距离，移动的方向即起始坐标系指向终止坐标系的方向。

（9）动态：动态是将选取的对象直接拖动动态坐标系的原点和手柄，进行动态移动对象。

（10）增量 XYZ：增量 XYZ 是直接在移动对象对话框中输入 XYZ 距离值，这会将选取的对象相对于原始坐标移动一段距离，此距离是用户所输入的相对距离。

4.1.12 修剪曲线

选择"菜单"→"编辑"→"曲线"→"修剪"命令或单击"曲线"功能区"编辑曲线"组中的"修剪曲线"按钮 ，弹出如图 4-31 所示的"修剪曲线"对话框。

下面介绍该对话框中主要参数的含义。

1. 要修剪的曲线：该选项组用于选择要修剪的一条或多条曲线（此步骤是必需的）。

2. 边界对象 1：该选项组用于从工作区中选择一串对象作为边界 1，沿着它修剪曲线。

3. 边界对象 2：该选项组用于选择第二边界线串，沿着它修剪选中的曲线（此步骤是可选的）。

4. 设置

（1）曲线延伸：如果修剪一个要延伸到所选边界对象的样条，则可以选择延伸的形状。

①自然：从样条的端点沿其自然路径进行延伸。

②区线性：将样条从其任一端点延伸到边界对象，样条的延伸部分呈直线。

③圆形：将样条从其端点延伸到边界对象，样条的延伸部分是圆弧形的。

图 4-31 "修剪曲线"对话框

④无：对任何类型的曲线都不执行延伸。

（2）关联：选中该复选框，可以使输出的修剪曲线具有关联性，即修剪后会生成一个 TRIM_CURVE 特征（与原始曲线完全相同的、关联的且经过修剪的副本），而原始曲线会变为虚线，以便能够清楚地区别于修剪后的关联副本。如果输入的参数改变，则关联的修剪曲线会自动更新。

（3）输入曲线：用于指定输入曲线的被修剪部分处于何种状态。

①隐藏：意味着输入曲线被渲染成不可见。

②保持：意味着输入曲线不受修剪曲线操作的影响，被"保持"在它们的初始状态。

③删除：意味着通过修剪曲线操作把输入曲线从模型中删除。

④替换：意味着输入曲线被已修剪的曲线替换或"交换"。当使用"替换"时，原始曲线的子特征成为已修剪曲线的子特征。

任务二　灯罩曲面建模

本任务用于创建灯罩，如图 4-32 所示。任务采用基本曲线和样条曲线，通过变换操作生成曲线，然后生成面。

1. 创建新文件

选择"文件"→"新建"命令或单击"快速访问"工具栏中的"新建"按钮 ，弹出"新建"对话框。在"模板"选项组中选择"模型"，在"名称"文本框中输入"灯罩"，单击"确定"按钮，进入建模环境。

2. 创建直线

（1）选择"菜单"→"插入"→"曲线"→"直线"命令或单击"曲线"选项卡"曲线"面组上的"直线"按钮 ，弹出"直线"对话框，如图 4-33 所示。

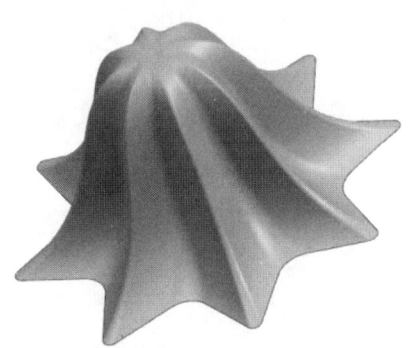

图 4-32　曲面灯罩三维建模

（2）在"起点选项"下拉列表中选择"点" ，在弹出的坐标对话框中输入（75, 0, 0），按 Enter（回车键），确定线段起始点。

（3）在"终点选项"下拉列表中选择"点" ，在弹出的坐标对话框中输入（30, 25, 0），按 Enter（回车键），确定线段终点。单击"应用"按钮，完成线段的创建。

（4）重复上述步骤建立起点为（75, 0, 0）、终点为（30, 25, 0）的直线段。生成的曲线段如图 4-34 所示。

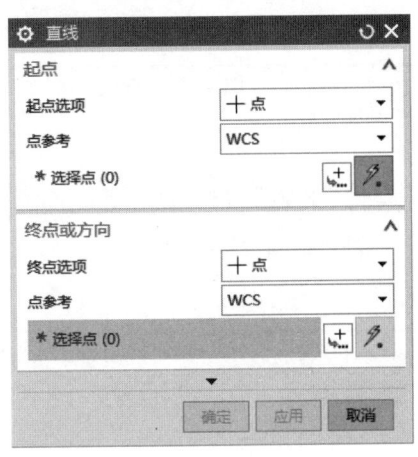

图 4-33　"直线"对话框

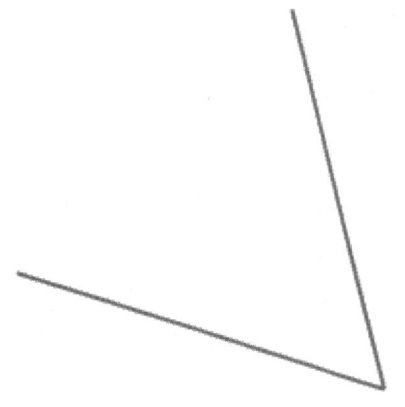

图 4-34　生成的曲线段

3. 移动对象

（1）选择"菜单"→"编辑"→"移动对象"命令，弹出如图4-35所示的"移动对象"对话框，选择屏幕中两条曲线为移动对象。

（2）在"运动"下拉列表中选择"角度"，在"指定矢量"下拉列表中选择 ZC（ZC轴）。单击"点对话框"按钮，在弹出的"点"对话框中设置坐标为（0，0，0），单击"确定"按钮。

（3）返回"移动对象"对话框，设置"角度"为"45"，选中"复制原先的"单选按钮，在"非关联副本数"文本框中输入"7"，单击"确定"按钮，生成的曲线如图4-36所示。

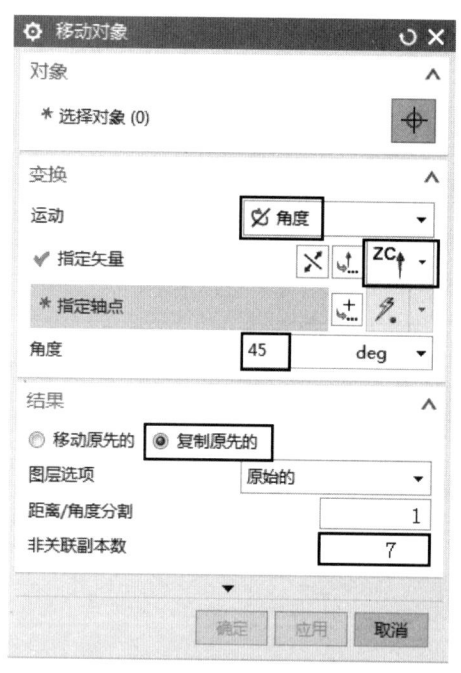

图4-35 "移动对象"对话框

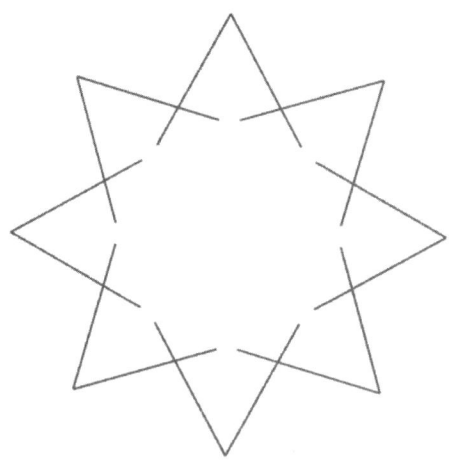

图4-36 曲线

4. 裁剪操作

（1）选择"菜单"→"编辑"→"曲线"→"修剪"命令或单击"曲线"选项卡"编辑曲线"面组上的"修剪曲线"按钮，弹出如图4-37所示的"修剪曲线"对话框。

（2）分别选择裁剪边界和裁剪对象，在"输入曲线"下拉列表中选择"隐藏"，单击"确定"按钮，完成裁剪操作，如图4-38所示。

项目四 曲面建模

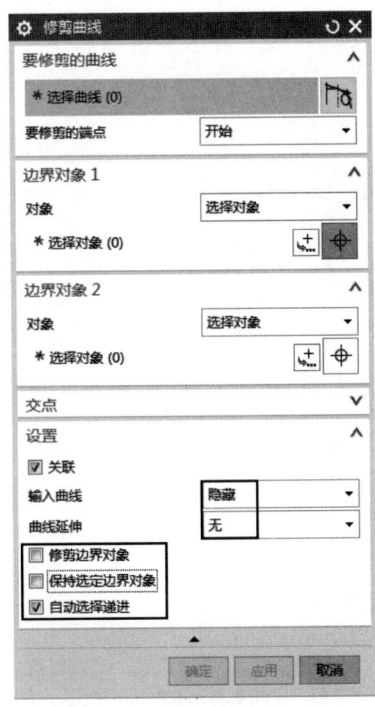

图 4-37 "修剪曲线"对话框　　　　图 4-38 修剪后的曲线

5. 简单倒圆

（1）选择"菜单"→"插入"→"曲线"→"基本曲线"命令，弹出"基本曲线"对话框。

（2）单击"圆角"按钮，弹出如图 4-39 所示的"曲线倒圆"对话框。在"半径"文本框中输入"10"，选择各钝角（注意选择点靠近角外侧一边），完成倒圆操作，如图 4-40 所示。

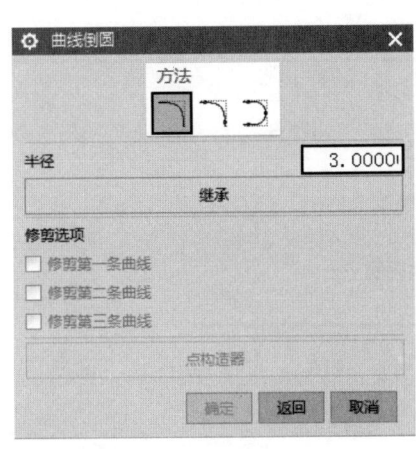

图 4-39 "曲线倒圆"对话框　　　　图 4-40 钝角倒圆

— 131 —

(3) 在"半径"文本框中输入"3",选择各锐角,单击"取消"按钮,关闭对话框,生成的图形如图 4-41 所示。

图 4-41　倒圆角后的曲线

6. 创建圆弧

(1) 选择"菜单"→"插入"→"曲线"→"基本曲线"命令,弹出"基本曲线"对话框。

(2) 单击"圆"按钮○,在"点方法"下拉列表框中选择"点构造器"，弹出"点"对话框。输入圆心坐标(0,0,20),单击"确定"按钮。设置圆弧上的点为(45,0,20),单击"确定"按钮,完成圆弧 1 的创建。

(3) 重复上述步骤,创建圆心分别位于(0,0,40)、(0,0,60),半径分别为 35、25 的圆弧 2 和圆弧 3,如图 4-42 所示。

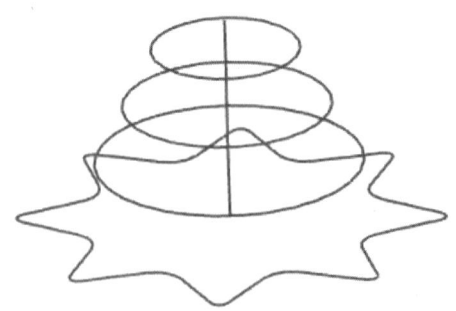

图 4-42　创建圆弧

7. 创建直线

(1) 选择"菜单"→"插入"→"曲线"→"直线"命令或单击"曲线"选项卡"曲线"面组上的"直线"按钮，弹出"直线"对话框。

(2) 在"起点选项"下拉列表中选择"点"，在弹出的坐标对话框中输入(0,

0,0),按 Enter（回车键），确定线段起始点。

（3）在"终点选项"下拉列表中选择"点"＋，在弹出的坐标对话框中输入（0,0,70），按 Enter（回车键），确定线段终点。单击"确定"按钮，完成线段的创建。

8. 创建艺术曲线

（1）选择"菜单"→"插入"→"曲线"→"艺术样条"命令，或单击"曲线"选项卡"曲线"面组上的"艺术样条"按钮，弹出如图 4-43 所示的"艺术样条"对话框。

（2）在对话框中选择"通过点"类型，在"次数"文本框中输入"3"。

（3）在"选择条"中选择"象限点"，按顺序分别选择星形图形中的各圆角和步骤 6 生成的 3 个圆弧（注意选择时使各圆弧象限点保持在同一平面内）。在"选择条"中选择"端点"，选择直线端点，单击"确定"按钮，生成的图形如图 4-44 所示。

图 4-43 "艺术样条"对话框

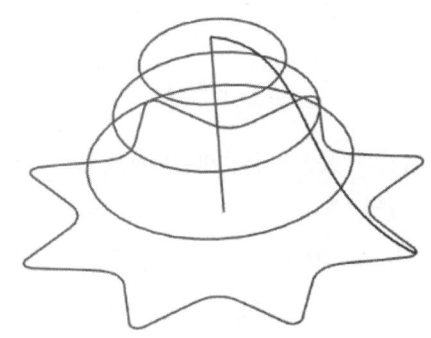

图 4-44 样条曲线 1

9. 移动对象

（1）选择"菜单"→"编辑"→"移动对象"命令，或单击"工具"选项卡"实用程序"面组上的"移动对象"按钮，弹出"移动对象"对话框，选择步骤 8 创建的样条曲线 1 为移动对象。

（2）在"运动"下拉列表中选择"角度"，在"指定矢量"下拉列表中选择 ZC。单击"点对话框"按钮，在弹出的"点"对话框中设置坐标为（0,0,0），单击"确定"按钮。

（3）返回"移动对象"对话框，设置"角度"为"45"，选中"复制原先的"单选按钮，在"非关联副本数"文本框中输入"7"，单击"确定"按钮，生成的曲线如图 4-45 所示。

10. 曲线成面

（1）选择"菜单"→"插入"→"扫掠"命令或单击"曲面"选项卡"曲面"面组上的"扫掠"按钮，弹出如图 4-46 所示的"扫掠"对话框。

图 4-45 复制样条曲线

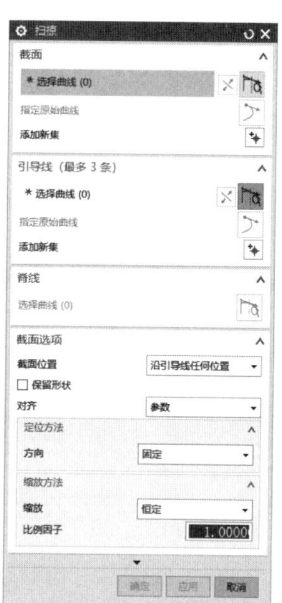

图 4-46 "扫掠"对话框

（2）选择步骤 5 创建的曲线为截面。

（3）选择样条曲线 1 为引导线，单击鼠标中键或"添加新集"；选择样条曲线 2 为引导线 2，单击鼠标中键或"添加新集"；选择样条曲线 4 为引导线 3，如图 4-47 所示。单击"确定"按钮，生成模型如图 4-48 所示。

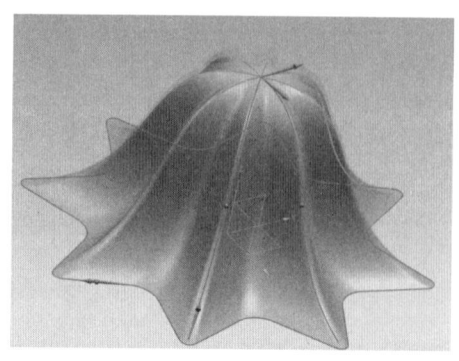

图 4-47 选取曲线

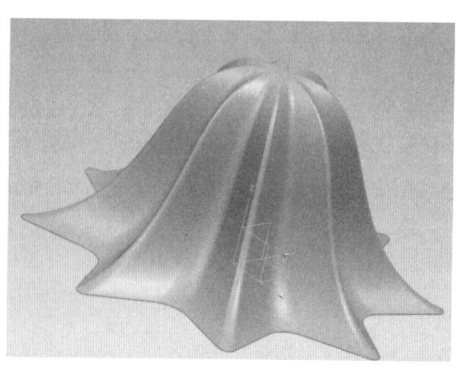

图 4-48 模型

11. 隐藏操作

(1) 选择"菜单"→"编辑"→"显示和隐藏"→"隐藏"命令,弹出如图 4-49 所示的"类选择"对话框。

(2) 选择步骤 10 创建的模型,单击"确定"按钮,完成隐藏实体模型的操作,如图 4-50 所示。

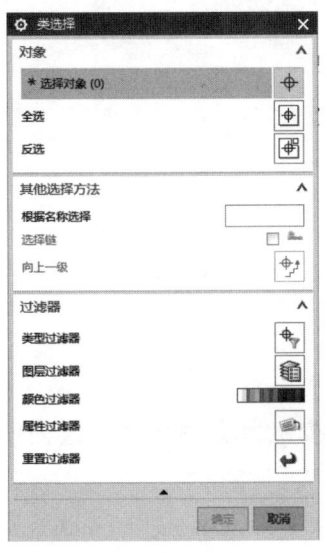
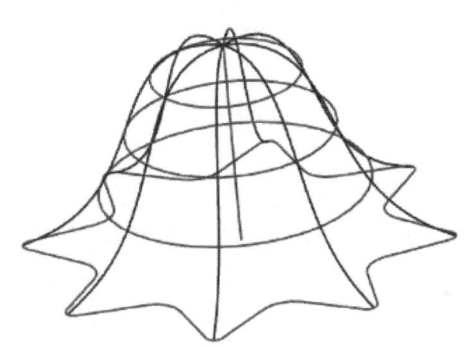

图 4-49 "类选择"对话框　　　　图 4-50 隐藏实体

12. 缩小曲线

(1) 选择"菜单"→"编辑"→"变换"命令,弹出"变换"对话框。

(2) 选择屏幕中的所有曲线,单击"确定"按钮,弹出"变换"(类型选择)对话框,如图 4-51 所示。单击"比例"按钮,弹出"点"对话框,从中输入坐标(0,0,0),单击"确定"按钮。

(3) 弹出"变换"(比例参数)对话框,如图 4-52 所示。在"比例"文本框中输入 0.95,单击"确定"按钮。

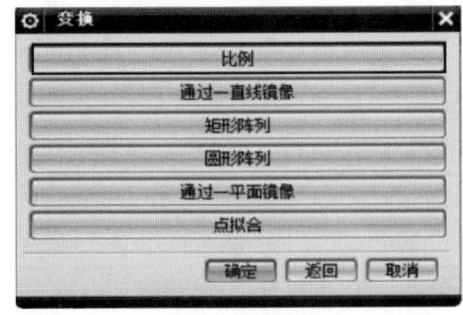

图 4-51 "变换"(类型选择)对话框　　　图 4-52 "变换"(比例参数)对话框

(1)弹出"变换"(操作)对话框,如图4-53所示。单击"复制"按钮,完成同比例缩小各曲线的操作,如图4-54所示。

图4-53 "变换"(操作)对话框

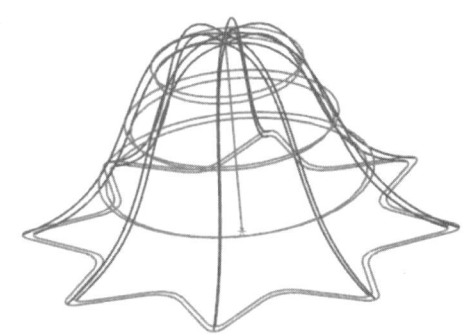

图4-54 缩小曲线

13. 曲线成面

(1)选择"菜单"→"插入"→"网格曲面"→"通过曲线网格"命令或单击"曲面"选项卡"曲面"面组上的"通过曲线网格"按钮,弹出"通过曲线网格"对话框。

(2)选择步骤12缩小曲线的底面曲线为第一主曲线,单击"添加新集"按钮 或单击鼠标中键,选择直线为第二主曲线,并单击鼠标中键。

(3)选择样条曲线1为交叉曲线1,单击鼠标中键;选择样条曲线2为交叉曲线2,单击鼠标中键;然后依次选择,当提示选择第九条交叉曲线时,重新选择样条曲线1,并单击鼠标中键。单击"确定"按钮,生成的模型如图4-55所示。

14. 布尔运算

(1)在部件导航器中选择"通过曲线网格(4)",单击鼠标右键,在弹出的快捷菜单中选择"显示"命令(如图4-56所示),显示出曲面1。

图4-55 曲线成面

图4-56 快捷菜单

（2）选择"菜单"→"插入"→"组合"→"减去"命令或单击"主页"选项卡"特征"面组上的"减去"按钮，弹出如图4-57所示"求差"对话框。

（3）选择曲面1为目标体，选择曲面2为刀具，单击"确定"按钮，生成的灯罩如图4-58所示。

图4-57 "求差"对话框

图4-58 灯罩模型

任务三 咖啡壶曲面建模

本任务将创建咖啡壶，如图4-59所示。首先利用通过曲线网格绘制壶身，然后利用N边曲面命令绘制壶底，最后绘制壶把。

1. 新建文件

选择"文件"→"新建"命令或单击"快速访问"工具栏中的"新建"按钮，弹出"新建"对话框。在"模板"选项组中选择"模型"，在"名称"文本框中输入"咖啡壶"，单击"确定"按钮，进入建模环境。

2. 创建圆

（1）选择"菜单"→"插入"→"曲线"→"基本曲线"命令，系统弹出如图4-60所示的"基本曲线"对话框。

图4-59 咖啡壶

（2）单击"圆"按钮，在"点方法"下拉菜单中选择点构造器，弹出"点"对话框，输入圆心点（0，0，0），单击"确定"按钮。系统提示选择对象以自动判断点，输入（100，0，0），单击"确定"按钮完成圆1的创建。

（3）按照上面的步骤创建圆心为（0，0，-100），半径为70的圆2；圆心为（0，0，-200），半径为100的圆3；圆心为（0，0，-300），半径为70的圆4；圆心为（115，0，0），半径为5的圆5。生成的曲线模型如图4-61所示。

图4-60 "基本曲线"对话框

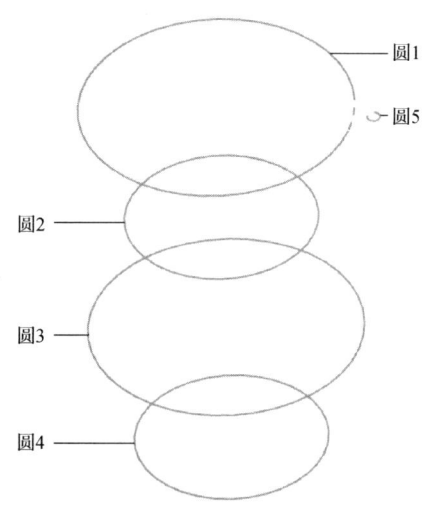

图4-61 曲线模型

3. 创建圆角

（1）选择"菜单"→"插入"→"曲线"→"基本曲线"命令，系统弹出"基本曲线"对话框。

（2）单击"圆角"按钮，系统弹出"曲线倒圆"对话框，如图4-62所示。

（3）单击"曲线倒圆"按钮，半径为15，取消"修剪第一条曲线"和"修剪第二条曲线"复选框的勾选，分别选择圆1和圆5倒圆角，生成的曲线模型如图4-63所示。

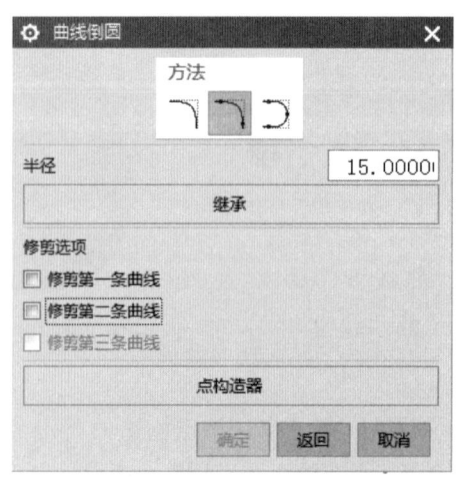

图4-62 "曲线倒圆"对话框

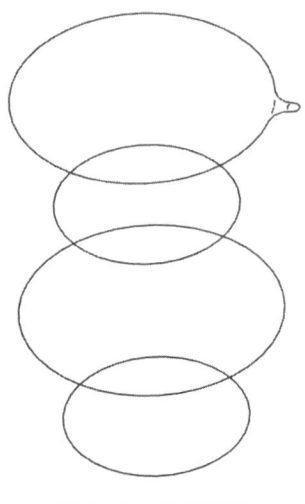

图4-63 曲线模型

4. 修剪曲线

（1）选择"菜单"→"编辑"→"曲线"→"修剪"命令或单击"曲线"选项卡"编辑曲线"面组上的"修剪曲线"按钮 ，系统弹出"修剪曲线"对话框，如图 4-64 所示。

（2）选择要修剪的曲线为圆 5，边界对象 1 和边界曲线 2 分别为圆角 1 和圆角 2，单击"确定"按钮完成对圆 5 的修剪。

（3）按照上面的步骤，选择要修剪的曲线为圆 1，边界对象 1 和边界对象 2 分别为圆角 1 和圆角 2，单击"确定"完成对圆 1 的修剪。生成的曲线模型如图 4-65 所示。

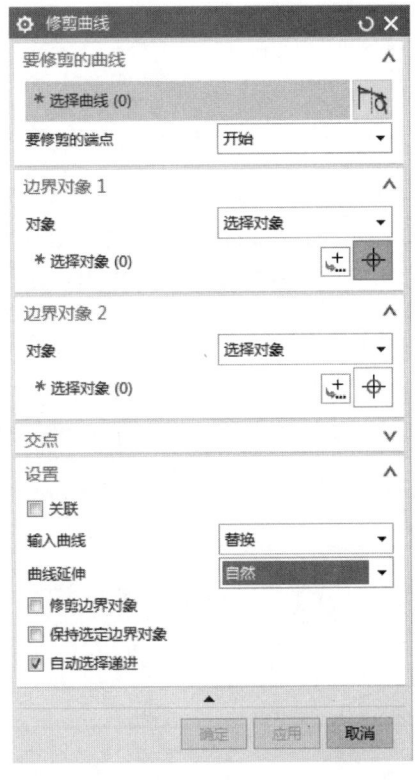 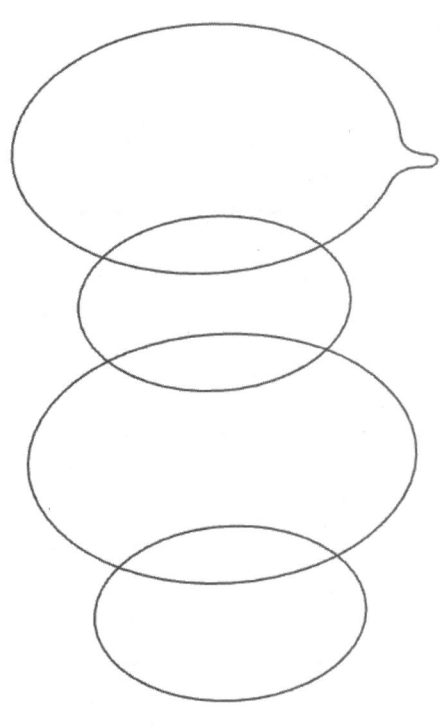

图 4-64　"修剪曲线"对话框　　　　图 4-65　曲线模型

5. 创建艺术样条

（1）选择"菜单"→"插入"→"曲线"→"艺术样条"命令，或单击"曲线"选项卡"曲线"面组上的"艺术样条"按钮 ，系统弹出如图 4-66 所示的"艺术样条"对话框。

（2）选择"通过点"类型，次数为 3，选择通过的点，第 1 点为圆 4 的圆心。第 2、3、4、5 点分别为圆 4、圆 3、圆 2、圆 1 的象限点，单击"确定"按钮生成样条 1，如图 4-67 所示。

图 4-66 "艺术样条"对话框

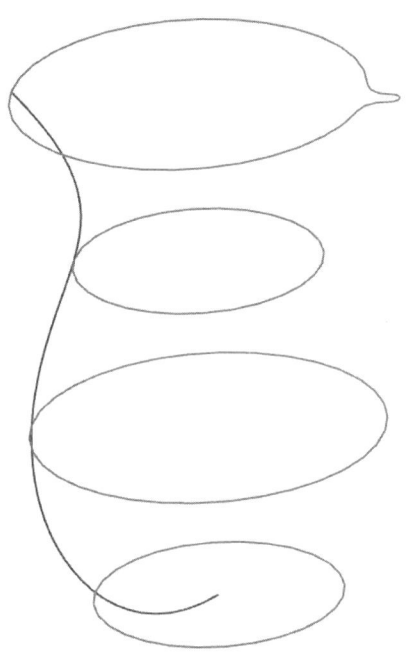

图 4-67 创建样条 1

（3）采用上面相同的方法构建样条 2，第 1 点为圆 4 的圆心。第 2、3、4、5 点分别为圆 4、圆 3、圆 2、圆 5 的象限点。单击"确定"按钮生成样条 2，生成的曲线模型如图 4-68 所示。

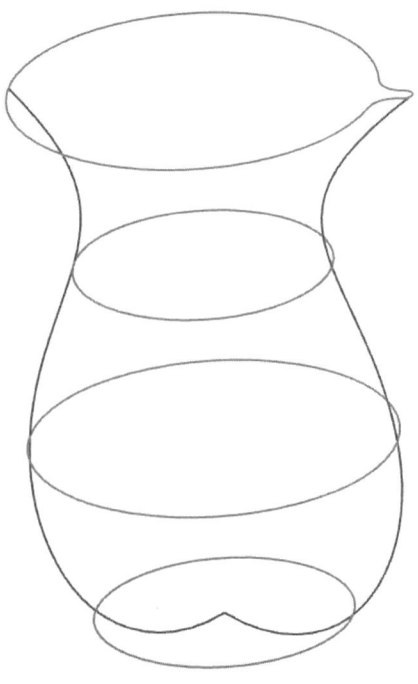

图 4-68 创建样条 2

6. 创建通过曲线网格曲面

（1）选择"菜单"→"插入"→"网格曲面"→"通过曲线网格"命令或单击"曲面"选项卡"曲面"面组上的"通过曲线网格"按钮 ，系统弹出如图 4-69 所示的"通过曲线网格"对话框。

（2）依次选取（和添加新集）圆 4、圆 3、圆 2、圆 1 为主线串，选择（和添加新集）样条曲线 1、样条曲线 2、样条曲线 1 为交叉线串，设置体类型为"片体"，其余选项保持默认状态，单击"确定"按钮生成曲面，如图 4-70 所示。

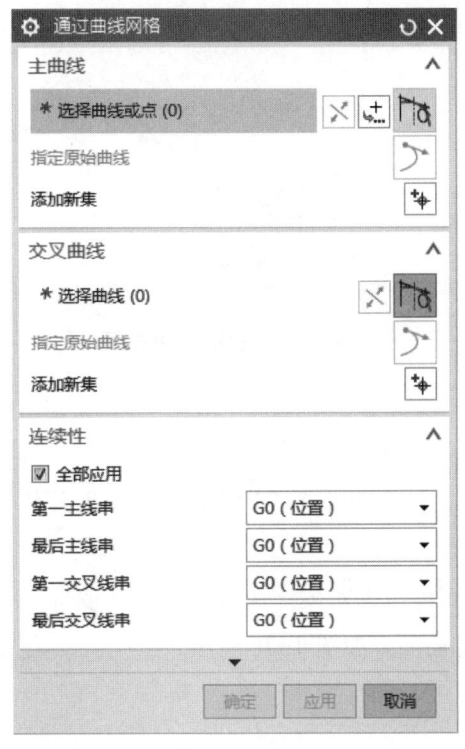
图 4-69　"通过曲线网格"对话框

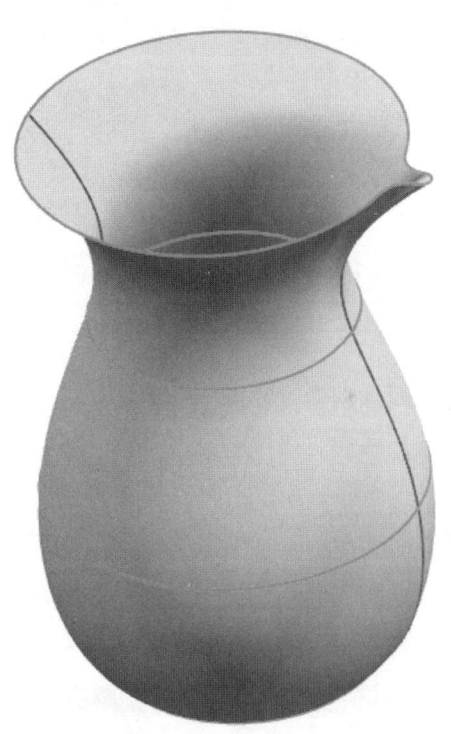
图 4-70　曲面模型

7. 创建 N 边曲面

（1）选择"菜单"→"插入"→"网格曲面"→"N 边曲面"命令，系统弹出如图 4-71 所示的"N 边曲面"对话框。

（2）选取类型为"已修剪"，选择外部环为圆 4，其余选项保持默认状态，单击"确定"按钮生成底部曲面，如图 4-72 所示。

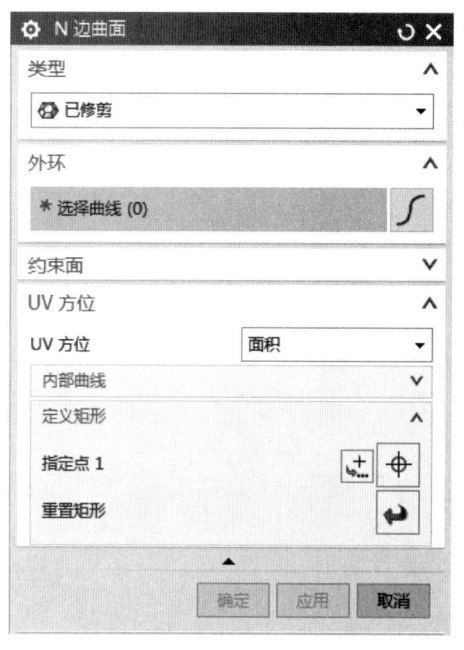

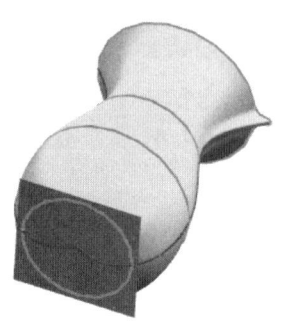

图 4-71 "N 边曲面"对话框　　图 4-72 创建 N 边曲面

8. 修剪曲面

（1）选择"菜单"→"插入"→"修剪"→"修剪片体"命令，或者单击"曲面"选项卡"曲面"面组上的"修剪片体"按钮，弹出如图 4-73 所示的"修剪片体"对话框。

（2）选择 N 边曲面为目标体，选择网格曲线为边界对象，选择"放弃"选项，其余选项保持默认状态，单击"确定"按钮生成底部曲面，如图 4-74 所示。

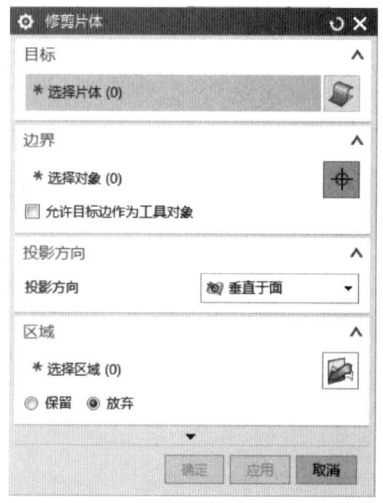

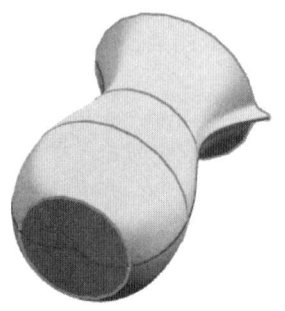

图 4-73 "修剪片体"对话框　　图 4-74 修剪曲面

9. 创建加厚曲面

（1）选择"菜单"→"插入"→"偏置/缩放"→"加厚"命令，或单击"曲面"选项卡"曲面工序"面组上的"加厚"按钮，系统弹出如图4-75所示的"加厚"对话框。

（2）选择网格曲面和N边曲面为加厚面，"偏置1"设置为2，"偏置2"设置为0，检查是否"反向"，确保加厚方向朝外，如图4-75所示，单击"确定"按钮生成模型。

10. 隐藏曲面

（1）选择"菜单"→"编辑"→"显示和隐藏"→"隐藏"命令，系统弹出"类选择"对话框。单击"类型过滤器"按钮，系统弹出"按类型选择"对话框。

（2）选择"曲线"和"片体"选项，单击"确定"按钮，单击"全选"按钮。单击"确定"按钮，片体和曲线被隐藏，模型如图4-76所示。

图4-75 "加厚"对话框

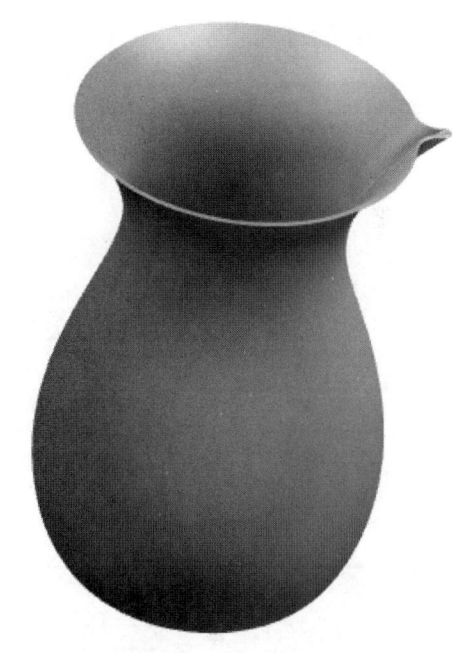

图4-76 曲面模型

11. 改变WCS

（1）选择"菜单"→"格式"→"WCS"→"旋转"命令，弹出如图4-77所示的"旋转WCS绕…"对话框。

（2）选择"+XC轴：YC→ZC"选项，输入角度为"90"，单击"确定"按钮，将绕XC轴，旋转YC轴到ZC轴，新坐标系位置如图4-78所示。

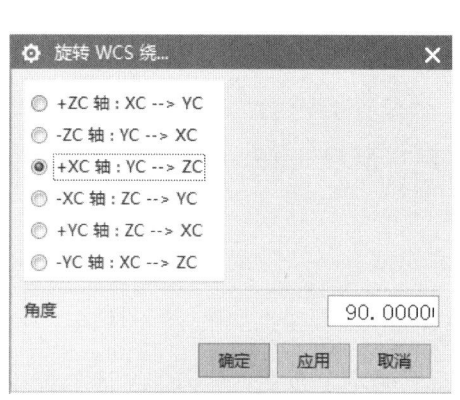
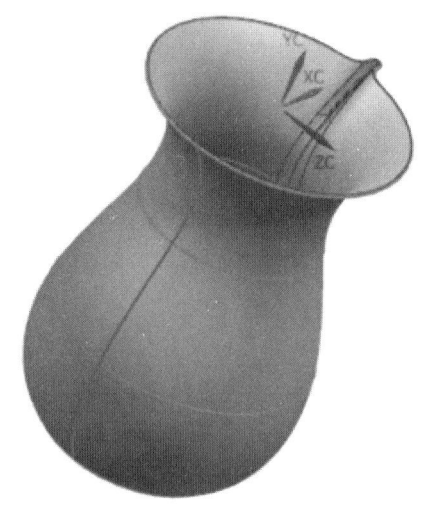

图 4-77 "旋转 WCS 绕…"对话框　　　　图 4-78 旋转坐标系

12. 创建样条曲线

（1）选择"菜单"→"插入"→"曲线"→"艺术样条"命令，或单击"曲线"选项卡"曲线"面组上的"艺术样条"按钮，系统弹出如图 4-79 所示的"艺术样条"对话框。

（2）单击"点构造器"按钮，弹出"点"对话框，输入样条通过点，分别为 (50，-48，0)、(-98，-48，0)、(-167，77，0)、(-211，-120，0)、(-238，-188，0)。

（3）在对话框中保持系统默认状态，单击"确定"按钮生成样条曲线。生成的曲线模型如图 4-80 所示。

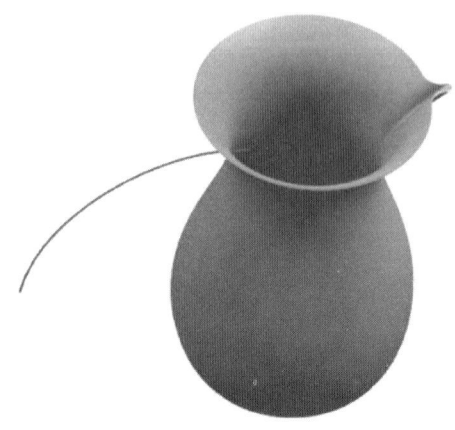

图 4-79 "艺术样条"对话框　　　　图 4-80 曲线模型

13. 改变 WCS

（1）选择"菜单"→"格式"→"WCS"→"原点"命令，弹出"点"对话框，捕捉壶把手样条曲线端点，将坐标系移动到样条曲线端点。

（2）选择"菜单"→"格式"→"WCS"→"旋转"命令，弹出对话框选择 ⦿-YC轴：XC --> ZC 选项，输入角度为90，单击"确定"按钮，绕 YC 轴，旋转 XC 轴到 ZC 轴，新坐标系位置如图4-81所示。

14. 创建圆

（1）选择"菜单"→"插入"→"曲线"→"基本曲线"命令，系统弹出"基本曲线"对话框。

（2）单击"圆"按钮○，在"点方法"下拉菜单中选择"点构造器"，系统弹出"点"对话框，"输出坐标"下拉菜单选择"MCS"，输入圆中心点（0，0，0），单击"确定"按钮。

（3）系统提示选择对象以自动判断点，输入（16，0，0），单击"确定"按钮完成圆6的创建，如图4-82所示。

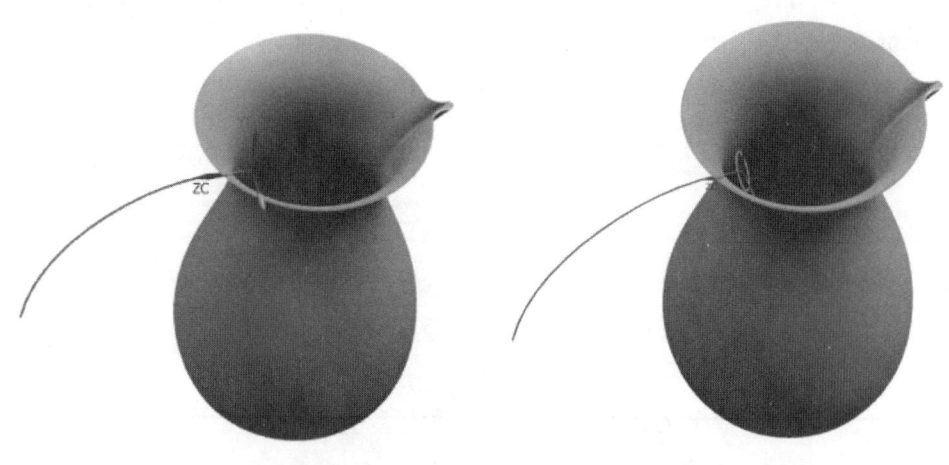

图 4-81 坐标模型　　　　　　图 4-82 创建圆

15. 创建壶把手实体模型

（1）选择"菜单"→"插入"→"扫掠"→"沿引导线扫掠"命令，系统弹出如图4-83所示的"沿引导线扫掠"对话框。

（2）选择圆6为截面线，选择壶把手样条曲线为引导线，在"第一偏置"和"第二偏置"文本框中分别输入0，单击"确定"按钮，生成的模型如图4-84所示。

图 4-83 "沿引导线扫掠"对话框

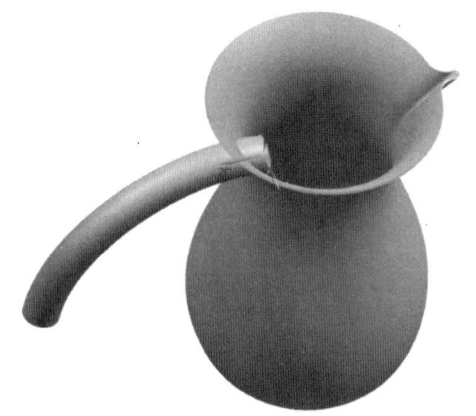

图 4-84 扫掠体

16. 隐藏曲线

(1) 选择"菜单"→"编辑"→"显示和隐藏"→"隐藏"命令,系统弹出"类选择"对话框。

(2) 单击"类型过滤器"按钮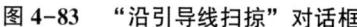,系统弹出"按类型选择"对话框,选择"曲线"单击"确定"按钮,单击"全选"按钮。单击"确定"按钮,曲线被隐藏,如图 4-85 所示。

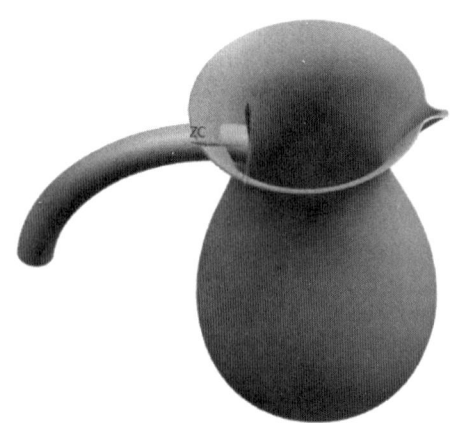

图 4-85 显示实体

17. 修剪体

(1) 选择"菜单"→"插入"→"修剪"→"修剪和延伸"命令,系统弹出如图

4-86所示的"修剪和延伸"对话框。

（2）首先选取目标体，选择扫掠实体壶把手，单击鼠标中键，进入工具的选取，选择咖啡壶外表面，单击"确定"按钮，生成的模型如图4-87所示。

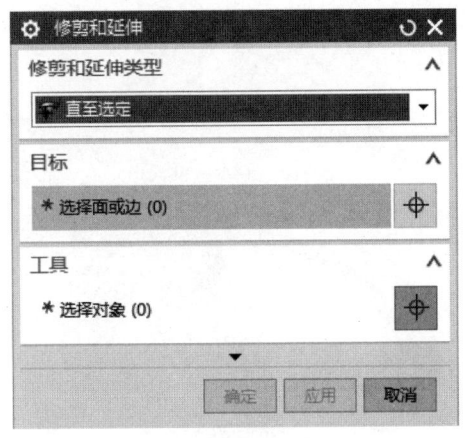

图4-86 "修剪体"对话框

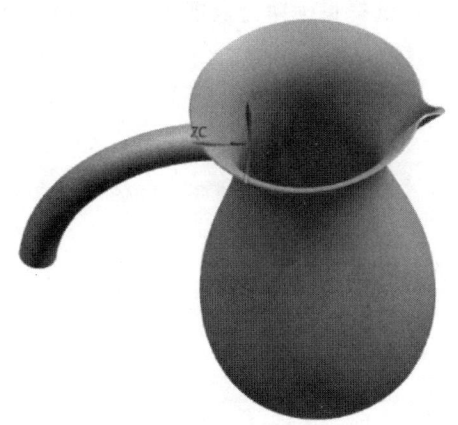

图4-87 模型

18. 创建球体

（1）选择"菜单"→"插入"→"设计特征"→"球"命令或者单击"主页"选项卡"特征"面组上的"球"按钮，系统弹出如图4-88所示的"球"对话框。选择"中心点和直径"类型，输入直径为32。

（2）单击"点对话框"按钮，弹出"点"对话框，输入圆心为（0，-140m，188），连续单击"确定"按钮。

图4-88 "球"对话框

19. 合并操作

（1）选择"菜单"→"插入"→"组合"→"合并"命令或单击"主页"选项卡"特征"面组上的"合并"按钮，系统弹出如图 4-89 所示的"合并"对话框。

（2）选择目标体为壶把手实体，选择工具体为球实体和壶实体，单击"确定"按钮，生成的模型如图 4-90 所示。

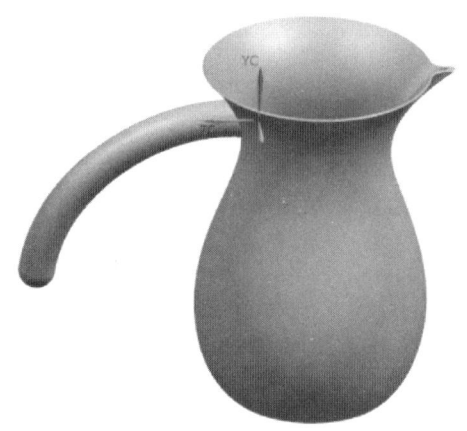

图 4-89　"合并"对话框　　　　图 4-90　最终模型

课后练习

上机题：完成以下模型的绘制。

（1）在 UG NX 12.0 中，建立如图 4-91 所示模型。

（2）在 UG NX 12.0 中，建立如图 4-92 所示模型。

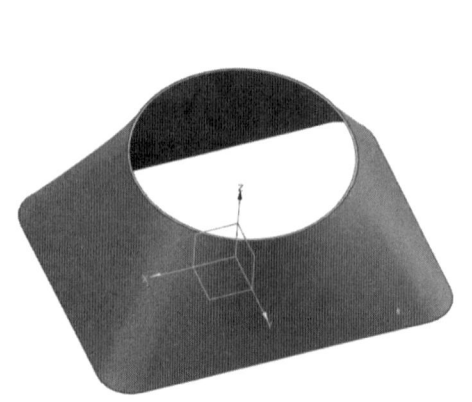

图 4-91　练习 1　　　　　　图 4-92　练习 2

（3）在 UG NX 12.0 中，建立如图 4-93 所示模型。

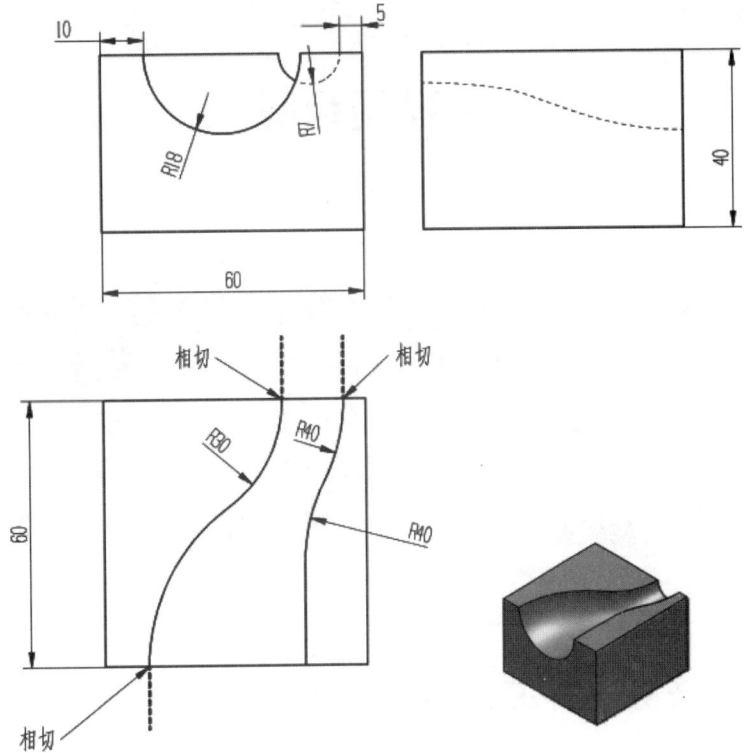

图 4-93　练习 3

（4）在 UG NX 12.0 中，建立如图 4-94 所示模型。

（5）在 UG NX 12.0 中，建立如图 4-95 所示模型。

图 4-94　练习 4

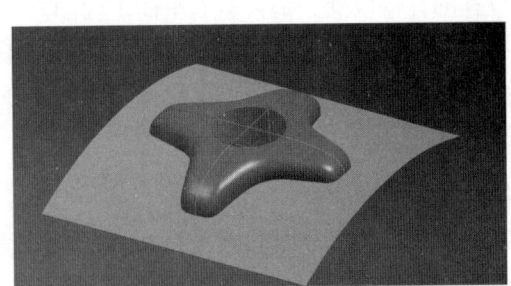

图 4-95　练习 5

工程图绘制

学习目标

①掌握零部件的装配及装配约束的建立；
②掌握工程图各个视图的创建方法；
③掌握工程图公差的标注方法，学会添加各种基准符号、表面粗糙度、文字注释；
④掌握工程图的尺寸标注、符号标注及技术要求等操作方法。

任务一　工程图基本概念及命令学习

5.1.1　工程图基本概念

UG NX 12.0 实体建模功能创建的零件和装配模型，可以引用到工程图功能中，快速的生成二维工程图。由于 UG NX 12.0 的工程图功能是基于创建三维实体模型的二维投影所得到的二维工程图，因此，工程图与三维实体模型是完全关联的，实体模型的尺寸、形状和位置的任何改变，都会引起平面工程图的相应更新（更新过程可由用户控制）。

UG NX 12.0 的工程图功能可以在图纸中创建多个二维视图，还可以创建各种复杂的剖视图等，其中的视图标注功能可自动标注在建立模型时已设置的尺寸特征、形位公差和其他符号标注。

1. 进入工程图环境

以下主要介绍工程图的应用及如何进入工程图环境。

（1）工程图一般可实现如下功能

①对于任何一个三维模型，可以根据不同的需要，使用不同的投影方法、不同的图幅尺寸以及不同的视图比例建立模型视图、局部放大视图、剖视图等各种视图；各种视图能自动对齐；完全相关的各种剖视图能自动生成剖面线并控制隐藏线的显示。

②可半自动对平面工程图进行各种标注，且标注对象与基于它们所创建的视图对象相

关，当模型和视图对象变化时，各种相关的标注都会自动更新。标注的建立与编辑方式基本相同，其过程也是即时反馈的，使得标注更容易和有效。

③可在工程图中加入文字说明、标题栏、明细栏等注释。系统提供了多种绘图模板，也可自定义模板，使标号参数的设置更容易、方便和有效。

④可用打印机或绘图仪输出工程图。

⑤拥有更直观、更易用的图形用户接口，使得图纸的建立更加容易和快捷。

（2）进入工程图环境的步骤如下

①选择"文件"→"新建"命令或单击"主页"功能区中的"新建"按钮，打开如图 5-1 所示的"新建"对话框。

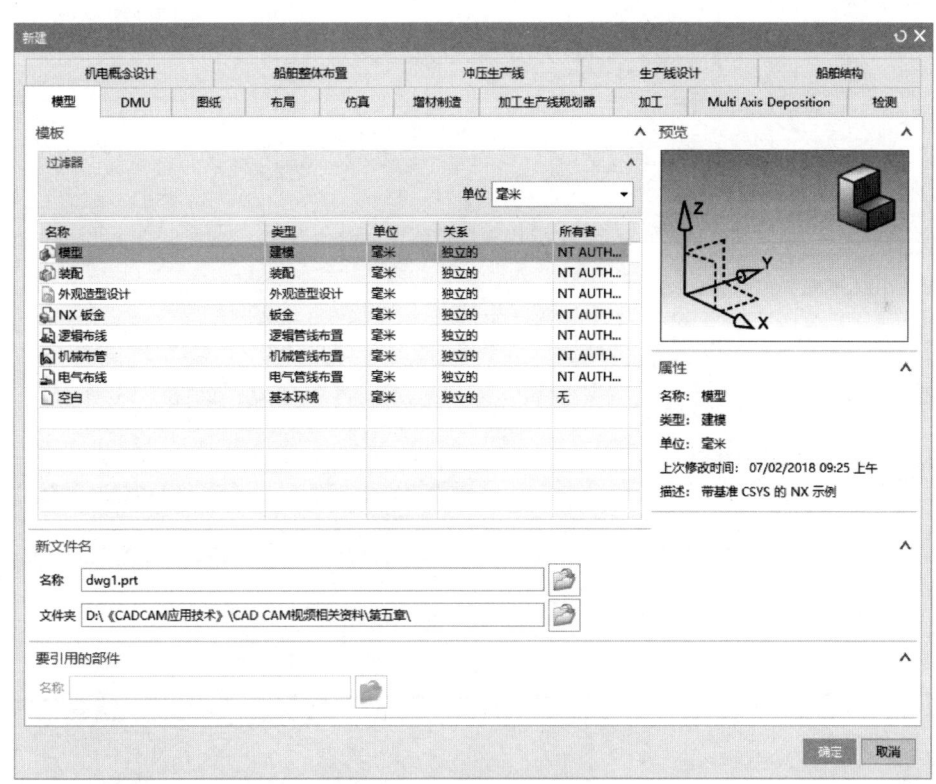

图 5-1 "新建"对话框

②选择"图纸"选项卡，在"模板"选项组中选择适当的模板，并输入文件名和路径。

③在"要创建图纸的部件"选项组中单击"打开"按钮，弹出"选择主模型部件"对话框，如图 5-2 所示。

图 5-2 "选择主模型部件"对话框

④单击"打开"按钮 ，在弹出的"部件名"对话框中选择要创建图纸的零件，单击 OK 按钮，然后连续单击"确定"按钮，即可进入工程图环境，如图 5-3 所示。

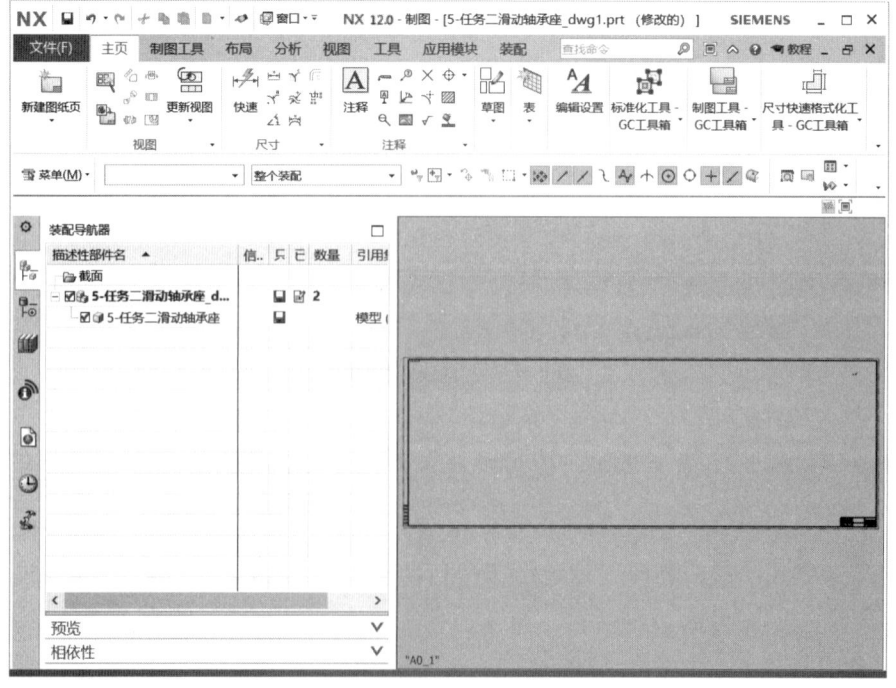

图 5-3 进入工程图环境

2. 切换至"制图"应用模块

在 NX 12.0 中完成设计三维实体模型后，在基本操作界面中单击功能区的"文件"标签，打开"文件"选项卡，接着在"启动"下选择"制图"命令，即可从"建模"等应用模块快速切换至"制图"应用模块，该应用模块将提供用于工程制图的相关工具命令。也可以从功能区的"应用模块"选项卡中选择所需的"制图"模块启动工具命令，如图 5-4 所示。

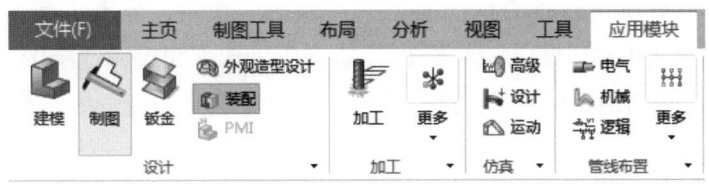

图 5-4 "应用模块"选项卡

3. 利用 3D 模型进行制图的基本流程

在实际设计工作中，使用现有 3D 模型来创建 2D 工程图最为普遍。下面简要地介绍利用现有 3D 模型进行制图的基本流程。

（1）设置制图标准和制图首选项

在创建一张图纸之前，应确保新图纸的制图标准、制图首选项等是所需的。如果不是所需的，则要对它们进行设置（注意可以在进入"制图"应用模块后对它们进行设置操作），从而使以后创建的所有视图和注释都将保持一致，并具有适当的视觉特性和符号体系。

（2）新建图纸

新建图纸页，既可以直接在当前的工作部件中新建图纸页，也可以创建包含模型几何体（作为组件）的非主模型图纸部件来获得图纸页。新建图纸页是创建图纸的第一步。

（3）添加视图

在 NX 图纸页上，可以添加单个视图（如基本视图、投影视图），也可以同时添加多个标准视图。所有视图直接由指定模型来生成，并可以在这些视图的基础上创建诸如剖视图、局部放大图等其他视图。添加的基本视图将确定所有投影视图的正交空间和视图对齐准则。

（4）添加注释

将视图添加到图纸上之后，可以根据设计要求来添加注释，包括标注尺寸、插入符号、注写文字等。

在 NX 12.0 中，尺寸标注、符号等注释与视图中的几何体相关联。当移动视图时，相关联的注释也将随着视图一起移动；当模型被编辑时，尺寸标注和符号也会相应更新以反映所作的更改。在装配图纸中还可以添加零件明细表等。

4. 工程图参数预设置

NX 12.0 的工程图默认设置中很多选项不符合我国国家标准，所以在创建工程图之前，一般需要对工程图参数进行预设置，避免后续的大量修改工作，可提高工作效率。

通过工程图参数的预设置，可以控制箭头的大小和形式、线条的粗细、不可见线的显示与否标注样式和字体大小等。但这些预设置只对当前文件和以后添加的视图有效，而对于在设置之前添加的视图则需要通过视图编辑来修改。

单击"菜单"按钮，选择"首选项"→"制图"命令，弹出"制图首选项"对话框，如图 5-5 所示。该对话框中包含了 11 个选项卡，选取相应的选项卡，对话框中就会出现相应的选项，所有的参数全都在此对话框中进行设置。

5.1.2　图纸管理

在 UG 环境中，任何一个三维模型，都可以通过不同的投影方法、不同的图样尺寸和不同的比例建立多样二维工程图，UG 工程图的创建首先是建立图纸，以及图纸中视图的创建。

1. 新建图纸页

选择"菜单"→"插入"→"图纸页"命令或单击"主页"功能区中的"新建图纸页"按钮 ，打开如图 5-6 所示的"图纸页"对话框。

图 5-5　"制图首选项"对话框　　　图 5-6　"图纸页"对话框

（1）大小：用于指定图纸的尺寸规格。可在该下拉列表框中选择所需的标准图纸号，也可在"高度"和"长度"文本框中输入相应的图纸尺寸。图纸尺寸随所选单位的不同而不同，如果选中"英寸"单选按钮，则为英寸规格；如果选中"毫米"单选按钮，则为公制规格。

（2）比例：用于设置工程图中各类视图的比例大小，默认比例为1∶1。

（3）名称：用于输入新建图纸的名称。输入的名称将由系统自动转换为大写的形式，并依次排列为 SH1、SH2、SH3 等。用户也可以指定相应的图纸名。

（4）投影：用于设置视图的投影角度。系统提供了两种投影角度：第一角投影和第三角投影。

2. 打开图纸页

创建多个图纸页后，会涉及打开其他图纸页的操作。在部件导航器中会列出当前图纸上所创建的图纸页名称（标识），正处于活动工作状态的图纸页会被注上"工作的-活动的"字样。此时要打开其他图纸页，可以在部件导航器中右击该图纸页，接着从弹出的快捷菜单中选择"打开"命令，如图 5-7 所示，所打开的图纸页变为活动工作状态。用户也可以通过在部件导航器中双击所需的一个图纸页来快速打开它。

3. 删除图纸页

对于不需要的图纸页，可以将其删除掉。删除图纸页的方法很简单，可以在相应的部件导航器中查找到要删除的图纸页标识并右击该图纸页标识，弹出一个快捷菜单，如图 5-8 所示，然后从该快捷菜单中选择"删除"命令，即可删除所指定的图纸页。

图 5-7　打开图纸页的操作

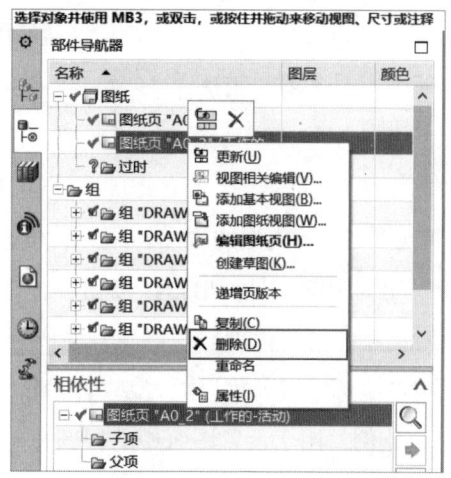

图 5-8　删除图纸页的操作

4. 编辑图纸页

在工程图的绘制过程中，如果想更换一种表现三维模型的方式（如增加剖视图等），那么原来设置的工程图参数不能满足要求，此时就需要对已有的工程图有关参数进行编辑修改。

要编辑活动图纸页，则在功能区"主页"选项卡中单击"编辑图纸页"按钮 ，或选择"菜单"→"编辑"→"图纸页"命令，弹出图 5-6 所示的"图纸页"对话框，接着在该对话框编辑活动图纸页的大小、比例、名称、度量单位和投影方式，单击"确定"按钮。

还有一种值得推荐的快捷方式用于编辑图纸页，即直接在图形窗口中双击图纸页的虚线边界，系统便弹出"图纸页"对话框用于编辑当前活动图纸页。

5.1.3 创建和管理视图

生成各种投影视图是创建工程图首要问题，在建立的工程图中可能会包含许多视图，UG NX 12.0 中的工程图模块中提供了各种视图管理功能，如添加视图、移除视图、移动或复制视图、对齐视图和编辑视图等视图操作。利用这些功能，用户可以方便地管理工程图中所包含的各类视图，并修改各视图的缩放比例、角度和状态等参数。

1. 建立基本视图

在 3D 制图中，通常将放置在任意图纸页上的第一个视图称为"基本视图"。基本视图是通过部件或装配的模型视图来创建的，该视图既可以作为一个独立的视图，也可以作为后续其他视图的父视图。

选择"菜单"→"插入"→"视图"→"基本"命令或单击"主页"功能区"视图"组中的"基本视图"按钮 ，打开如图 5-9 所示的"基本视图"对话框。下面介绍该对话框中主要选项的用法。

（1）要使用的模型视图：用于设置向图纸中添加何种类型的视图。该下拉列表框中提供了"俯视图""前视图""右视图""后视图""仰视图""左视图""正等测视图"和"正二测现图" 8 种类型的视图，用户可根据需要进行选择。

（2）定向视图工具：单击该按钮，弹出如图 5-10 所示的"定向视图工具"对话框。利用该对话框，可自由旋转、寻找合适的视角、设置关联方位视图和实时预览等。设置完成后，单击鼠标中键就可以放置基本视图。

（3）比例：用于设置图纸中的视图比例。

图 5-9 "基本视图"对话框

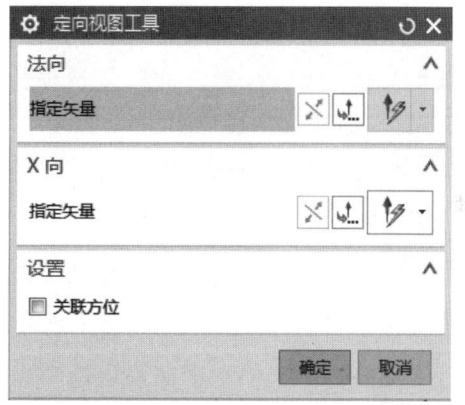

图 5-10 "定向视图工具"对话框

下面以"上盖"的工程图为例讲解基本视图的创建。

(1) 打开 shanggai 文件,创建"A4-无视图"图纸模板。

(2) 选择"菜单"→"插入"→"视图"→"基本"命令或单击"主页"功能区"视图"组中的"基本视图"按钮,打开"基本视图"对话框。

(3) 同时显示模型的俯视图,根据幅面大小,单击鼠标左键,将基本视图放置在合适的位置。按 Esc 键,关闭"基本视图"对话框。创建的上盖基本视图如图 5-11 所示。

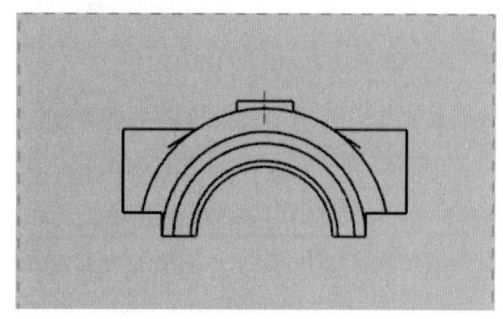

图 5-11 上盖基本视图

2. 添加投影视图

在添加完主视图后，系统会自动弹出如图5-12所示的"投影视图"对话框（选择"菜单"→"插入"→"视图"→"投影视图"命令或单击"主页"功能区"视图"组中的"投影视图"按钮，也可打开该对话框）。下面介绍"投影视图"对话框各选项组的功能应用。

（1）父视图：即主视图，默认情况下，系统会自动选择上一步添加的视图为父视图，然后在此基础上生成其他视图，也可单击"选择视图"按钮，选择相应的父视图。

（2）铰链线：默认情况下，在主视图的中心位置将出现一条折叶线。通过拖动鼠标来改变折叶线的法向方向，以此来判断并实时预览生成的视图。如果选中"反转投影方向"复选框，则系统按照铰链线的反方向生成视图。

（3）视图原点选项组：用于指定视图放置原点，该选项组各主要组成如下。

①"指定位置"按钮：指定视图的屏幕位置。

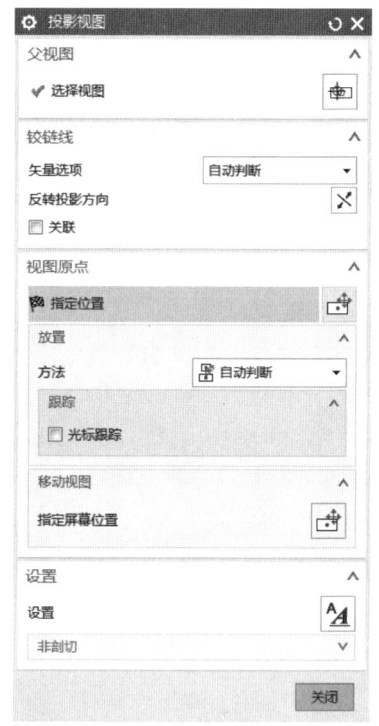

图5-12 "投影视图"对话框

②"放置"子选项组：在该子选项组的"方法"下拉列表框中可以选择其中一个对齐视图选项；"跟踪"组用于设置是否启用"光标跟踪"。如果启用"光标跟踪则打开偏置、XC和YC跟踪。

③"移动视图"子选项组："移动视图"子选项组用于重新指定投影视图的屏幕位置。在该子选项组中单击"指定屏幕位置"按钮，可以拖动以移动投影视图至新位置。

（4）"设置"选项组：用于设置视图相关样式和非剖切等。创建投影视图的典型示例如图5-13所示，位于下方的视图是由上方的一般视图经过投影而生成的。在添加投影视图时移动鼠标指针可看到投影线（也称投射线）。在NX中，可以在与基本视图成任意一个角度的位置上放置投影视图，需要注意的是，在手工放置投影视图时，角度捕捉增量为45°，

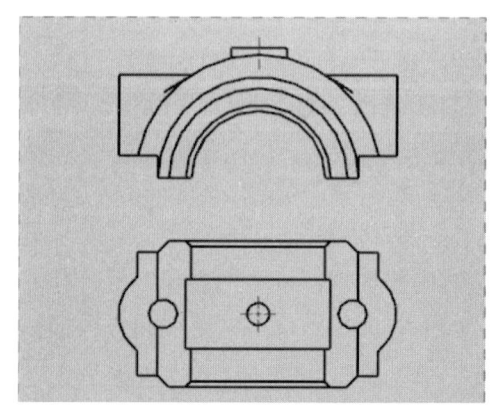

图5-13 创建投影视图

如图 5-14 所示，图中的预览样式为着色的图像（移动鼠标指针时）。

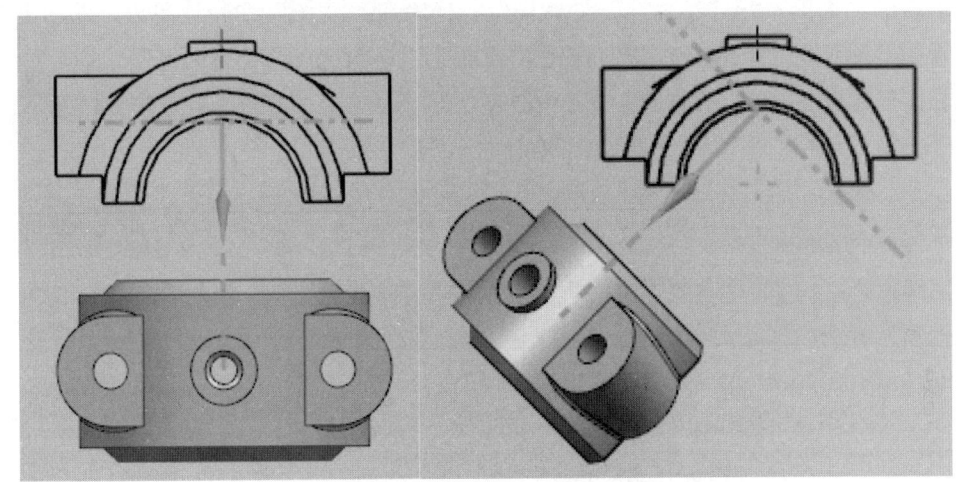

图 5-14 显示投射线

3. 添加局部放大图

对于模型中的一些细小特征或结构，通常需要创建该特征或该结构的局部放大图，以便更容易地查看在视图中显示的对象或结构，并对其进行注释。局部放大图包括部分现有视图，可以根据其父视图单独对局部放大图的比例进行调整。局部放大图的视图边界可以是圆形的，也可以是矩形的。另外，局部放大图与其父视图是完全关联的，对模型几何体所做的任何更改都将立即反映到局部放大图中。

选择"菜单"→"插入"→"视图"→"局部放大图"命令或单击"主页"功能区"视图"组中的"局部放大图"按钮，打开如图 5-15 所示的"局部放大图"对话框。

在"类型"下拉列表框中提供了"矩形"和"圆形"两种类型，其功能分别介绍如下。

①矩形：用于指定视图的矩形边界。可以选择矩形中心点和边界点来定义矩形大小，也可以通过拖动鼠标来定义视图边界大小。

②圆形：用于指定视图的圆形边界。可以选择圆形中心点和边界点来定义圆形大小，也可以通过拖动鼠标来定义视图边界大小。

图 5-15 "局部放大图"对话框

下面将在基本视图的基础上，以上盖为例讲解局部放大图的创建。

①选择"菜单"→"插入"→"视图"→"局部放大图"命令或单击"主页"功能区"视图"组中的"局部放大图"按钮，打开"局部放大图"对话框。

②捕捉如图5-16所示的点为边界中心点。

③拖动鼠标到适当位置绘制边界，如图5-17所示。

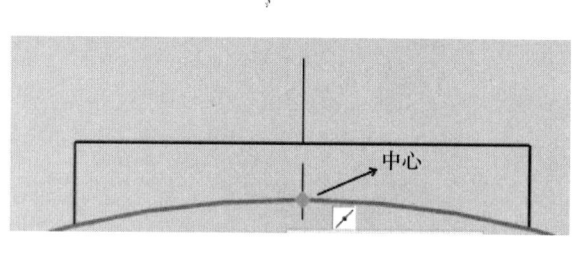
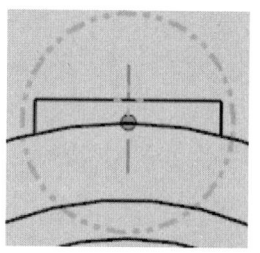

图5-16 捕捉中心点　　　　　图5-17 绘制边界

④拖动放大图到适当位置，如图5-18所示。

⑤单击鼠标左键，完成局部放大图的创建，如图5-19所示。

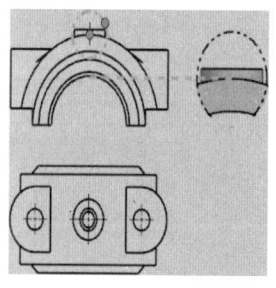
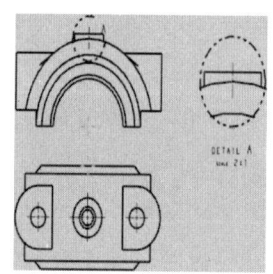

图5-18 拖动放大图　　　　图5-19 创建局部放大图

4. 创建剖视图

使用"剖视图"命令，可以从任何父图纸视图创建一个剖视图（即创建已移除模型几何体的视图），以便清楚地表达在原视图中被遮蔽的内部结构。

选择"菜单"→"插入"→"视图"→"剖视图"命令或单击"主页"功能区"视图"组中的"剖视图"按钮，弹出如图5-20所示的"剖视图"对话框。剖视图的方法有"简单剖/阶梯剖""半剖"和"旋转剖"等。下面通过实例逐一讲解其创建的方法。

1. 简单剖/阶梯剖

（1）在"剖视图"对话框中，在"方法"下拉列表框中选择"简单剖/阶梯剖"选项。

（2）系统提示定义剖视图的切割位置，选择基本视图中的圆心为剖切位置。

（3）拖动视图到适当位置，完成剖视图的创建。调整各视图位置，最终工程图效果如图5-21所示。

项目五　工程图绘制

图 5-20　"剖视图"对话框

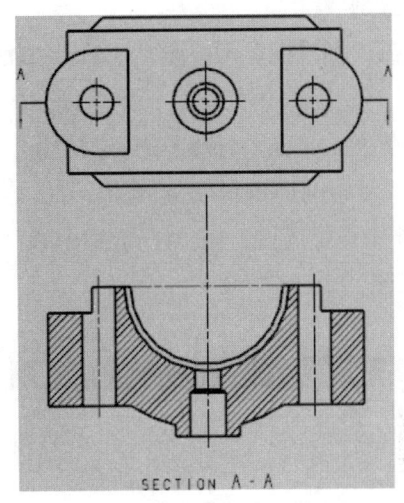

图 5-21　简单剖/阶梯剖工程图

2. 半剖

可以创建一个剖视图使部件一半剖切而另一半不剖切，所创建的剖视图被形象地称为"半剖视图"。

（1）在"剖视图"对话框中，在"方法"下拉列表框中选择"半剖"选项，如图5-22所示。

（2）系统提示定义剖视图的切割位置，选择基本视图中的圆心为剖切位置1，然后选择半剖的剖切位置2。

（3）拖动视图到适当位置，完成剖视图的创建。调整各视图位置，最终工程图效果如图5-23所示。

图 5-22　"剖视图"对话框

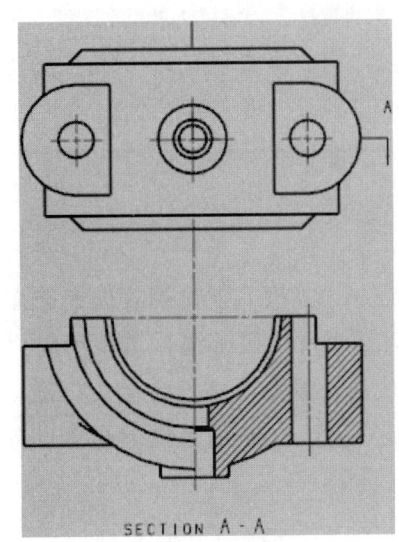

图 5-23　半剖工程图

3. 旋转剖

（1）在"剖视图"对话框中，在"方法"下拉列表框中选择"旋转剖"选项，如图5-24所示。

（2）系统提示定义剖视图的切割位置，选择基本视图中的圆心为剖切位置，在基本视图上确定"旋转剖"的角度范围。

（3）拖动视图到适当位置，完成剖视图的创建。调整各视图位置，最终工程图效果如图5-25所示。

图 5-24　"剖视图"对话框

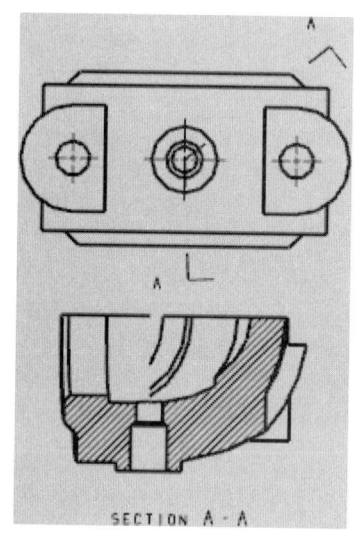
图 5-25　旋转剖工程图

4. 点到点剖视图

使用"剖视图"工具的"点到点"方法可以创建一个无折弯的多段剖切视图，创建时可以通过点构造器来定义剖切线的每个旋转点的位置，NX 系统将连接旋转点来形成剖切线的每个剖切段，最后每个段的内容在剖切平面上被展开。下面介绍创建点到点剖视图的基本操作步骤。

（1）在"剖视图"对话框中，从"截面线"选项组的"定义"下拉列表框中选择"动态"选项，从"方法"下拉列表框中选择"点到点"选项，并从"铰链线"选项组的"矢量选项"下拉列表框中选择"已定义"选项，以及从"指定矢量"下拉列表框中选择"自动判断的矢量"图标选项 ，如图5-26所示。

（2）如图5-27所示单击 X 轴定义铰链线矢量。

图 5-26　"剖视图"对话框

（3）此时"截面线段"选项组中的"指定位置"按钮⊕自动被切换至选中状态，在视图中依次选择如图 5-28 所示圆心点 1、圆心点 2、圆心点 3 定义截面线段（剖切线段）位置。注意在本例中，没有选中"截面线段"选项组中的"创建折叠剖视图"复选框。

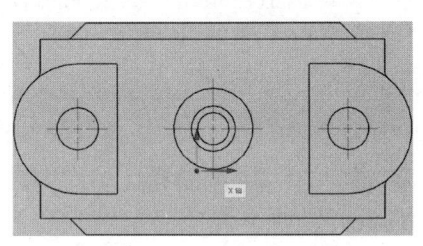 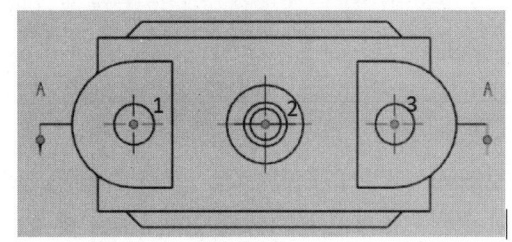

图 5-27　指定铰链线矢量　　　　　图 5-28　指定点作为剖切线段位置

（4）在"视图原点"选项组中单击"指定位置"按钮，从"放置"子选项组的"方法"下拉列表框中选择"自动判断"选项，在父视图的下方预定位置处指定放置视图的位置。

（5）单击"关闭"按钮以关闭"剖视图"对话框。

在本例创建"点到点"剖视图的过程中，如果在"剖视图"对话框的"截面线段"选项组中选中"创建折叠剖视图"复选框，那么最后创建的是折叠的点到点剖视图，如图 5-29 所示。

5. 局部剖视图

局部剖视图是使用剖切面局部剖开零件的某个区域来形成的剖视图。

选择"菜单"→"插入"→"视图"→"截面"→"局部剖"命令或单击"主页"功能区"视图"组中的"局部剖"按钮，弹出如图 5-30 所示的"局部剖"对话框。该对话框主要用于创建、编辑和删除局部剖视图。

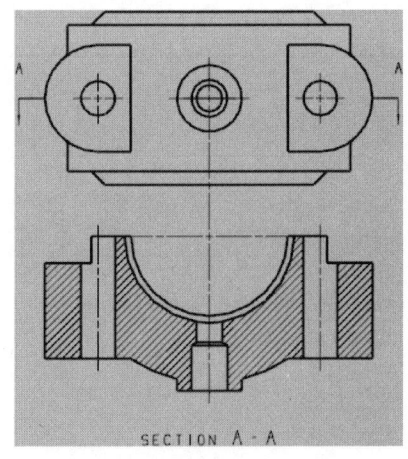 

图 5-29　点到点剖工程图　　　　　图 5-30　"局部剖"对话框

(1) 选择视图：用于选择要进行局部剖切的视图。

(2) 指出基点：用于确定剖切区域沿拉伸方向开始拉伸的参考点，该点可通过"捕捉点"工具栏指定。

(3) 指出拉伸矢量：用于指定拉伸方向。可用矢量构造器指定；必要时可使拉伸反向，或指定为视图法向。

(4) 选择曲线：用于定义局部剖切视图剖切边界的封闭曲线。当选择错误时，可单击"取消选择上一个"按钮，取消上一个选择。定义边界曲线的方法是：在进行局部剖切的视图边界上单击鼠标右键，在弹出的快捷菜单中选择"扩展成员视图"命令，进入视图成员模型工作状态利用曲线功能在要产生局部剖切的位置创建局部剖切边界线，然后，在视图边界上单击鼠标右键，从弹出的快捷菜单中选择"扩展成员视图"命令，恢复到工程图界面。这样，就建立了与所选视图相关联的边界线。

(5) 修改边界曲线：用于修改剖切边界点，必要时可用于修改剖切区域。

(6) 切穿模型：选中该复选框，则剖切时完全穿透模型。

5.1.4　编辑已有视图

创建好工程视图后，有时候可能要对已有视图进行编辑，以获得整齐有序的、页面美观舒适的工程视图。

1. 编辑整个视图

选中需要编辑的视图，在其中右击打开快捷菜单，如图 5-31 所示，可以更改视图样式、添加各种投影视图等，主要功能与前面的介绍相同，此处不再赘述。

2. 视图的详细编辑

视图的详细编辑命令集中在"菜单"→"编辑"→"视图"子菜单下，如图 5-32 所示。

图 5-31　快捷菜单

图 5-32　"视图"子菜单

（1）移动/复制视图

该命令用于在当前图纸上移动或复制一个或多个选定的视图，或者把选定的视图移动或复制到另一张图纸中。执行移动/复制视图命令，主要有以下两种方式。

①菜单：选择"菜单"→"编辑"→"视图"→"移动/复制"命令。

②功能区：单击"主页"选项卡"视图"组中"编辑视图"库下的"移动/复制视图"按钮。

执行上述操作后，弹出如图5-33所示的"移动/复制视图"对话框。

"移动/复制视图"对话框中的选项说明如下。

①至一点：移动或复制选定的视图到指定点，该点可用光标或坐标指定。

②水平：在水平方向上移动或复制选定的视图。

③竖直：在竖直方向上移动或复制选定的视图。

④垂直于直线：在垂直于指定方向移动或复制视图，如图5-34所示。

⑤至另一图纸：移动或复制选定的视图到另一张图纸中。

⑥复制视图：选中该复选框，用于复制视图，否则移动视图。

⑦视图名：在移动或复制单个视图时，为生成的视图指定名称。

⑧距离：选中该复选框，用于输入移动或复制后的视图与原视图之间的距离值。若选择多个视图，则以第一个选定的视图作为基准，其他视图将与第一个视图保持指定的距离。若取消选中该复选框，则可移动光标或输入坐标值指定视图的位置。

⑨矢量构造器下拉列表框：用于选择指定矢量的方法，视图将垂直于该矢量移动或复制。

⑩取消选择视图：清除视图选择。

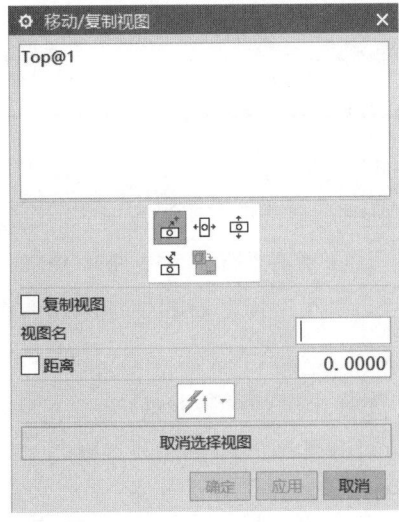

图5-33 "移动/复制视图"对话框

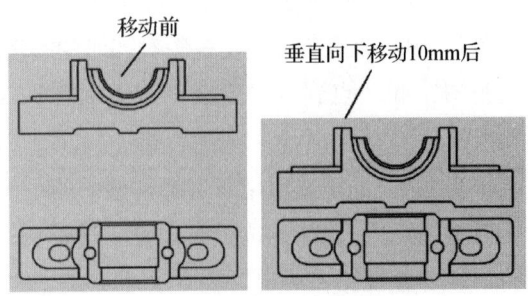

图5-34 "垂直"移动效果

(2) 对齐视图

在某些制图设计中，需要将图纸页上的相关视图对齐，以使整个图纸页面整洁、便于读图。

在功能区的"主页"选项卡的"视图"面板中单击"对齐视图"按钮 📐 或者选择"菜单"→"编辑"→"视图"→"对齐"命令，弹出如图 5-35 所示的"视图对齐"对话框。该对话框用于调整视图位置，使之排列整齐。"对齐视图"对话框中的主要选项组如下。

① "视图"选项组

"视图"选项组中的"选择视图"按钮 📐 处于被选中激活的状态时，选择要编辑对齐位置的视图（即选择要与其他参考目标对齐的视图）。

② "对齐"选项组

利用"视图"选项组选择所需的视图后，"对齐"选项组被激活，"指定位置"按钮 📐 用于指定放置视图的位置（当将放置方法选项设置为"自动判断"时此按钮可用）。在"放置"子选项组的"方法"下拉列表框中指定放置方法选项，可供选择的放置方法选项有"自动判断""水平""竖直垂直于直线"和"叠加"等，选择不同的放置方法选项后还需要进行相应的放置对齐操作。对于大部分放置方法，还可设置是否关联对齐。

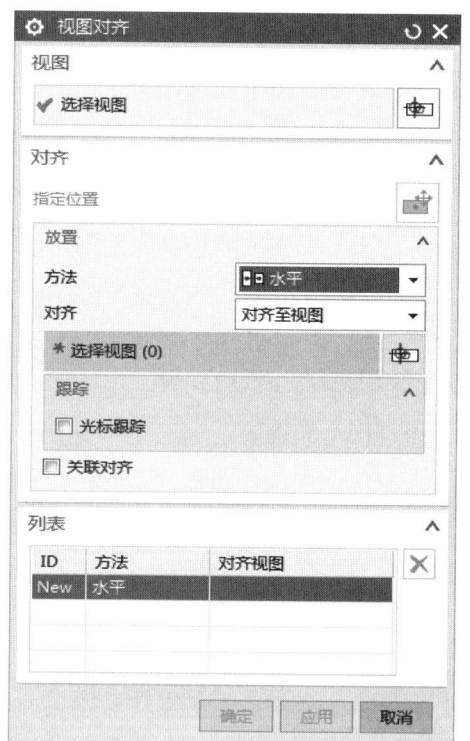

图 5-35 "对齐视图"对话框

当从"放置"子选项组的"方法"下拉列表框中选择"水平""竖直""垂直于直线"或"叠加"选项时，"放置"子选项组将出现一个"对齐"下拉列表框用来选择视图对齐选项，视图对齐选项用于设置对齐时的基准点（此处所谓的"基准点"是视图对齐时的参考点）。从"对齐"下拉列表框中选择"模型点至视图"和"点到点"这 3 个视图对齐选项之一。这 3 个视图对齐选项的功能含义如下。

● "模型点"：该选项用于选择模型中的一个点作为静止视点（参考点）。

● "至视图"：选择此选项时，需要选择一个作为对齐参考的静止视图，则要对齐的视图将与该静止视图在约定对齐方法下对齐（彼此视图中心对齐）。

● "点到点"：该选项按点到点的方式对齐各视图中所选择的点。选择该选项时，我们需要在各对齐视图中指定对齐基准点（即分别指定静止视点和当前视点）。

③"列表"选项组

"对齐视图"对话框的"列表"选项组提供了一个记录当前视图对齐操作的列表，列表信息包括 ID、方法和对齐视图。

使用"对齐视图"对话框进行视图对齐操作的主要步骤如下。

- 利用"视图"选项组选择要对齐的视图。
- 在"对齐"选项组中的"放置"子选项组中指定放置方法选项，并根据所选放置方法选项进行相应的设置和参考选择。例如，当从"放置"子选项组的"方法"下拉列表框中选择"竖直"选项时，需要从出现的"对齐"拉列表框中选择"至视图""模型点"或"点到点"，这里以选择"至视图"对齐选项为例，接着在图纸页中选择竖直对齐的一个视图作为静止参考视图，则要对齐的视图在竖直方向上与该静止参考视图对齐。
- "列表"选项组的列表列出对齐视图的相关操作信息，单击"应用"按钮或"确定"按钮。

（3）视图边界

该命令用于重新定义视图边界，既可以缩小视图边界只显示视图的某一部分，也可以放大视图边界显示所有视图对象。执行视图边界命令，主要有以下 3 种方式。

①菜单：选择"菜单"→"编辑"→"视图"→"边界"命令。

②功能区：单击"主页"选项卡"视图"组中"编辑视图"库下的"视图边界"按钮 。

③快捷菜单：在要编辑的视图边界上右击，在打开的快捷菜单中选择"边界"命令。

执行上述操作后，弹出如图 5-36 所示的"视图边界"对话框。

"视图边界"对话框中的选项说明如下。

①视图选择列表：显示当前图纸页上可选视图的列表。

②边界类型：包括以下几个选项。

- 断裂线/局部放大图：定义任意形状的视图边界，使用该选项只显示出被边界包围的视图部分。用该选项定义视图边界，则必须先建立与视图相关的边界线。当编辑或移动边界曲线时，视图边界会随之更新。
- 手工生成矩形：以拖动方式手工定义矩形

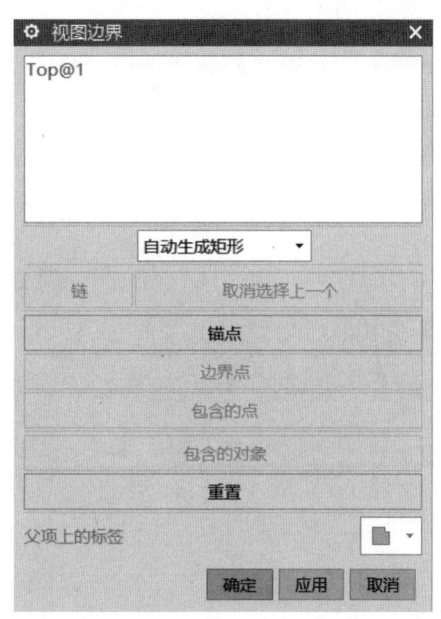

图 5-36 "视图边界"对话框

边界，该矩形边界的大小是由用户定义的，可以包围整个视图，也可以只包围视图中的一部分。该边界方式主要用在一个特定的视图中隐藏不显示的几何体。

• 自动生成矩形：自动定义矩形边界，该矩形边界能根据视图中几何对象的大小自动更新，主要用在一个特定的视图中显示所有的几何对象。

• 由对象定义边界：由包围对象定义边界，该边界能根据被包围对象的大小自动调整，通常用于大小和形状随模型变化的矩形局部放大视图。

③链：用于选择一个现有曲线链来定义视图边界。

④取消选择上一个：在定义视图边界时取消选择上一个选定曲线。

⑤锚点：用于将视图边界固定在视图对象的指定点上，从而使视图边界与视图相关，当模型变化时，视图边界会随之移动。锚点主要用在局部放大视图或用手工定义边界的视图。

⑥边界点：用于指定视图边界要通过的点。该功能可使任意形状的视图边界与模型相关。当模型修改后，视图边界也随之变化，也就是说，当边界内的几何模型的尺寸和位置变化时，该模型始终在视图边界之内。

⑦包含的点：视图边界要包围的点，只用于由"对象定义边界"定义边界的方式。

⑧包含的对象：选择视图边界要包围的对象，只用于由"由对象定义边界"定义边界的方式。

⑨重置：恢复当前更改并重置对话框。

⑩父项上的标签：控制边界曲线在局部放大图的父视图上显示的外观。

(4) 显示与更新视图

①视图的显示

单击"菜单"按钮，选择"视图"→"显示图纸页"命令，弹出"图纸页显示"对话框，单击"确定"按钮，视图会在对象的二维模型与三维工程图之间进行切换，以便于实体模型与工程图之间的对比观察和操作，如图5-37所示。

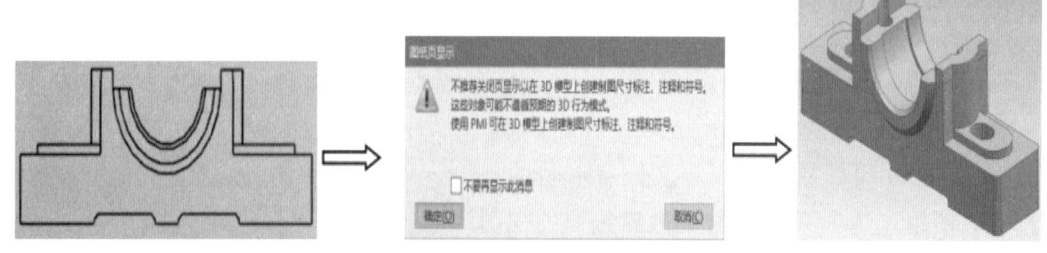

图5-37 视图二维与三维转换显示

② 视图的更新

使用该命令可以手工更新选定的视图，以反映更新视图后模型发生的更改。执行更新视图命令，主要有以下两种方式。

- 菜单：选择"菜单"→"编辑"→"视图"→"更新"命令。
- 功能区：单击"主页"选项卡"视图"组中的"更新视图"按钮🖼。

执行上述操作后，弹出如图5-38所示的"更新视图"对话框。

"更新视图"对话框中的选项说明如下。

- 选择视图：选择要更新的视图。
- 视图列表：显示当前图纸中可供选择的视图名称。
- 显示图纸中的所有视图：用于控制在列表框中是否列出所有的视图，并自动选择所有过期视图。选中该复选框之后，系统会自动在列表框中选取所有过期视图，否则，需要自己更新过期视图。
- 选择所有过时视图：用于选择当前图纸中的过期视图。

图5-38 "更新视图"对话框

- 选择所有过时自动更新视图：在图纸上选择所有自动过期视图。

5.1.5 工程图标注

工程图的标注是反映零件图形尺寸和公差等信息。利用标注功能，用户可以在工程图中添加尺寸、形位公差、制图符号和文本注释等内容。

1. 一般尺寸标注

尺寸标注用于标识对象的尺寸大小。由于NX工程图模块与三维实体造型模块是完全关联的，因此在工程图中进行标注尺寸就是直接引用三维模型真实的尺寸，具有实际的含义，进而无法像二维软件中的尺寸一样可以进行改动。如果要改动零件中的某个尺寸参数，则需要在三维实体中修改。如果三维模型被修改，工程图中的相应尺寸会自动更新，从而保证工程图与模型的一致性。

执行尺寸命令，主要有以下两种方式。

①菜单：选择"菜单"→"插入"→"尺寸"命令，弹出"尺寸"子菜单，如图5-39所示。

②功能区：单击"主页"选项卡"尺寸"组中的任意按钮，如图5-40所示。

执行快速尺寸标注方式后，系统会弹出"快速尺寸"对话框，如图5-41所示。

图 5-39 "尺寸"子菜单　　图 5-40 "尺寸"组　　图 5-41 "快速尺寸"对话框

选择标注类型后，如果需要附加文本，则还要设置附加文本的放置方式和输入文本内容，如果需要标注公差，则要选择公差类型和输入上下偏差。完成这些设置以后，将鼠标移到视图中，选择要标注的对象，并拖动标注尺寸到理想的位置，则系统即在指定位置创建一个尺寸的标注。下面介绍一下"快速尺寸"对话框中的方法选项。

①自动判断：根据所选择的对象和光标位置自动判断尺寸类型来创建一个尺寸。

②水平：用于标注工程图中所选对象间的水平尺寸。

③竖直：用于标注工程图中所选对象间的竖直尺寸。

④点到点：用来标注工程图中所选两点之间的距离尺寸。

⑤垂直：用于标注工程图中所选对象间的垂直尺寸。

⑥圆柱坐标系：创建一个圆柱尺寸，这是两个对象或点位置之间的线性距离，可以测量圆柱体的轮廓视图尺寸。

⑦斜角：用来标注工程图中所选两直线之间的角度。

⑧径向：用来标注工程图中所选圆或圆弧的半径或直径尺寸。

⑨直径：用来标注工程图中所选圆或圆弧的直径尺寸。

2. 基准特征符号

使用该命令可以创建形位公差基准特征符号，以便在图纸上指明基准特征。执行基准特征符号命令，主要有以下两种方式。

①菜单：选择"菜单"→"插入"→"注释"→"基准特征符号"命令。

②功能区：单击"主页"选项卡"注释"组中的"基准特征符号"按钮。

执行上述操作后，弹出如图 5-42 所示的"基准特征符号"对话框。

"基准特征符号"对话框中的选项说明如下。

（1）原点

①原点工具 ：使用该工具查找图纸页上的表格注释。

②指定位置 ：用于指定表格注释的位置。

③对齐：包括以下选项。

- 自动对齐：用于控制注释的相关性。
- 层叠注释：用于将注释与现有注释堆叠。
- 水平或竖直对齐：用于将注释与其他注释对齐。
- 相对于视图的位置：将任何注释的位置关联到制图视图。
- 相对于几何体的位置：用于将带指引线注释的位置关联到模型或曲线几何体。
- 捕捉点处的位置：将光标置于任何可捕捉的几何体上，然后单击放置注释。
- 边距上的位置：将任何注释的位置关联到视图边界。
- 锚点：用于设置注释对象中文本的控制点。

图 5-42 "基准特征符号"对话框

（2）指引线

①选择终止对象 ：用于为指引线选择终止对象。

②类型：列出指引线类型。

- 普通：创建带短划线的指引线。
- 全圆符号：创建带短划线和全圆符号的指引线。
- 标志：创建一条从直线的一个端点到形位公差框角的延伸线。
- 基准：创建可以与面、实体边或实体曲线、文本、形位公差框、短划线、尺寸延伸线以及下列中心线类型关联的基准特征指引线。
- 以圆点终止：在延伸线上创建基准特征指引线，该指引线在附着到选定面的点上终止。

（3）基准标识符

字母：用于指定分配给基准特征符号的字母。

（4）设置

单击"设置"按钮，打开"设置"对话框，用于指定基准显示实例样式。

3. 符号标注

使用该命令可在图纸上创建和编辑符号标注。执行符号标注命令，主要有以下两种方式。

菜单：选择"菜单"→"插入"→"注释"→"符号标注"命令。

功能区：单击"主页"选项卡"注释"组中的"符号标注"按钮。

执行上述操作后，弹出如图 5-43 所示的"符号标注"对话框。

"符号标注"对话框中的选项说明如下。

①类型：指定标示符号类型，包括圆、分割圆、顶角朝下三角形、顶角朝上三角形、正方形、分割正方形、六边形、分割六边形、象限圆、圆角方块和下划线 11 种类型。

②"原点"和"指引线"选项参数参考"基准特征符号"对话框中的选项。

③文本：将文本添加到某个标识符号。如果选择分割的符号，则可以将文本添加到上部和下部文本字段。

④继承-选择标识符号：单击以继承现有标识符号的符号大小。

⑤大小：允许更改符号的大小。

图 5-43 "符号标注"对话框

4. 特征控制框

为了提高产品质量，使其性能优良和有较长的使用寿命，除应给定零件恰当的尺寸公差及表面粗糙度外，还应规定适当的几何精度，以限制零件要素的形状和位置公差，并将这些要求标注在图纸上。执行特征控制框命令，主要有以下两种方式。

①菜单：选择"菜单"→"插入"→"注释"→"特征控制框"命令。

②功能区：单击"主页"选项卡"注释"组中的"特征控制框"按钮。

执行上述操作后，弹出如图 5-44 所示的"特征控制框"对话框，"特征控制框"示意图如图 5-45 所示。

图 5-44 "特征控制框"对话框

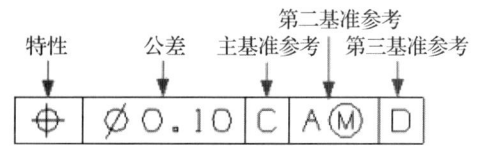

图 5-45 "特征控制框"示意图

"特征控制框"对话框中的选项说明如下。

① "原点"和"指引线"：选项参数参考"基准特征符号"对话框中的选项。

②框样式："框样式"选项组中包括单框和复合框。单框就是单行并列的标注框；复合框就是两行并列的标注框。

③公差："公差"选项组主要用来设置形位公差标注的公差值、形位公差遵循的原则，以及公差修饰等。

④主基准参考："主基准参考"选项组主要用来设置主基准及相应的原则和要求。

⑤第一基准参考："第一基准参考"选项组主要用来设置第一基准及相应的原则和要求。

⑥第二基准参考："第二基准参考"选项组主要用来设置第一基准及相应的原则和要求。

5. 表面粗糙度标注

零件的表面粗糙度是指加工面上具有的较小间距和峰谷所组成的微观几何形状特性，一般由所采用的加工方法和其他因素形成。

在首次标注表面粗糙度符号时，制图环境中用于标注粗糙度的工具并没有被加载到 UG 程序中，需要在 UG 安装目录的 UGII 子目录中找到环境变量设置文件 ugii_env.dat，并用写字板软件将其打开，将环境变量"UGII_SURFACE_FINISH"的默认设置由"OFF"修改为"ON"，保存并重新进入 UG 系统，才能进行表面粗糙度的标注工作。

在菜单栏中选择"插入"→"注释"→"表面粗糙度符号"菜单命令，或在"注释"组上单击"表面粗糙度符号"按钮√，将弹出"表面粗糙度符号"对话框，如图 5-46 所示。

"表面粗糙度"对话框中的选项说明如下。

①"原点"和"指引线"选项参数参考"基准特征符号"对话框中的选项。

②属性：包括以下选项。

- 除料：用于指定符号类型。
- 图例：显示表面粗糙度符号参数的图例。
- 上部文本：用于选择一个值以指定表面粗糙度的最大限制。
- 下部文本：用于选择一个值以指定表面粗糙度的最小限制。
- 生产过程：选择一个选项以指定生产方法、处理或涂层。

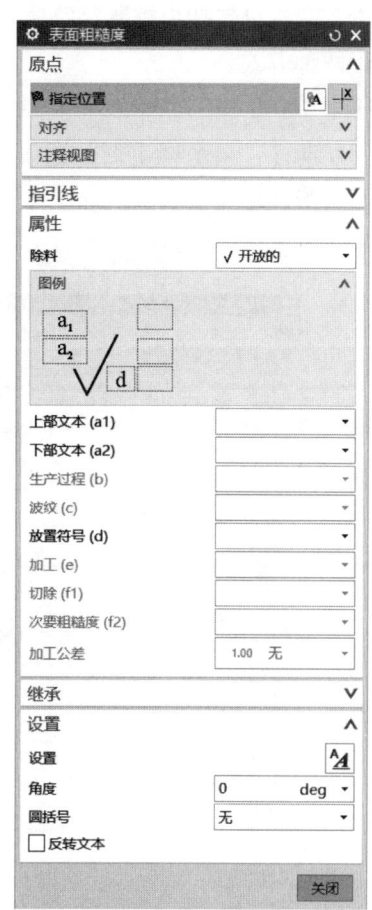

图 5-46 "表面粗糙度符号"对话框

- 波纹：波纹是比粗糙度间距更大的表面不规则性。
- 放置符号：放置是由工具标记或表面条纹生成的主导表面图样的方向。
- 加工：指定材料的最小许可移除量。
- 切除：指定粗糙度切除。粗糙度切除是表面不规则性的采样长度，用于确定粗糙度的平均高度。
- 次要粗糙度：指定次要粗糙度值。
- 加工公差：指定加工公差的公差类型。

③设置：包括以下选项。
- 设置：单击该按钮，打开"设置"对话框，用于指定显示实例样式的选项。
- 角度：更改符号的方位。
- 圆括号：在表面粗糙度符号旁边添加左括号、右括号或二者都添加。

6. 注释

使用该命令创建和编辑注释及标签。通过对表达式、部件属性和对象属性的引用来导入文本，文本可包括由控制字符序列构成的符号或用户定义的符号。执行注释命令，主要有以下两种方式。

①菜单：选择"菜单"→"插入"→"注释"命令。

②功能区：单击"主页"选项卡"注释"组中的"注释"按钮 A。

执行上述操作后，弹出如图 5-47 所示的"注释"对话框，"注释"示意图如图 5-48 所示。

图 5-47 "注释"对话框　　图 5-48 "注释"示意图

"注释"对话框中的选项说明如下。

（1）文本输入

①编辑文本：主要包括以下选项。

- 清除：清除所有输入的文字。
- 剪切：从窗口中剪切选中的文本。剪切文本后，将从编辑窗口中移除文本并将其复制到剪贴板中。
- 复制：将选中文本复制到剪贴板。将复制的文本重新粘贴至编辑窗口，或插入到支持剪贴板的其他应用程序中。
- 粘贴：将文本从剪贴板粘贴到编辑窗口中的光标位置。
- 删除文本属性：删除斜体或粗体的属性。
- 选择下一个符号：注释编辑器输入的符号来移动光标。

②格式设置：主要包括以下选项。

- 上标：在文字上面添加内容。
- 下标：在文字下面添加内容。
- 选择字体：用于选择合适的字体。
- 符号：插入制图符号。
- 导入/导出：主要包括以下选项。
- 插入文件中的文本：将操作系统文本文件中的文本插入当前光标位置。
- 注释另存为文本文件：将文本框中的当前文本另存为 ASCII 文本文件。

（2）继承

选择注释：用于添加与现有注释的文本、样式和对齐设置相同的新注释，还可以用于更改现有注释的内容、外观和定位。

（3）设置

①设置：单击该按钮，打开"设置"对话框，为当前注释或标签设置文字首选项。

②竖直文本：选中该复选框，在编辑窗口中从左到右输入的文本将从上到下显示。

③斜体角度：相应字段中的值将设置斜体文本的倾斜角度。

④粗体宽度：设置粗体文本的宽度。

⑤文本对齐：在编辑标签时，可指定指引线短划线与文本和文本下划线对齐。

7. 插入中心线

选择"菜单"→"插入"→"中心线"命令，弹出"中心线"子菜单，如图 5-49 所示。

（1）中心标记：用于创建同一直线上分布的中

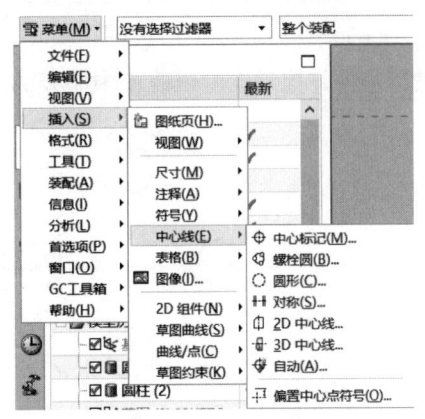

图 5-49 "中心线"子菜单

心线，如图5-50所示。其中，孔的圆心必须共线。

（2）螺栓圆中心线：适合圆周阵列分布的孔。依次选择要标注的小圆，中心线过点或弧的圆心。当选中"整圆"复选框时将形成完整的螺栓圆中心线如图5-51所示；反之，为局部螺栓圆中心线，如图5-52所示。

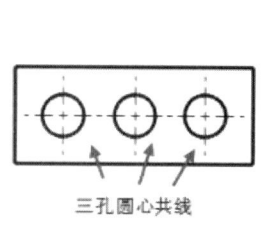
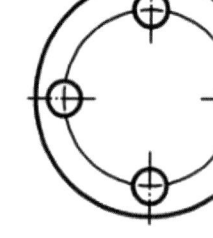
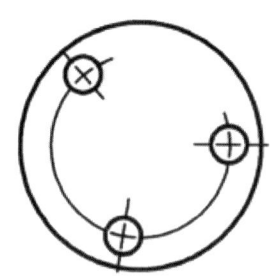

图5-50　中心标记　　　　图5-51　整圆螺栓圆中心线　　　图5-52　局部螺栓圆中心线

（3）圆形中心线：用于创建完整或不完整的中心线，显示不含十字形，如图5-53所示。

（4）对称中心线：适合于对称图形，标注此符号，只能画出视图的一部分，如图5-54所示。

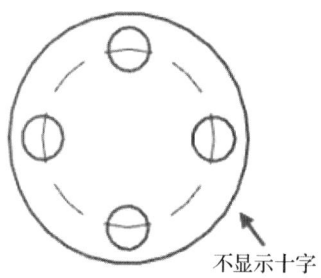
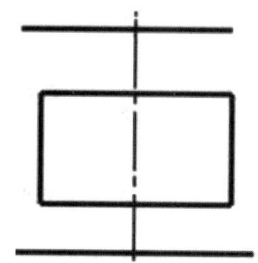

图5-53　圆形中心线　　　　　　　图5-54　对称中心线

（5）2D中心线：适合矩形类中心线的标注，如图5-55所示。

（6）3D中心线：适合圆柱类中心线的标注。选择要标注的圆柱面，在箭头位置按住鼠标左键并拖动，可以改变中心线的长度，如图5-56所示。

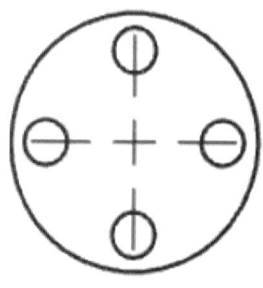
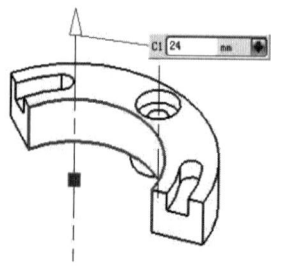

图5-55　2D中心线　　　　　　　图5-56　3D中心线

（7）自动中心线：适用于在指定的视图上自动标注中心线，只要直接指定视图即可，如图 5-57 所示。

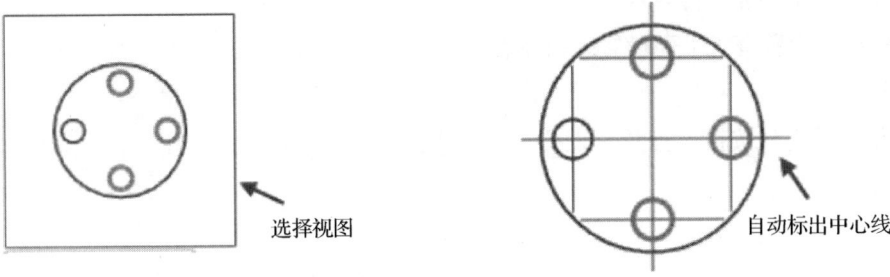

图 5-57　自动标出中心线

5.1.6　表格与零件明细表

在标注完工程图尺寸后，需要在图纸中插入表格，以注明图纸相关信息等，如果是装配图，还需要插入零件明细标注，在零件明细标注输入零件的信息。

1. 表格注释

使用该命令可以创建和编辑信息表格。表格注释通常用于定义部件系列中相似部件的尺寸值，还可以将它们用于孔图表和材料列表中。执行表格注释命令，主要有以下两种方式。

①菜单：选择"菜单"→"插入"→"表格"→"表格注释"命令。

②功能区：单击"主页"选项卡"表"组中的"表格注释"按钮 。

执行上述操作后，弹出如图 5-58 所示的"表格注释"对话框。

"表格注释"对话框中的选项说明如下。

（1）原点

① 原点工具：使用原点工具查找图纸页上的表格注释。

② 指定位置：用于为表格注释指定位置。

（2）指引线

①选择终止对象：用于为指引线选择终止对象。

②带折线创建：在指引线中创建折线。

③类型：列出指引线类型。

④普通：创建带短划线的指引线。

⑤全圆符号：创建带短划线和全圆符号的指引线。

图 5-58　"表格注释"对话框

(3) 表大小

①列数：设置竖直列数。

②行数：设置水平行数。

③列宽：为所有水平列设置统一宽度。

(4) 设置

单击"设置"按钮，打开"设置"对话框，可以设置文字、单元格、截面和表格注释首选项。

2. 表格明细表

零件明细表是直接从装配导航器中列出的组件派生而来的，所以可以通过明细表为装配创建物料清单。在创建装配过程中的任意时间创建一个或多个零件明细表，将零件明细表设置为随着装配变化自动更新，或将零件明细表限制为进行按需更新。

执行零件明细表命令，主要有以下两种方式。

①菜单：选择"菜单"→"插入"→"表格"→"零件明细表"命令。

②功能区：单击"主页"选项卡"表"组中的"零件明细表"按钮 。

执行上述操作后，将表格拖动到所需位置，放置零件明细表。

3. 自动符号标注

执行自动符号标注命令，主要有以下两种方式。

①菜单：选择"菜单"→"插入"→"表格自动符号标注"命令。

②功能区：单击"主页"选项卡"表"组中的"自动符号标注"按钮 。

执行上述操作后，弹出如图 5-59 所示的"零件明细表自动符号标注"对话框。在视图中选择已创建好的明细表，单击"确定"按钮，打开图 5-60 所示的"零件明细表自动符号标注"对话框。

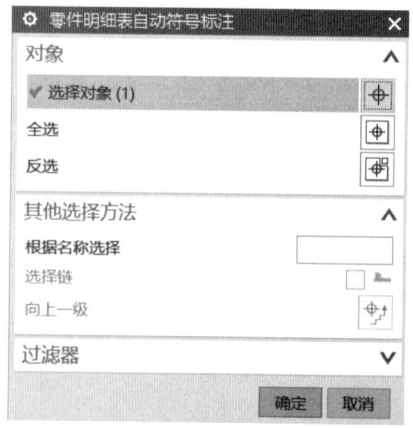

图 5-59 "自动符号标注"对话框 1

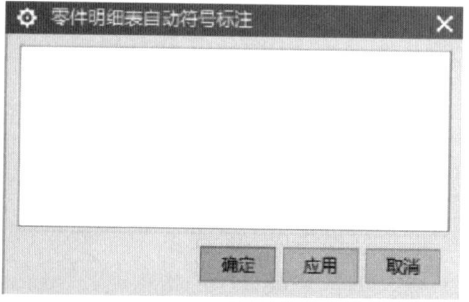

图 5-60 "自动符号标注"对话框 2

在列表框中选择要标注符号的视图，单击"确定按钮，创建零件序号。

5.1.7 PMI 三维标注

1. PMI 功能概述

针对数字化产品定义，Siemens Industry Software 公司提供了产品和制造信息简称 PMI（Product and Manufacturing Information）的具体方案。PMI 应用在 3D CAD 或协同产品开发系统中，用于将产品部件设计的信息正确传递到产品制造中。更明确地说，PMI 传递的信息包括几何公差信息、3D 注释（文字）表面粗糙度，以及材料规格等，如 5-61 所示。

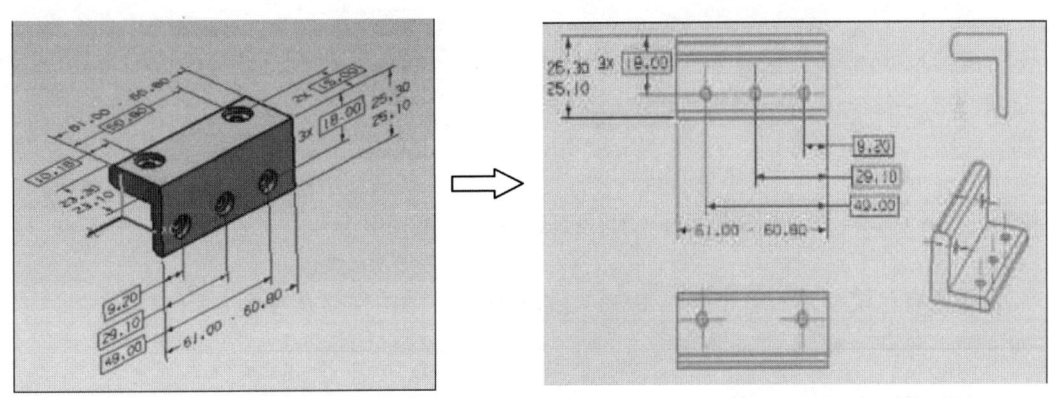

图 5-61 PMI 标注实例

PMI 模块能使产品设计人员标注出制造 3D 零件或装配部件所需要的全部信息。PMI 模块改变了所有流程的沟通方式，将 2D 图纸转变为全面标注的 3D 模型。PMI 模块使三维模型与合理的 2D 图纸相结合，作为传递产品和制造信息的完全认同手段。

2. PMI 预设置

用户可以使用"菜单"→"首选项"级联菜单中的相关命令（也可以在"文件"工具条选项卡的"首选项"组中选择相应的命令）来修改 PMI 模块的一些基本参数设置。单击"菜单"按钮，依次选择"首选项"→"产品制造信息"→"PMI"命令，打开如图 5-62 所示"PMI 首选项"对话框。其中"显示"子对话框中部分说明如下：

①注释平面：设置 PMI 尺寸放置的默认平面。

②显示在所有视图中：创建的 PMI 尺寸是否生成在所有视图中，勾选则生成在所有视图，否则只在工

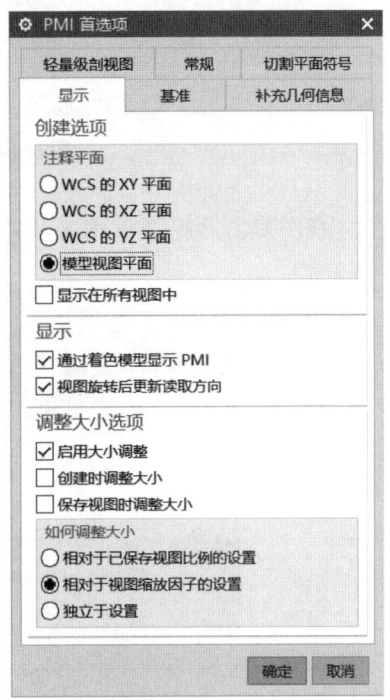

图 5-62 "PMI"首选项

作视图中生成，如图 5-63 所示。

(a) 勾选此选项　　　　　　　(b) 不勾选

图 5-63　是否显示在所有视图中

③通过有色模型显示 PMI：当 PMI 被实体遮挡，PMI 是否会变色显示？勾选则显示，不勾选则不显示，如图 5-64 所示。

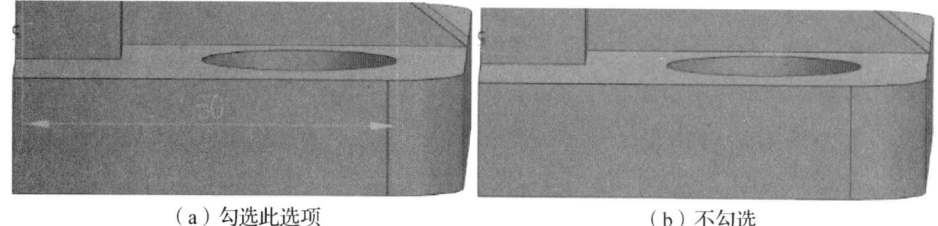

(a) 勾选此选项　　　　　　　(b) 不勾选

图 5-64　是否通过有色模型显示 PMI

④视图旋转后更新读取方向：当尺寸旋转 180°后，数字是否会更新显示，如图 5-65 所示。

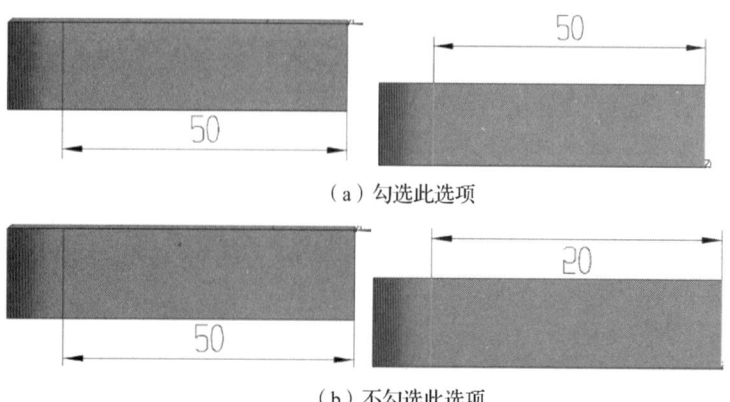

(a) 勾选此选项

(b) 不勾选此选项

图 5-65　是否在视图旋转后更新读取方向

3. 进入 PMI 环境

进入 NX 环境，单击"开始"→"勾选"PMI"，如图 5-66 所示就会在菜单中增加一个子菜单"产品制造信息"（PMI）。NX 的 PMI 数据是以视图方式进行组织和分类的。PMI 信息应在视图、剖视图的基础上产生。如图 5-67 所示是系统默认的 6 个基本视图。

图 5-66 "产品制造信息"子菜单　　图 5-67 模型视图

4. PMI 视图管理

（1）工作视图：如图 5-68 所示，通过选择某一基本视图，单击右键后选择"设为工作视图"，可以将该视图设为工作视图，工作视图不能删除，所有的 PMI 标注都将在工作视图上进行。

（2）创建新的视图：在部件导航器中，鼠标指针放在"模型视图"处单击右键，如图 5-69 所示在弹出的菜单中选择"添加视图"，输入视图名字即可创建新的视图。

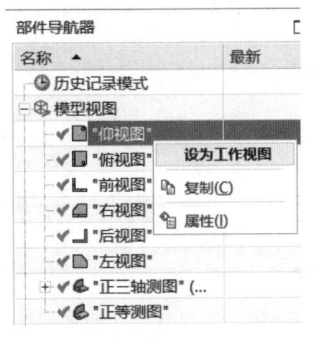　　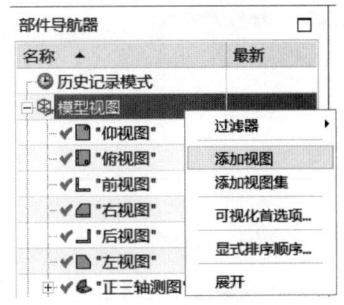

图 5-68 设为工作视图　　图 5-69 添加视图

（3）剖视图的创建：在部件导航器中，鼠标指针放在"模型视图"里某视图处单击右键，如图 5-70 所示在弹出的菜单中选择"创建截面"，系统弹出如图 5-71 所示"剖视图"对话框。（注意，剖视图只能在当前工作视图中创建，即必须先将视图设为工作视图才能创建剖视图）。

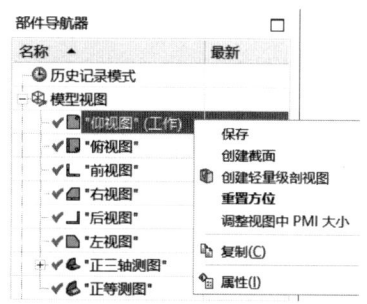

图 5-70 创建截面

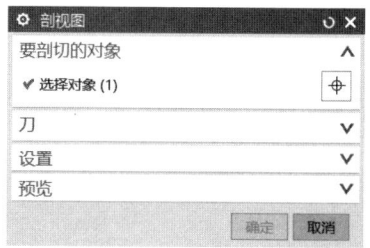

图 5-71 "剖视图"对话框

5. 尺寸标注

（1）选择想要标注尺寸的视图，将该视图设为工作视图。

（2）将图形区域的视图调整到合适的角度（视图方位），然后在部件导航器中选择该视图后单击右键选择"保存"，如图 5-72 所示。该操作的目的是让标注的尺寸与设定的视图方位匹配（平行），得到类似于二维图纸的尺寸标注效果。

（3）单击"菜单"按钮，依次选择"产品制造信息"→"尺寸"→"快速"命令，打开如图 5-73 所示的"PMI 快速尺寸"对话框。按照二维工程图的尺寸标注方法，进行尺寸标注、公差标注即可。当然也可以选择其他的尺寸标注方式，例如线性、径向等，如图 5-74 所示。

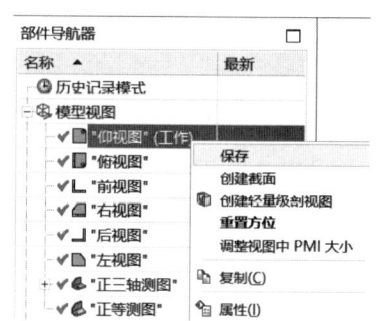

图 5-72 部件导航器

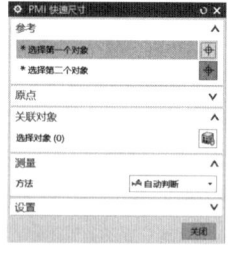

图 5-73 "PMI 快速尺寸"对话框

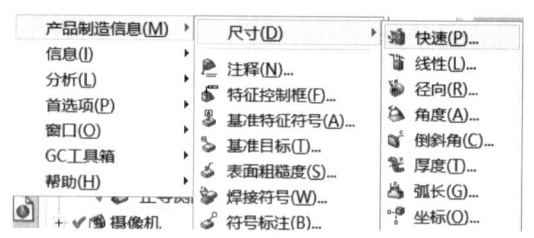

图 5-74 "尺寸"下拉菜单

任务二 滑动轴承装配工程图

本任务需要绘制一款简单滑动轴承座的工程图，在该零件的工程图绘制过程中运用了快速尺寸、半径标注、长度标注、公差标注、字体调节等命令。需要读者注意的是标注时的方法和技巧。该零件工程图如图 5-75 所示。

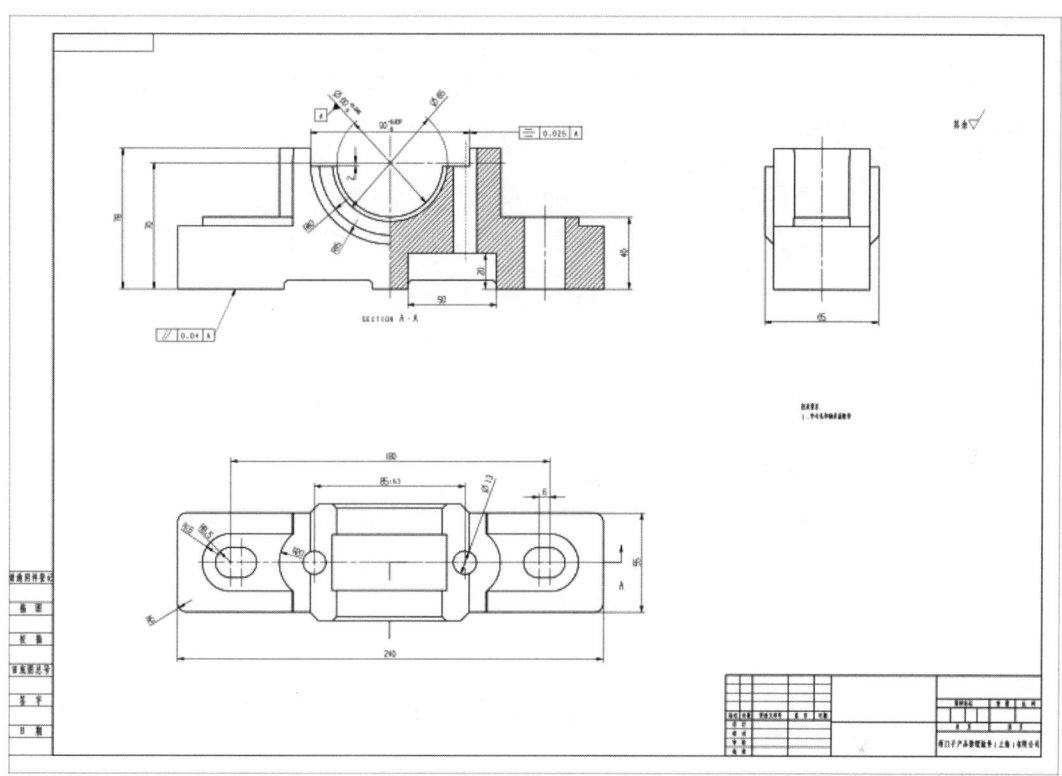

图 5-75　滑动轴承工程图

1. 启动 NX 12.0 软件。如图 5-76 所示导入滑动轴承座三维模型文件。

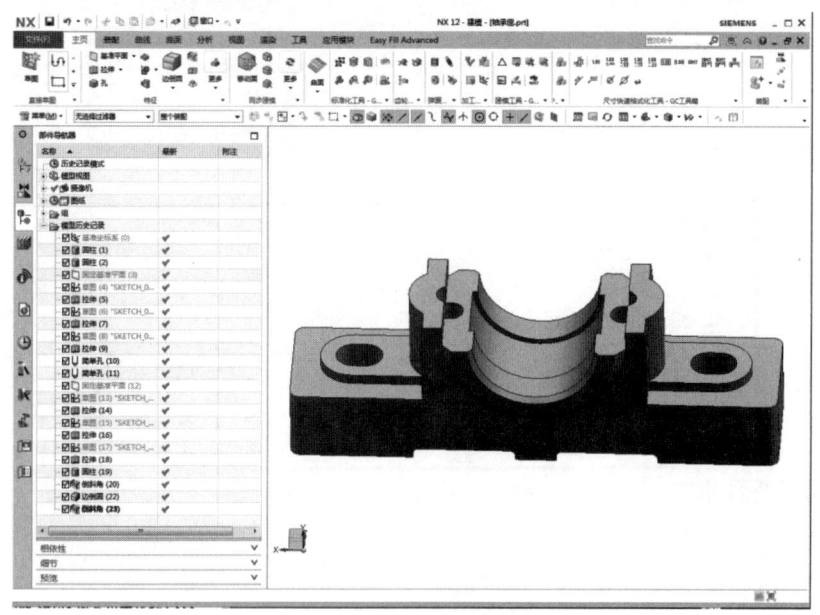

图 5-76　导入文件

2. 单击"应用模块",单击工具栏中的 ✎（制图）命令按钮,系统弹出制图页面,如图 5-77 所示。如图 5-78 所示单击"新建图纸页"→"使用模板"→"A1-无视图"→"确定"选项,如图 5-79 所示。

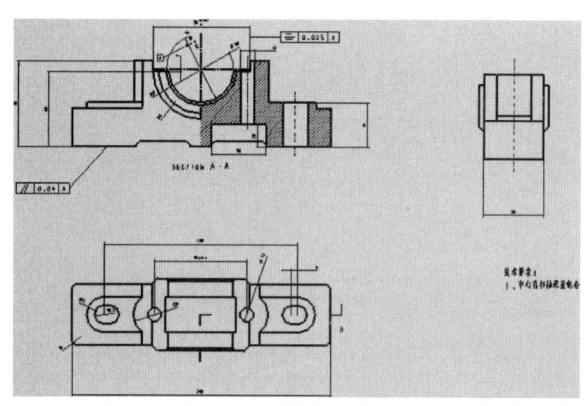

图 5-77 制图页面

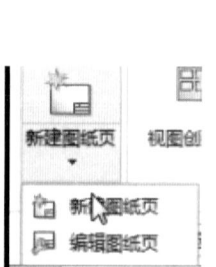

图 5-78 新建图纸页

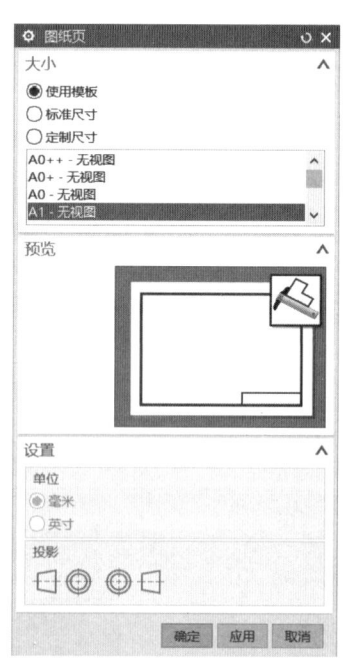

图 5-79 选择"A1-无视图"选项

3. 调配图纸尺寸

（1）在单击"菜单"命令弹出的工具条中单击"格式"命令按钮,在之后弹出的命令条中单击"图层设置",如图 5-80 所示。

（2）在弹出的图层设置命令框中勾选"170"选项,如图 5-81 所示。

图 5-80 选择"图层设置"

图 5-81 "图层设置"对话框

4. 绘制二维图

(1) 单击工具栏中"基本视图"选项，弹出基本视图命令框如图 5-82 所示。

(2) 单击"基本视图"命令框中的"定向视图工具"命令按钮，系统弹出"定向视图工具"对话框，如图 5-83 所示。此时选择如图 5-84 所示的底座表面，再在"定向视图工具"对话框中选择"指定矢量"命令，此时在"定向视图"对话框中如图 5-85 所示选择 X 轴，单击确定后选择如图 5-86 所示位置摆放后，关闭"投影视图"对话框。

图 5-82 "基本视图"对话框

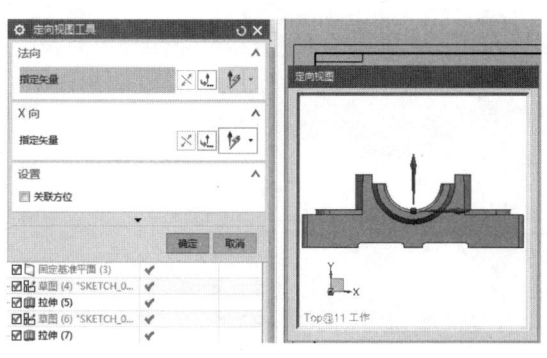

图 5-83 "定向视图工具"对话框

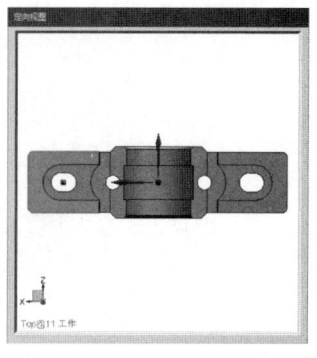

图 5-84 选择底座表面

— 185 —

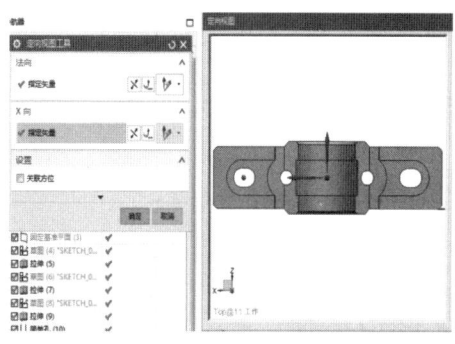
图 5-85 选择 X 轴

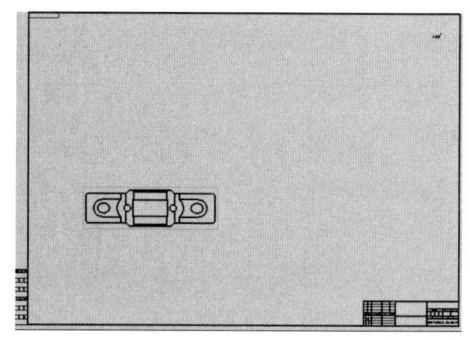
图 5-86 摆放视图

(3) 单击命令栏中 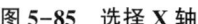（剖视图）命令按钮，在弹出"剖视图"命令框的"方法"中选择"半剖"选项，如图 5-87 所示，之后指定如图 5-88 所示的圆弧中心和如图 5-89 所示的边中点两个位置，并在"剖视图"命令框中的"放置位置"-"方法"中选择"竖直"（如图 5-90 所示），结果如图 5-91 所示。

图 5-87 选择"半剖"命令

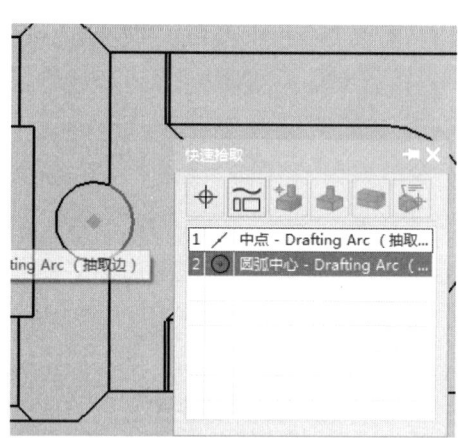
图 5-88 指定圆弧中心

图 5-89 指定边中点

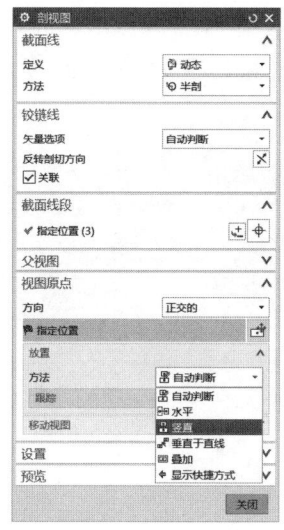
图 5-90 选择"竖直"

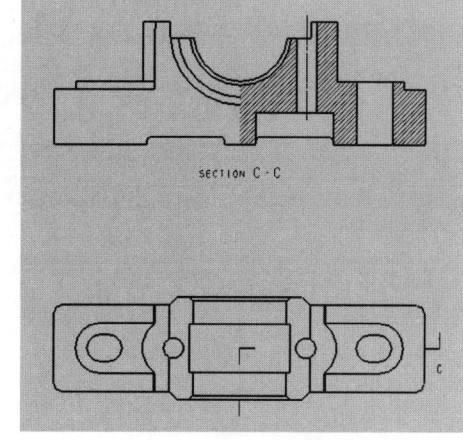
图 5-91 半剖视图结果

(4) 绘制左视图,单击命令栏中的 (投影视图),在弹出的"投影视图"对话框中单击"选择视图"选项,单击刚绘制的半剖视图如图 5-92 所示,如图 5-93 所示摆放左视图。

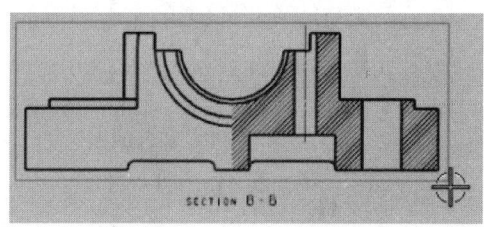
图 5-92 半剖视图

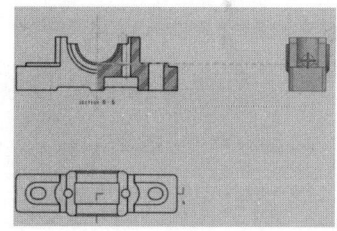
图 5-93 摆放左视图

5. 标注尺寸

(1) 单击"主页"带状工具条中的 (快速尺寸)命令按钮,系统弹出"快速尺寸"对话框,如图 5-94 所示。选择如图 5-95 所示的两条边。

图 5-94 "快速尺寸"对话框

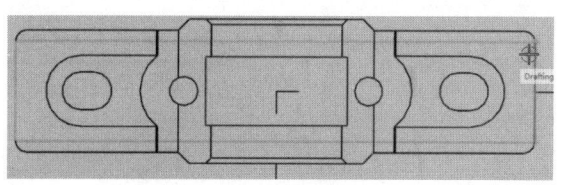
图 5-95 选择边

(2) 分别选择如图 5-96 所示和如图 5-97 所示的两个圆的圆心标注距离，并标注尺寸公差，双击尺寸标注，在弹出的对话框中选择"±0.5"选项（如图 5-98 所示），并输入 0.3（如图 5-99 所示），单击关闭。

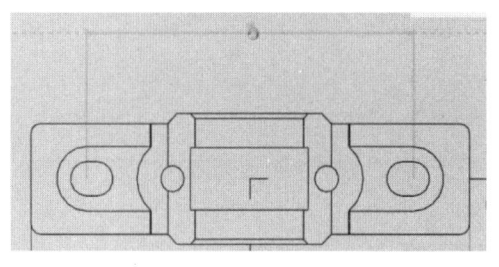
图 5-96 标注圆心距离

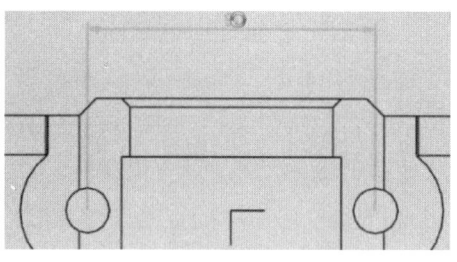
图 5-97 标注圆心距离

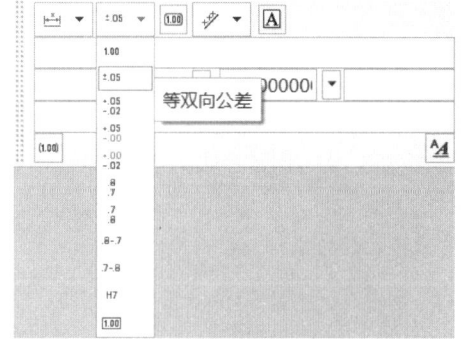
图 5-98 选择公差

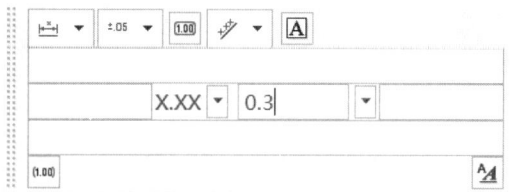
图 5-99 输入参数

(3) 进行直径标注。再次选择"快速尺寸"按钮，标注半径尺寸如图 5-100 所示，双击半径尺寸标注，在弹出的对话框中，选择"测量"→"方法"中的"直径"命令，如图 5-101 所示，将半径标注改为直径标注，结果如图 5-102 所示。

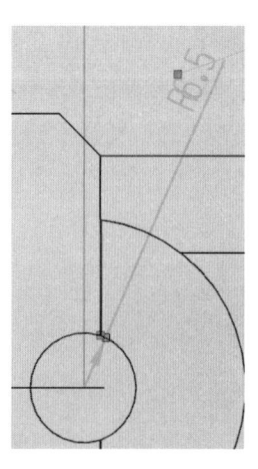
图 5-100 标注半径尺寸

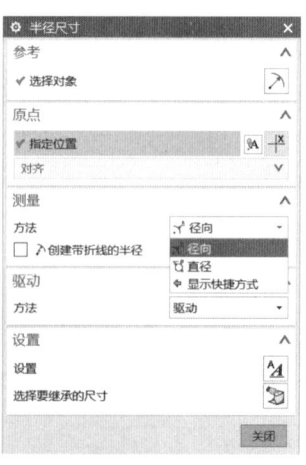
图 5-101 选择"直径"命令

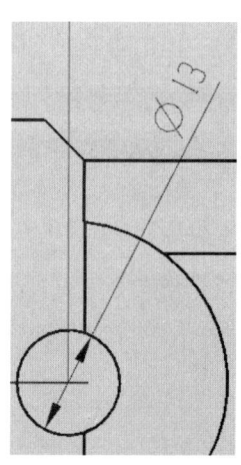
图 5-102 直径标注

（4）分别标注如图 5-103 所示三个半径尺寸

（5）再次单击"快速尺寸"按钮，标注如图 5-104 所示位置圆角尺寸。

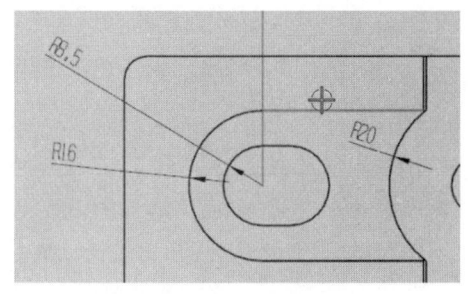

图 5-103 标注半径尺寸

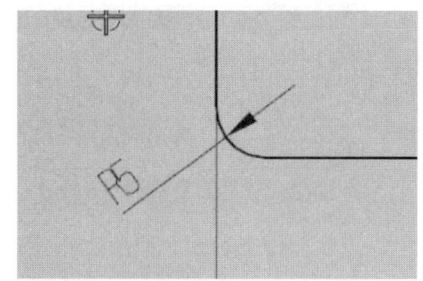

图 5-104 标注圆角尺寸

（6）再次单击"快速尺寸"按钮，标注如图 5-105 所示两圆心距离。

（7）标注半剖视图。单击"快速尺寸"按钮，标注如图 5-106 所示高度距离。

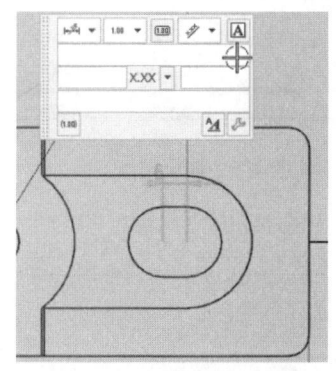

图 5-105 标注两圆心距离

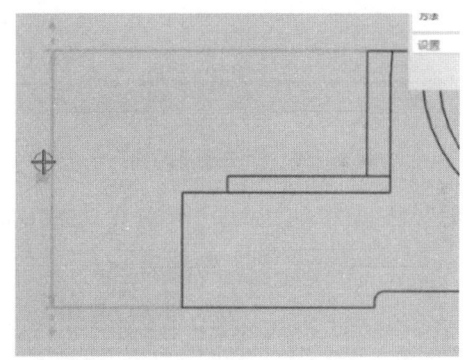

图 5-106 标注高度距离

（8）为方便标注，单击"主页"带状工具条中的 ⊕（中心标记）命令按钮，选择如图 5-107 所示位置，单击确定。

（9）再次单击"快速尺寸"按钮，标注如图 5-108 所示圆心与底边距离。

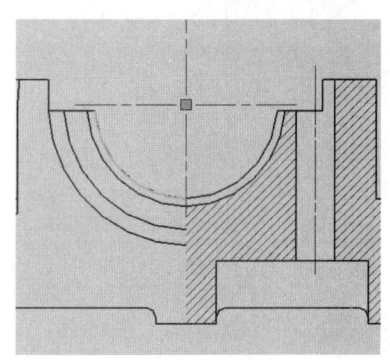

图 5-107 中心标记

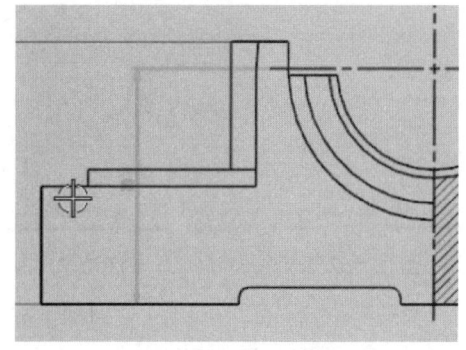

图 5-108 标注距离

(10) 再次单击"快速尺寸"按钮，标注如图 5-109 所示圆心与边的竖直距离，结果如图 5-110 所示。

图 5-109 标注竖直距离

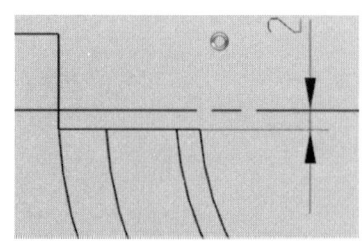

图 5-110 标注结果

(11) 再次单击"快速尺寸"按钮，标注如图 5-111 所示两半径尺寸。

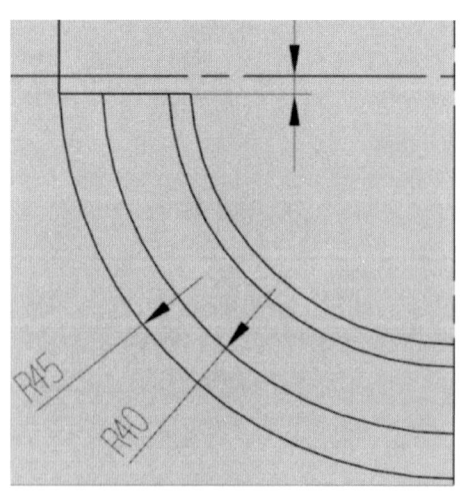

图 5-111 标注半径尺寸

(12) 单击"菜单"命令中的"插入"→"尺寸"→"径向"命令，在弹出对话框中单击"方法"→"直径"选项，对如图 5-112 所示的两个直径尺寸进行标注。对标注尺寸插入误差标注，双击尺寸标注，在弹出的对话框中选择如图 5-113 所示的标注，并在对话框中输入"0.046"，如图 5-114 所示，结果如图 5-115 所示。

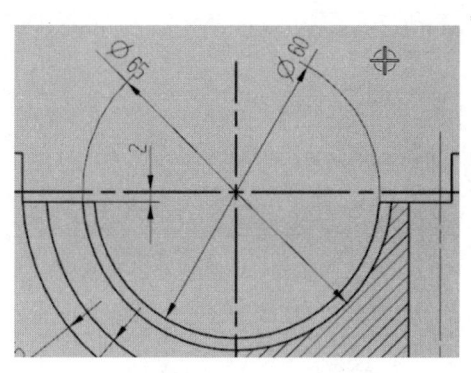

图 5-112 标注直径尺寸

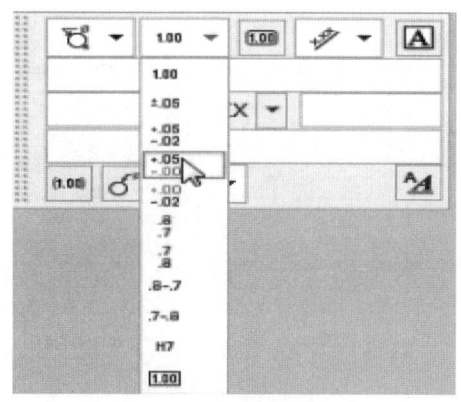

图 5-113 插入误差标注

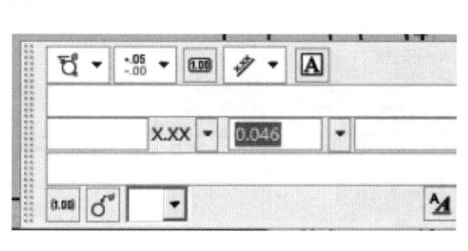

图 5-114 输入参数

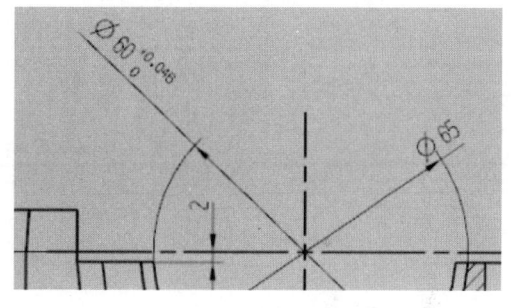

图 5-115 结果

(13) 再次单击"快速尺寸"按钮,标注距离尺寸,并对其进行误差标注如图 5-116 所示。

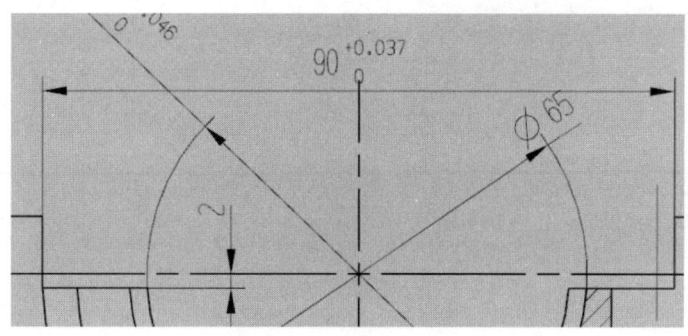

图 5-116 标注结果

(14) 单击"菜单"选项,执行"插入"→"注释"→"基准特征符号"命令,如图 5-117 所示。在弹出对话框中"指引线"选项下单击"选择终止对象"选项,选择如图 5-118 所示的对象,并双击标注进行高度设置,如图 5-119 所示。

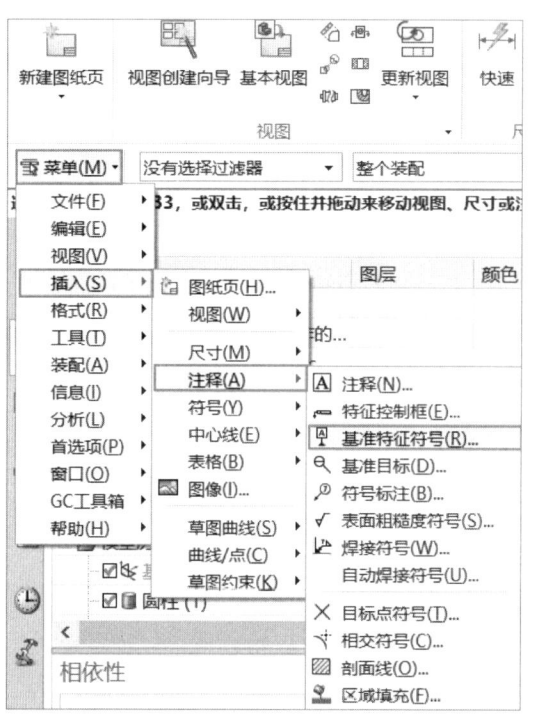

图 5-117 "基准特征符号"命令

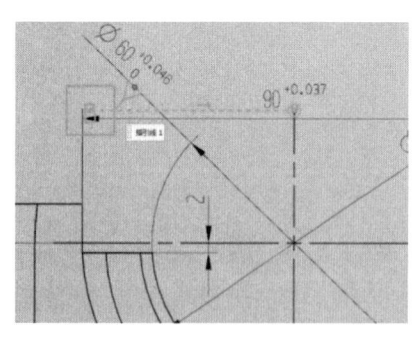

图 5-118 选择对象

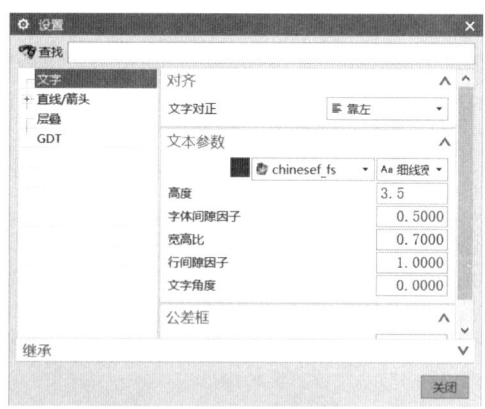

图 5-119 设置参数

（15）进行特征控制设置。在工具栏中单击 ▭（特征控制框）按钮，在弹出对话框中单击"特性"，选择"对称度"选项，如图 5-120 所示，"第一基准参考"选择"A"，公差输入"0.025"，指引线选择如图 5-121 所示。

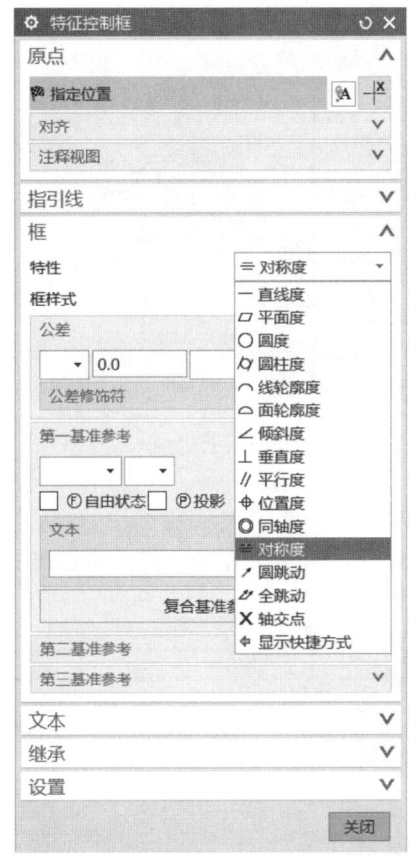
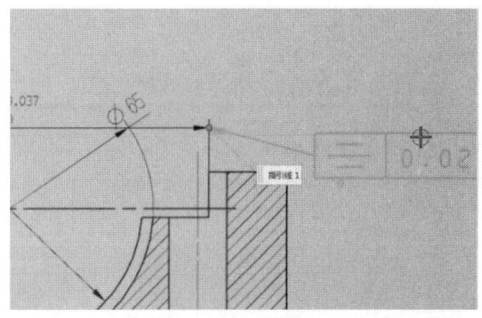

图 5-120　选择"对称度"选项　　　　图 5-121　指引线选择

（16）再次单击"快速尺寸"标注按钮，依次如图 5-122 所示标注距离尺寸。

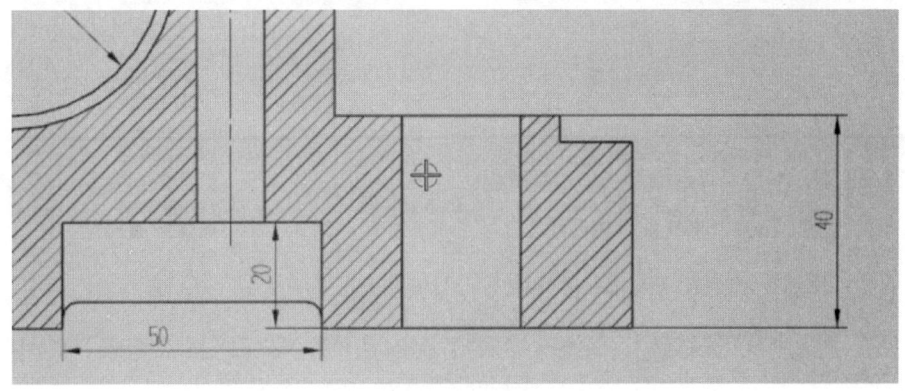

图 5-122　标注距离尺寸

（17）如图5-123所示选择中心标记，如图5-124所示进行中心标记。

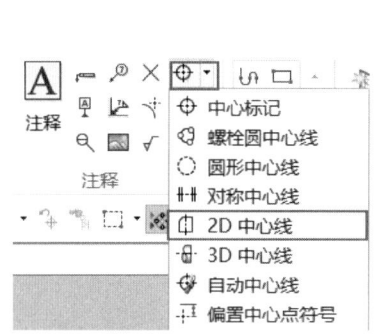

图5-123　选择中心标记　　　　图5-124　进行中心标记

（18）按照步骤（15）进行平行度标注，结果如图5-125所示。

（19）左视图标注。再次单击"快速尺寸"按钮，如图5-126所示标注距离尺寸。

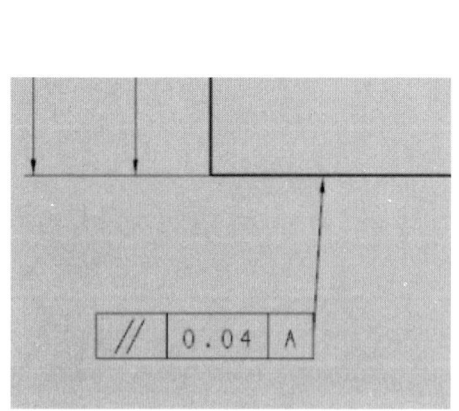
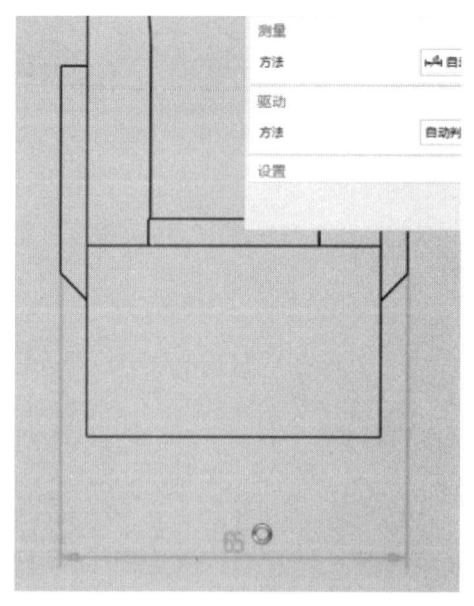

图5-125　平行度标注　　　　图5-126　标注距离尺寸

（20）检查视图标注。再次单击"快速尺寸"按钮，如图5-127所示标注距离尺寸。

（21）文字注释。选择 A （注释）命令，在对话框中填写"技术要求：1. 中心孔和轴承盖配合"，调整字体大小后如图5-128所示摆放。

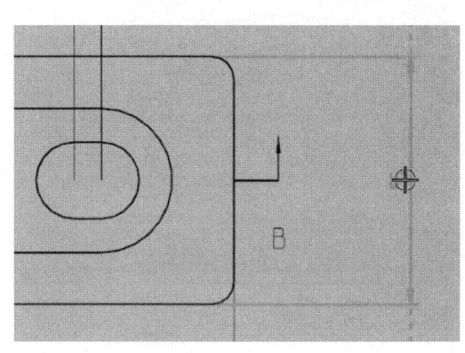

图 5-127 标注距离尺寸

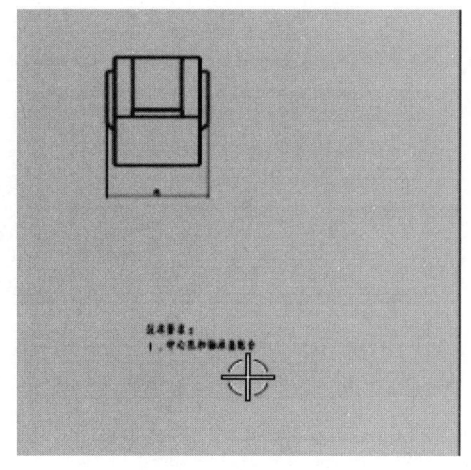

图 5-128 添加注释

6. 打印。选择"菜单"命令按钮,选择"文件"→"打印",如图 5-129 所示。单击"高级绘图"命令,在弹出的对话框"打印机/输出格式"中选择"PNG 输出文件",如图 5-130 所示,在打印设置中将分辨率调为每毫米点数,适当调高分辨率,如图 5-131 所示,选择打印位置并打印。

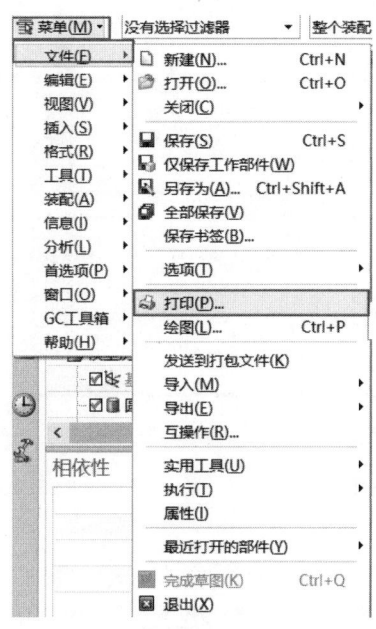

图 5-129 选择"打印"

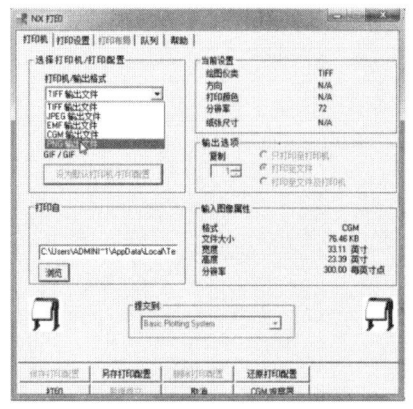
图 5-130　选择"PNG 输出文件"

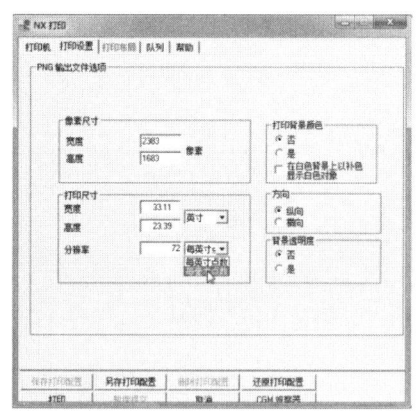
图 5-131　调高分辨率

7. 补充：添加正等测图。选择基本视图，如图 5-132 所示选择"正等视图"命令，单击定向视图工具，并进行着色设置，如图 5-133 所示摆放。最后完成绘图。

图 5-132　选择"正等视图"命令

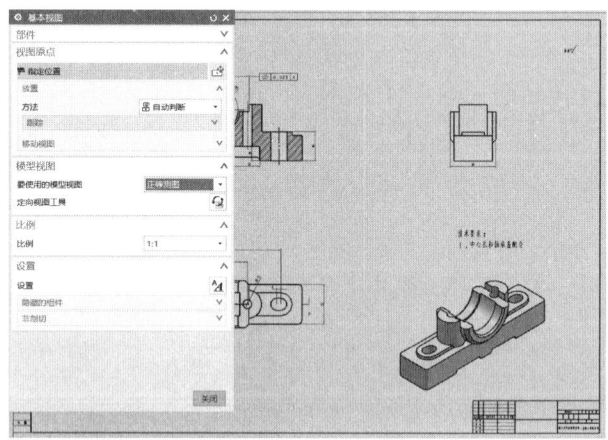
图 5-133　结果

任务三　支架零件工程图

本任务需要完成一款支架零件工程图绘制过程，通过本任务读者需掌握如何创建工程图、如何添加视图、如何进行尺寸的标注等工程图的常用操作。支架零件工程图可通过创建基本视图、创建剖切视图、添加中心线、工程图注释、创建表格等步骤来完成。该零件工程图如图 5-134 所示。

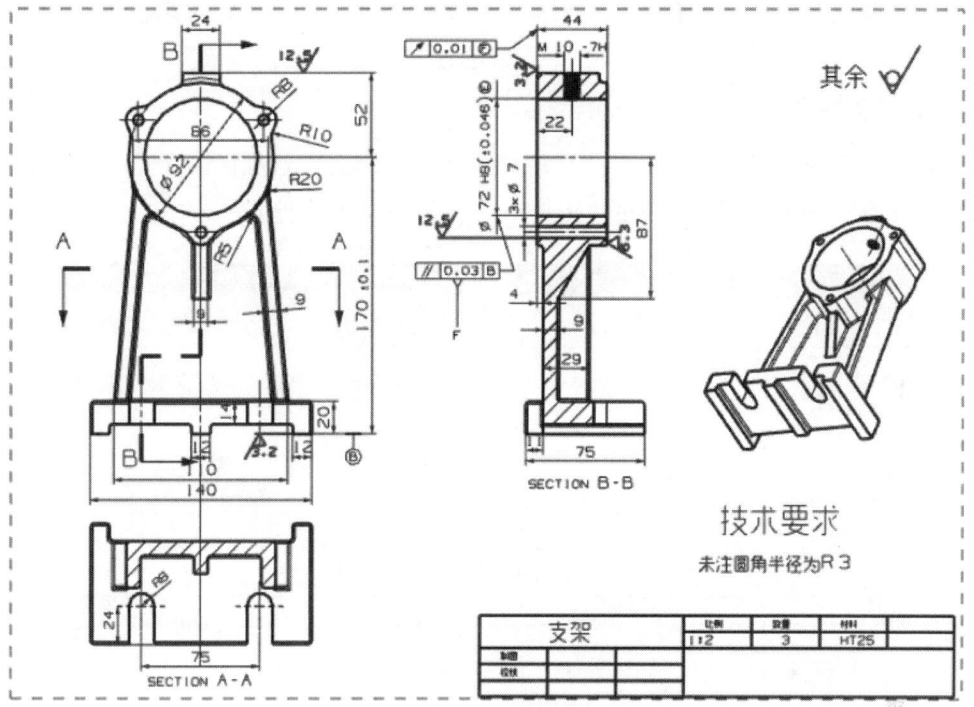

图 5-134 支架零件工程图

1. 创建基本视图

（1）启动 UG NX 12.0，在建模环境下打开支架零件文件，打开的支架零件如图 5-135 所示。

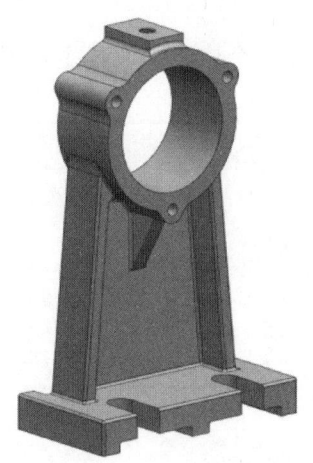

图 5-135 加载的支架零件

（2）在"应用模块"选项卡中执行"制图"命令，进入制图环境。在"主页"选项卡中单击"新建图纸页"按钮，弹出"图纸页"对话框，在此对话框中选择"A3-297×420"图纸，在下方的"投影"选项组中选择"第一象限角投影"选项（国家标准），最后单击"确定"按钮，如图5-136所示。

（3）弹出"基本视图"对话框，在该对话框的"比例"选项区的"比率"下拉列表中选择"比率"选项，并将比率更改为0.8∶1，如图5-137所示。

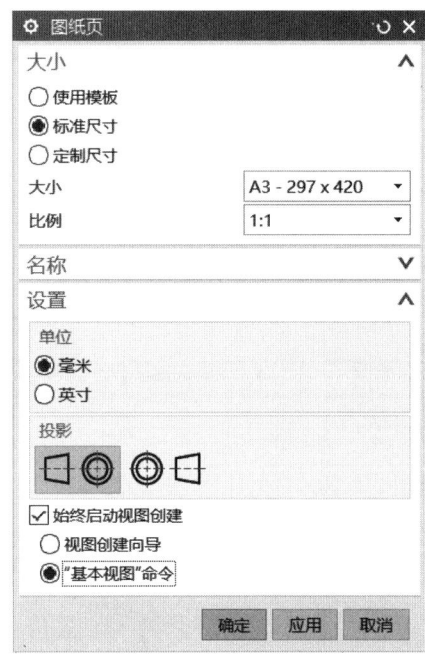
图5-136　选择图纸型号

图5-137　设置视图比率

（4）按信息提示在图纸中选择一个位置来放置主视图，如图5-138所示。放置主视图后，关闭"基本视图"对话框。

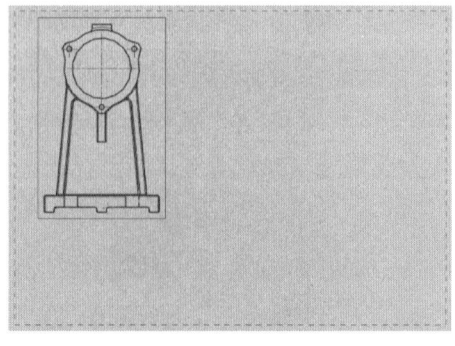
图5-138　放置主视图

2. 创建剖切视图

（1）在"主页"选项卡上单击"剖视图"按钮 ，弹出"剖视图"对话框。

（2）在"剖视图"对话框上单击"设置"按钮 ，弹出"设置"对话框。

（3）在该对话框的"视图标签"选项区中输入字母 A，在"截面线"选项区的"类型"下拉列表中选择"粗端，箭头远离直线"类型，选择后关闭此对话框，如图 5-139 所示。

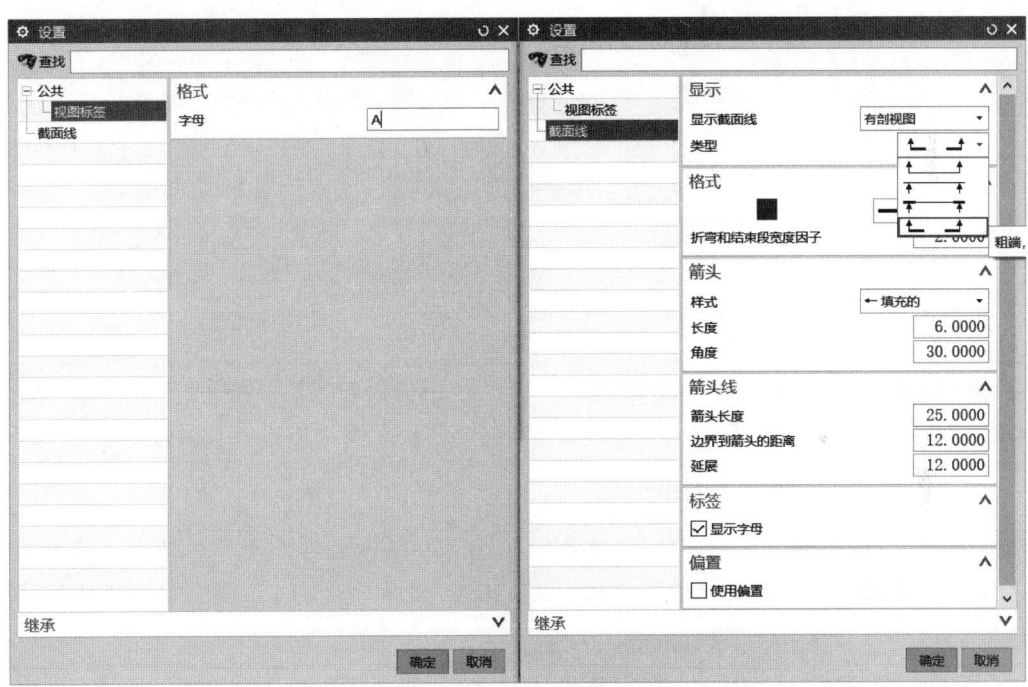

图 5-139　设置剖切线样式

（4）在图纸中选择主视图作为剖视图的父视图，如图 5-140 所示。

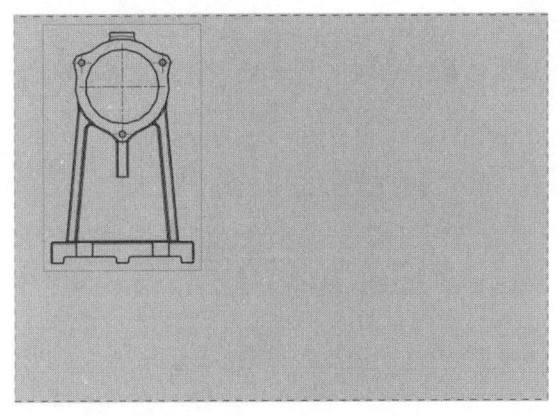

图 5-140　选择父视图

（5）按信息提示，在视图上选择一点作为剖切线位置，如图 5-141 所示。

（6）在主视图下方放置 A-A 剖切视图，如图 5-142 所示，关闭对话框。

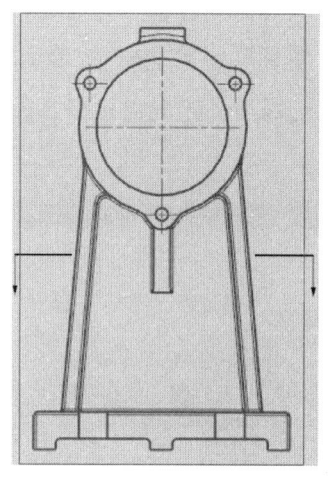
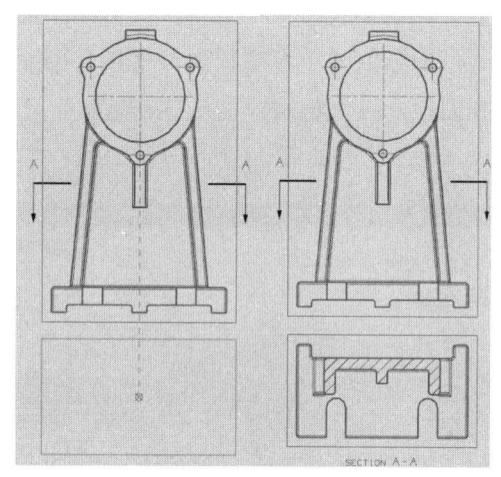

图 5-141　选择剖切位置　　　　　　图 5-142　放置剖切视图

（7）重新打开"剖视图"对话框。在"设置"对话框中输入字母 B，并将剖切线设为"GB 标准样式"。

（8）选择主视图作为剖视图的父视图，在"剖视图"对话框的"截面线"选项区中选择"简单剖/阶梯剖"方法，并在主视图上选择第一个点，如图 5-143 所示。选取第一个点后必须重新激活"截面线段"选项区下"指定位置"命令，否则会自动生成最简单的剖切视图，达不到用户所要求的剖切样式。

（9）按信息提示在主视图上选择如图 5-144 所示的中心点作为剖切段的第二点。

（10）继续选择第三点，如图 5-145 所示。指定 3 点后若发现剖切非理想方向，需要更改铰链线的"矢量"选项为"已定义"，并指定剖切方向。

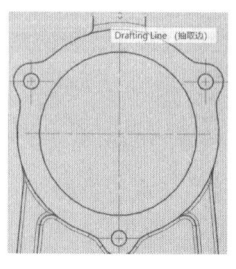
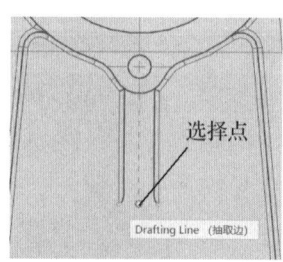
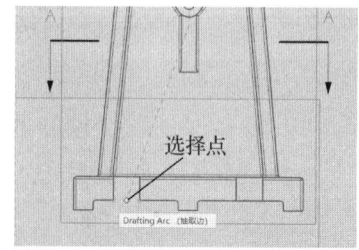

图 5-143　选择第一点　　　图 5-144　选择第二点　　　图 5-145　选择第三点

(11) 在主视图右侧放置 B-B 剖视图，如图 5-146 所示，完成后关闭对话框。

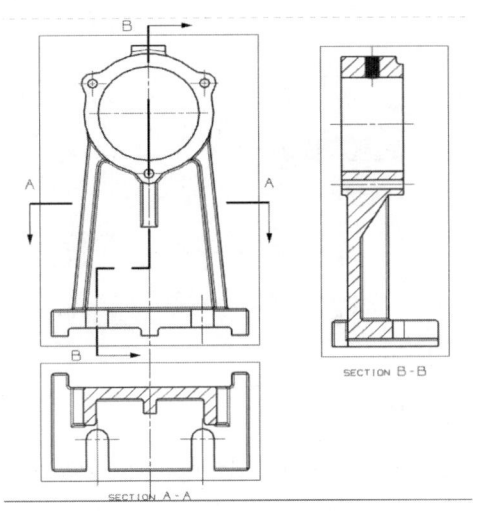

图 5-146　放置主视图的剖切视图

3. 创建中心线

（1）在"注释"组的"中心线"下拉列表中单击"2D 中心线"按钮，弹出"2D 中心线"对话框。

（2）在此对话框中选择"从曲线"类型，然后在视图中选择对象以创建中心线，如图 5-147 所示。

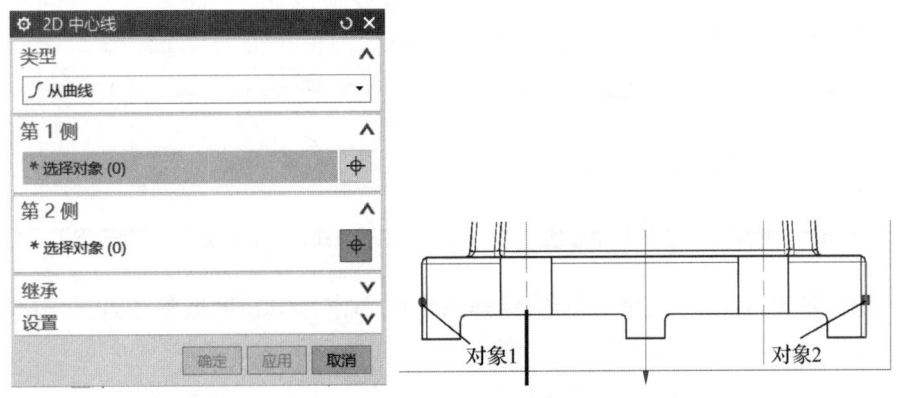

图 5-147　选择中心线对象

（3）在"设置"选项区中将"（C）延伸值"文本框的值更改为"100"，最后单击"确定"按钮，完成中心线的创建，如图 5-148 所示。

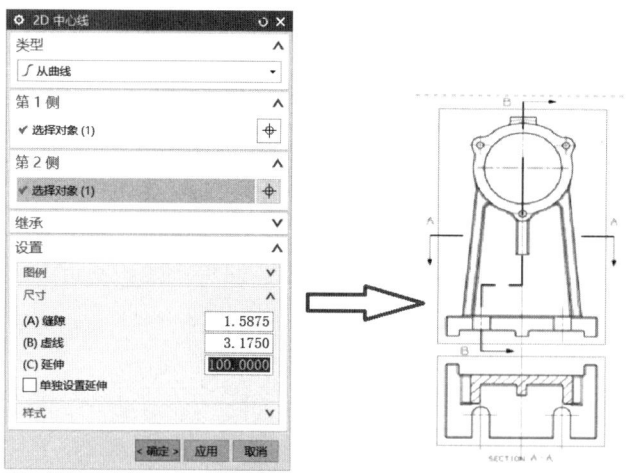

图 5-148 设置中心线延伸值并创建中心线

（4）同理，在两个视图中创建如图 5-149 所示的延伸值为"10"的 4 条中心线。

（5）在"中心线"工具条上单击"中心标记"按钮 ⊕，则弹出"中心标记"对话框，如图 5-150 所示。

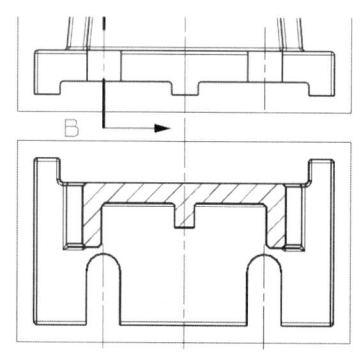

图 5-149 创建其余的 4 条中心线

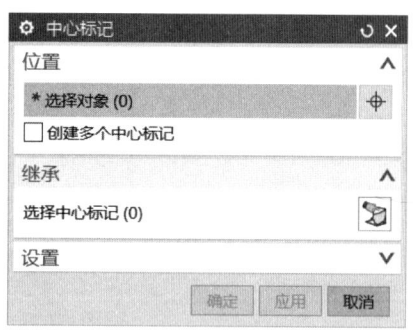

图 5-150 "中心标记"对话框

（6）按信息提示在第一个剖视图中选择两个圆心作为中心标记参考点，再单击"确定"按钮，创建中心标记，如图 5-151 所示。

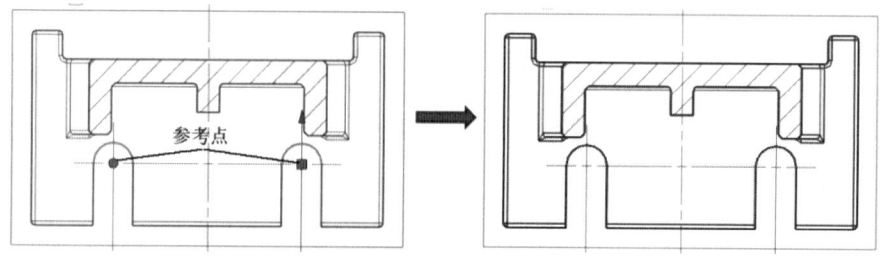

图 5-151 创建中心标记

4. 工程图标注

（1）使用"尺寸"组上的尺寸标注工具，在 3 个视图中标注合理的尺寸，标注结果如图 5-152 所示。

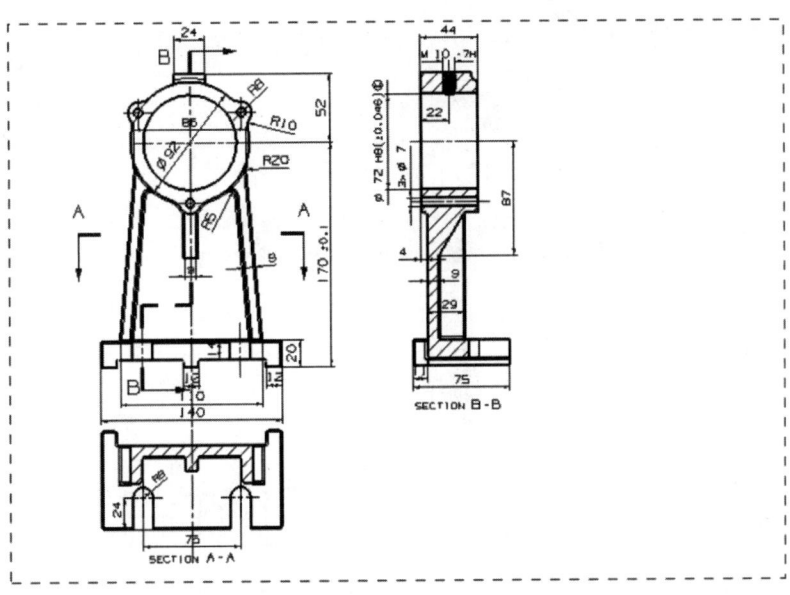

图 5-152　标注的尺寸

（2）在"注释"组上单击"特征控制框"按钮，打开"特征控制框"对话框。首先在"对齐"选项组的"自动对齐"下拉列表中选择"关"选项，如图 5-153 所示。

（3）在"框"选项卡中设置如图 5-154 所示的参数。

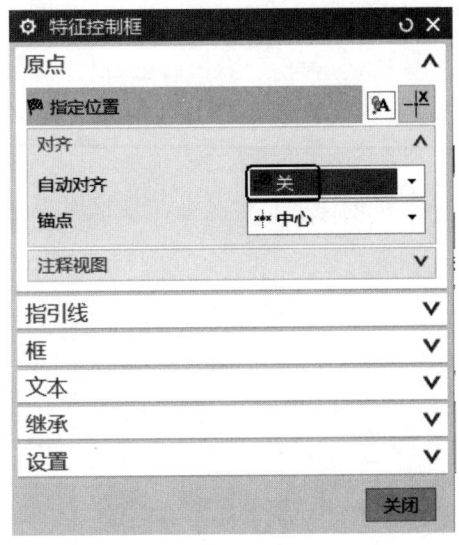

图 5-153　设置"对齐"选项卡

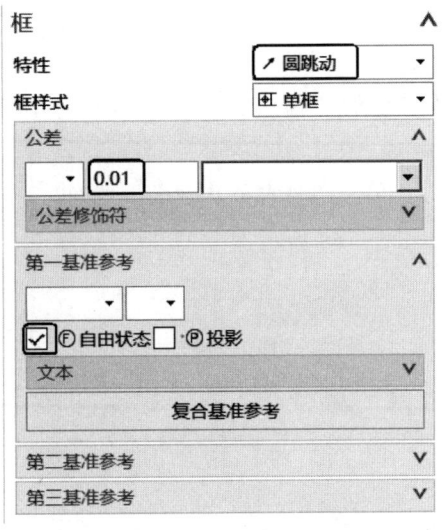

图 5-154　设置"框"选项卡

(4) 在"指引线"选项卡中单击"选择终止对象"按钮，然后在剖视图中选择一个参考尺寸，随后自动生成形位公差，具体参数如图 5-155 所示。

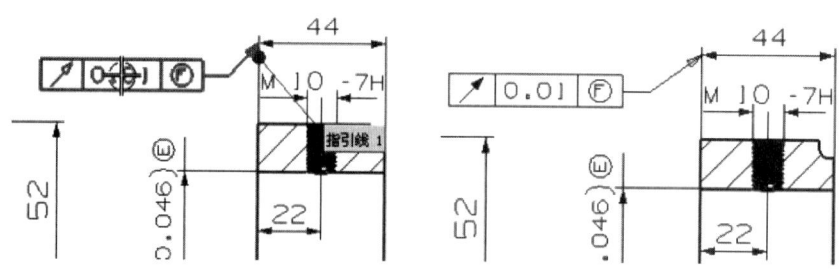

图 5-155　选择参考尺寸并生成形位公差

(5) 继续在"框"选项卡设置形位公差参数，并在相同视图上选择参考尺寸以放置形位公差特征框，具体参数如图 5-156 所示。

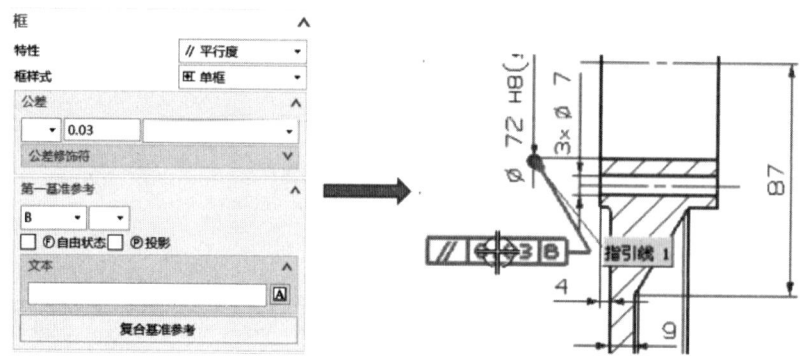

图 5-156　设置形位公差参数并放置特征框

(6) 在"注释"组上单击"基准特征符号"按钮，弹出"基准特征符号"对话框。在该对话框的"指引线"选项卡和"基准标识符号"选项卡中设置如图 5-157 所示的参数。

(7) 单击"选择终止对象"按钮，然后选择上步创建的形位公差特征框作为终止对象，如图 5-158 所示。

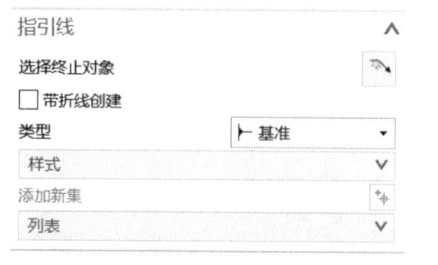

图 5-157　设置基准标识类型与字母

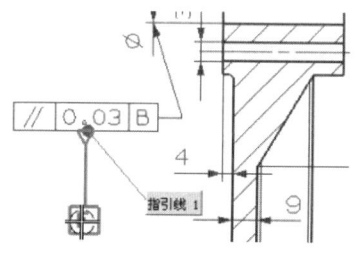

图 5-158　选择终止对象

(8) 同理，在主视图中如图 5-159 所示的尺寸上标注基准符号，符号为 B。

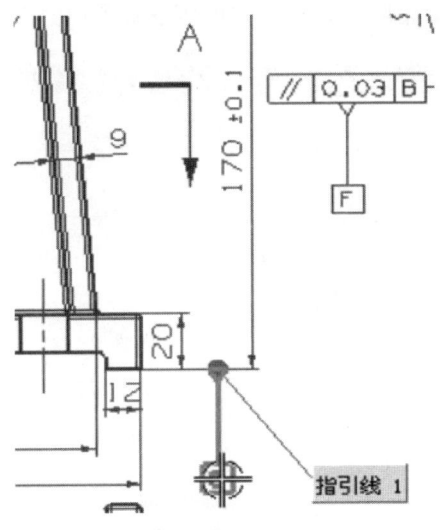

图 5-159 选择终止对象

(9) 使用"表面粗糙度符号"工具，在图纸中如图 5-160 所示的零件实线和尺寸线上（共 5 处）进行标注。

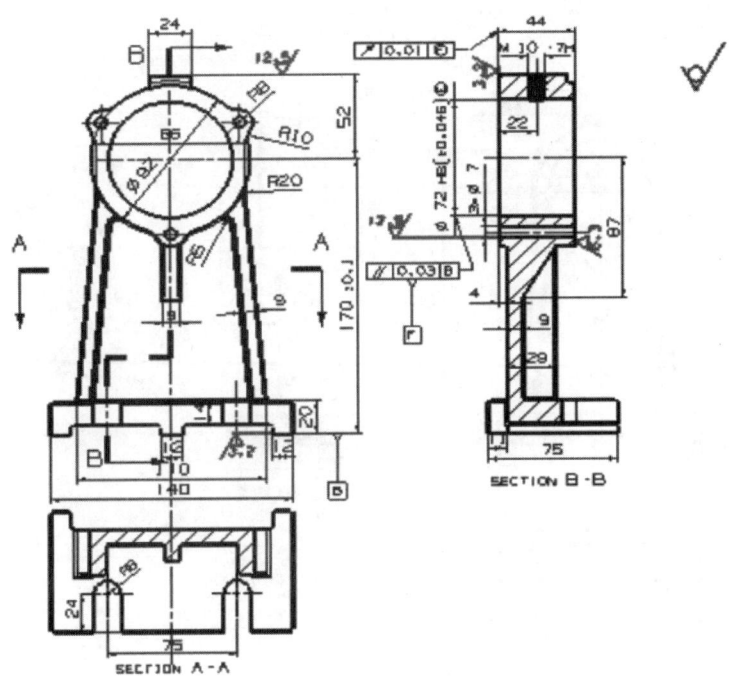

图 5-160 标注粗糙度符号

（10）使用"基本视图"工具在图纸右侧插入个正等轴测图，其视图比率为0.6∶1。打开"设置"对话框，将"角度"选项卡角度值设置为"35"，如图5-161所示。

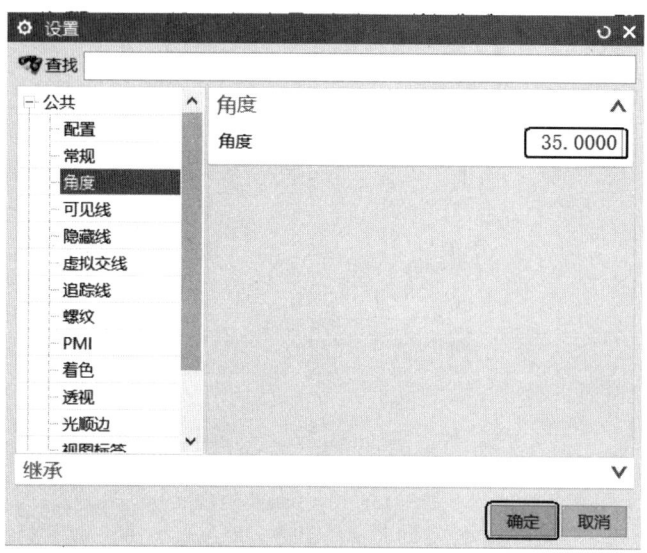

图5-161　设置视图旋转角度

（11）旋转视图后的结果，如图5-162所示。

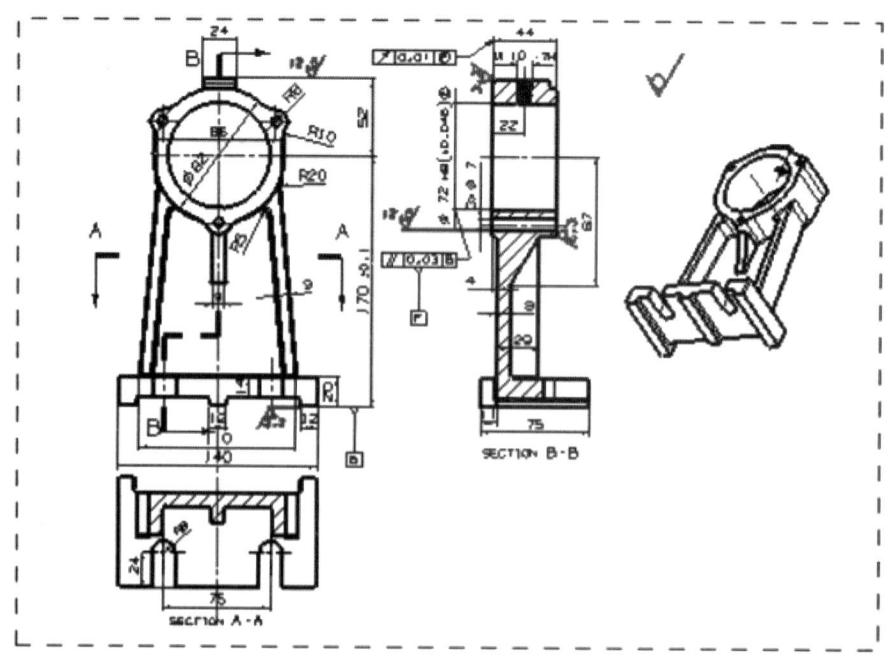

图5-162　插入的正等轴测图

5. 创建表格注释

(1) 在"表格"组上单击"表格注释"按钮 ，然后在图纸右下角放置表格，如图 5-163 所示。

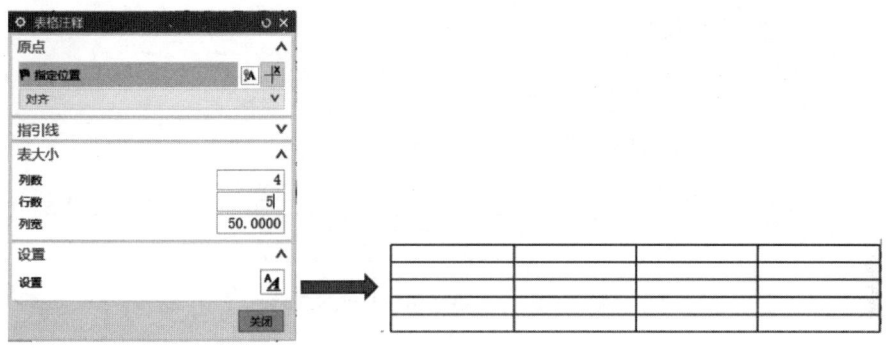

图 5-163 插入表格

(2) 使用"表格"组上的左边插入列工具，添加 3 列单元格至表格中，如图 5-164 所示。

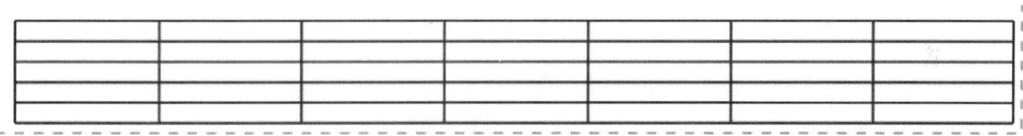

图 5-164 插入列单元格

(3) 使用"合并单元格"工具合并选择的单元格，合并后如图 5-165 所示。

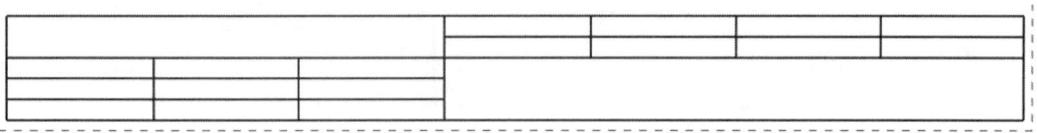

图 5-165 合并的单元格

(4) 添加文本时，先选中单元格，然后在"表格"组上单击"编辑文本"按钮 ，弹出"文本编辑器"对话框。

(5) 在该对话框的字体下拉列表中选择 chinesef（中文简字体），接着在字体大小下拉列表中选择"2.5"，然后在文本框内输入"支架"字样，单击"确定"按钮后，在单元格内生成文本，如图 5-166 所示。

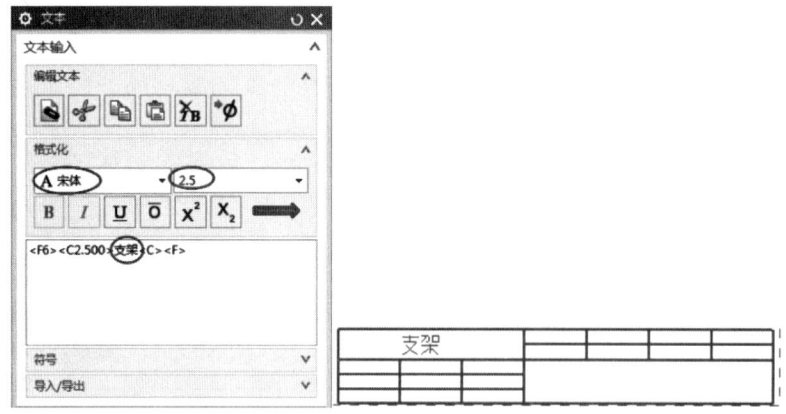

图 5-166 在单元格中输入文本

(6) 同理，在表格的其他单元格中输入文本，如图 5-167 所示。

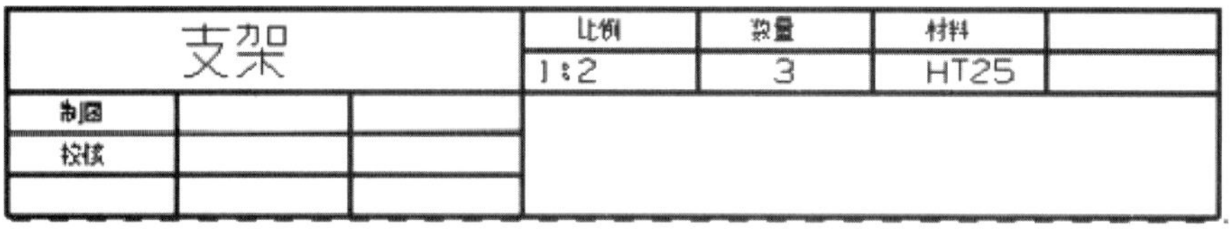

图 5-167 完成表格中文本的输入

(7) 在"注释"组上单击"注释"，如图 5-168 所示。

(8) 接着在表格上方放置编辑的文本，如图 5-169 所示。

(9) 最终本例支架零件工程图完成。

图 5-168 设置参数及文本输入

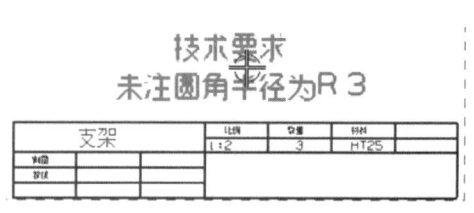

图 5-169 放置文本注释

课后练习

上机题：完成以下模型的工程图绘制。

（1）绘制如图 5-170 所示的虎钳座工程图。

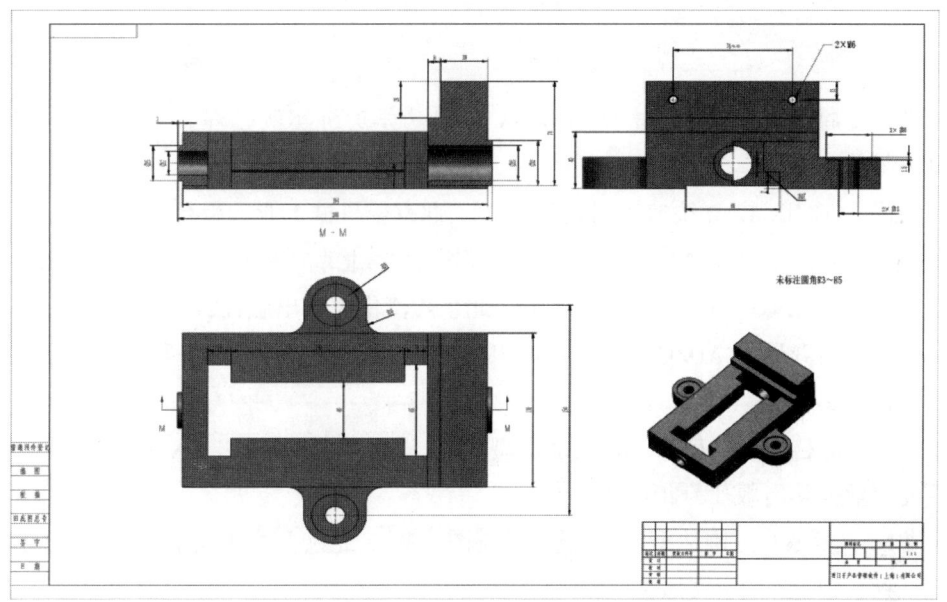

图 5-170　虎钳座工程图

（2）绘制如图 5-171 所示的轴套架工程图。

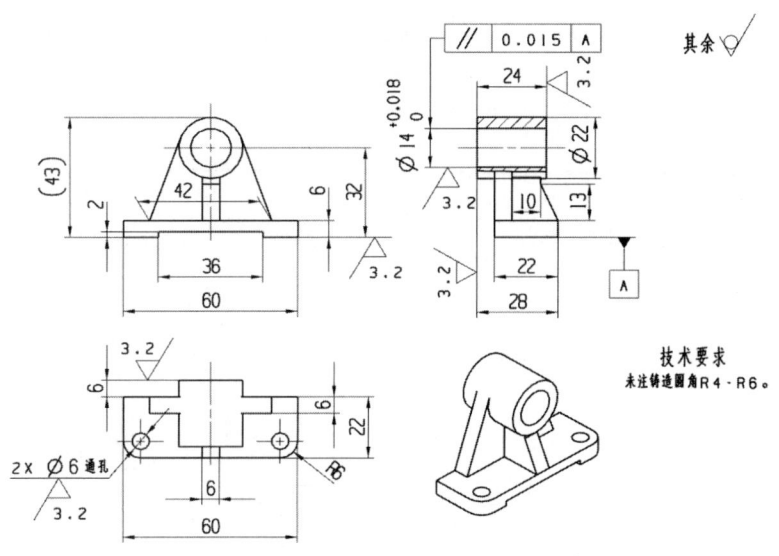

图 5-171　轴套架工程图

参考文献

[1] 朱光力,周建安,洪建明,等. UG NX 12.0边学边练实例教程[M]. 北京:人民邮电出版社,2019.

[2] 展迪优. UG NX 12.0快速入门教程[M]. 北京:机械工业出版社,2020.

[3] 黄爱华,郭简平. UG NX 12.0项目式教程[M]. 北京:清华大学出版社,2015.

[4] 洪如瑾. UG CAD快速入门指导[M]. 北京:清华大学出版社,2001.

[5] 蒋修定,蔡舒昊. CAD/CAM软件应用技术——UG[M]. 西安:西安电子科技大学出版社,2018.

[6] 田卫军,陈桂平,李郁. 产品三维造型CAD设计基础——UG NX 12.0[M]. 西安:西北工业大学出版社,2017.

[7] 谢龙汉. UG 8.0三维造型CAD设计及制图[M]. 北京:清华大学出版社,2013.

[8] 毛炳秋,田卫军. 中文版UG NX 7.0基础教程[M]. 北京:北京电子出版社,2010.